卓越工程技术人才培养特色教材

实用电子线路基础

樊　斌　范君柳　王　帆　编

江苏大学出版社
JIANGSU UNIVERSITY PRESS
镇　江

图书在版编目(CIP)数据

实用电子线路基础 / 樊斌,范君柳,王帆编. —镇江:江苏大学出版社,2016.1(2022.12重印)
ISBN 978-7-5684-0145-6

Ⅰ.①实… Ⅱ.①樊… ②范… ③王… Ⅲ.①电子线路—基本知识 Ⅳ.①TN7

中国版本图书馆 CIP 数据核字(2016)第 016388 号

实用电子线路基础

主　　编/樊　斌　范君柳　王　帆
责任编辑/李经晶　吕亚楠
出版发行/江苏大学出版社
地　　址/江苏省镇江市京口区学府路 301 号(邮编:212013)
电　　话/0511-84446464(传真)
排　　版/镇江文苑制版印刷有限责任公司
印　　刷/广东虎彩云印刷有限公司
开　　本/787 mm×1 092 mm　1/16
印　　张/11
字　　数/259 千字
版　　次/2016 年 1 月第 1 版
印　　次/2022 年12月第 2 次印刷
书　　号/ISBN 978-7-5684-0145-6
定　　价/30.00 元

序

深化高等工程教育改革、提高工程技术人才培养质量，是增强自主创新能力、促进经济转型升级、全面提升地区竞争力的迫切要求。近年来，江苏高等工程教育飞速发展，全省 46 所普通本科院校中开设工学专业的学校有 45 所，工学专业在校生约占全省普通本科院校在校生总数的 40%，为“十一五”末江苏成功跻身全国第一工业大省做出了积极贡献。

“十二五”时期是江苏加快经济转型升级、发展创新型经济、全面建设更高水平小康社会的关键阶段。教育部“卓越工程师教育培养计划”启动实施以来，江苏认真贯彻教育部文件精神，结合地方高等教育实际，着力优化高等工程教育体系，深化高等工程教学改革，努力培养造就一大批创新能力强、适应江苏社会经济发展需要的卓越工程技术后备人才。

教材建设是人才培养的基础工作和重要抓手。培养高素质的工程技术人才，需要遵循工程技术教育规律，建设一套理念先进、针对性强、富有特色的优秀教材。随着知识社会和信息时代的到来，知识综合、学科交叉趋势增强，教学的开放性与多样性更加突出，加之图书出版行业体制机制也发生了深刻变化，迫切需要教育行政部门、高等学校、行业企业、出版部门和社会各界通力合作，协同作战，在新一轮高等工程教育改革发展中抢占制高点。

2010 年以来，江苏大学出版社积极开展市场分析和行业调研，先后多次组织全省相关高校专家、企业代表就应用型本科人才培养和教材建设工作进行深入研讨。经各方充分协商，拟定了“江苏省卓越工程技术人才培养特色教材”开发建设的实施意见，明确了教材开发总体思路，确立了编写原则：

一是注重定位准确，科学区分。教材应符合相应高等工程教育的办学定位和人才培养目标，恰当把握与研究型工程人才、设计型工程人才及技能型工程人才的区分度，增强教材的针对性。

二是注重理念先进，贴近业界。吸收先进的学术研究与技术成果，适应经济转型升级需求，适应社会用人单位管理、技术革新的需要，具有较强的领先性。

三是注重三位一体，能力为重。紧扣人才培养的知识、能力、素质要求，着力培养学生的工程职业道德和人文科学素养、创新意识和工程实践能力、国际视野和沟通协作能力。

四是注重应用为本，强化实践。充分体现用人单位对教学内容、教学实践设计、工艺流程的要求以及对人才综合素质的要求，着力解决以往教材中应用性缺失、实践环节薄弱、与用人单位要求脱节等问题，将学生创新教育、创业实践与社会需求充分衔接起来。

五是注重紧扣主线，整体优化。把培养学生工程技术能力作为主线，系统考虑、整体构建教材体系和特色，包括合理设置课件、习题库、实践课题以及在教学、实践环节中合理设置基础、拓展、复合应用之间的比例结构等。

该套教材组建了阵容强大的编写专家及审稿专家队伍，汇集了国家教学指导委员会委员、学科带头人、教学一线名师、人力资源专家、大型企业高级工程师等。编写和审稿队伍主要由长期从事教育教学改革实践工作的资深教师、对工程技术人才培养研究颇有建树的教育管理专家组成。在编写、审定教材时，他们紧扣指导思想和编写原则，深入探讨、科学创新、严谨细致、字斟句酌，倾注了大量的心血，为教材质量提供了重要保障。

该套教材在课程设置上基本涵盖了卓越工程技术人才培养所涉及的有关专业的公共基础课、专业公共课、专业课、专业特色课等；在编写出版上采取突出重点、以点带面、有序推进的策略，成熟一本出版一本。希望大家在教材的编写和使用过程中，积极提出意见和建议，集思广益，不断改进，以期经过不懈努力，形成一套参与度与认可度高、覆盖面广、特色鲜明、有强大生命力的优秀教材。

江苏省教育厅副厅长 丁晓昌

2012 年 8 月

前　言

对于理工科非电子类专业的本科生而言，模拟电子学和数字电子学通常是必修课程。通过这两门课程的学习，学生可以了解电子学的诸多基本概念及电子元器件的名称，如PN结、各式晶体管、运算放大器、滤波器等。然而，毕竟不同于电子类专业的学生，由于没有后续相关课程的跟进，理工科非电子类专业的学生对电子世界的认识大多仅限于此，一旦需要利用所学电子学知识设计一些简单电子电路并做出实物，学生在此方面能力的不足就暴露无遗；更有甚者，有些学生大学四年没有听说过面包板，更不知道如何判别电解电容的正负极。针对此问题，结合物理学、应用物理学专业学生在大四上学期开设的“电子线路课程设计”编写本教材。

本书在内容设置方面有如下特点：

1. 语言平实，阐述时结合实例，力求以简单易懂的方式让学生理解复杂的原理。书中对电子学中已详细阐述过的一些复杂的内在过程，如二极管、晶体管PN结内部电子漂移、扩散运动等不做详细介绍。

2. 内容选取有代表性。本书从电阻、电容和电感等基本的电子元器件开始，到半导体器件，如二极管、三极管、场效应管、晶闸管，再到集成运算放大器、滤波器、传感器等，力求由简单到复杂介绍电子学中最常用的电子元器件，从而让学生具有初步的分析电路和设计电路的能力。

3. 内容介绍紧跟电子技术进展。本书中对法拉电容、固态继电器、可编程运放等最近几年才兴起，或者平时不常见到的电子元器件也做了介绍；该部分内容尽管篇幅不多，但可以起到抛砖引玉的作用。

本书可作为高校理工科非电子类专业的参考教材，也可作为大学生开展课外科技活动、电子赛事自学或培训的教材，还适合作为工程技术人员、技术工人、电子爱好者的自学参考书。

本书的实践性较强，部分实例由于实验条件不同，可能会得出与书中不同的结果。同时由于时间所限，书中不免有疏漏之处，恳请读者批评和指正。

编者

2015年12月

目　录

第一篇　基本电子元件

第二篇 半导体元器件

第一篇

基本电子元件

第 1 章

电　阻

1.1　电阻简介

电阻器简称电阻,是电子电路中最基础的元器件。电阻的阻值大小表征了电阻阻止电流能力的大小,阻值越大,表明电阻阻止电流的能力越强。欧姆是电阻阻值的单位,通常用希腊字母“Ω”表示。图 1-1 是电路板中的不同电阻。

图 1-1　电路板中的不同电阻

1.2　电阻的阻值

任意一块电路板,都会在其表面看到电阻。大部分电子产品的电路板使用的是贴片式电阻(SMD Resistor),其阻值印在表面。如图 1-2(a)所示,某贴片电阻表面印有“103”字样,其中前 2 位数字“10”为有效数字,第三位“3”为倍数,即在“10”后加“3”个“0”,单位为 Ω,表明该电阻的阻值为 10 000 Ω。同理“472”表明电阻为 4 700 Ω =4.7 kΩ。“R”

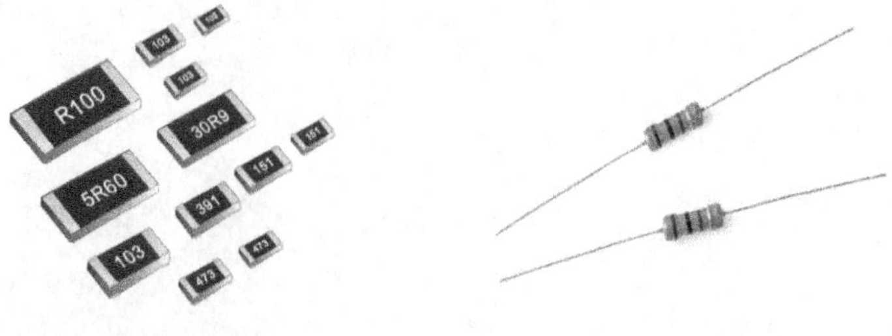

(a) 贴片式电阻　　(b) 直插式电阻

图 1-2　电阻的主要类型

表示小数点，例如："5R60"表示"5.6 Ω"；"R100"表示"0.1 Ω"。

另一种常用的电阻是直插式电阻，如图 1-2(b)所示。与贴片式电阻相比，二者虽然功能相同，但是封装不同。通常直插式电阻的表面由各种颜色的色环组成，这并非为了美观，而是为了标识电阻的阻值大小。取五色环电阻为例，其阻值大小读取如图 1-3 所示。

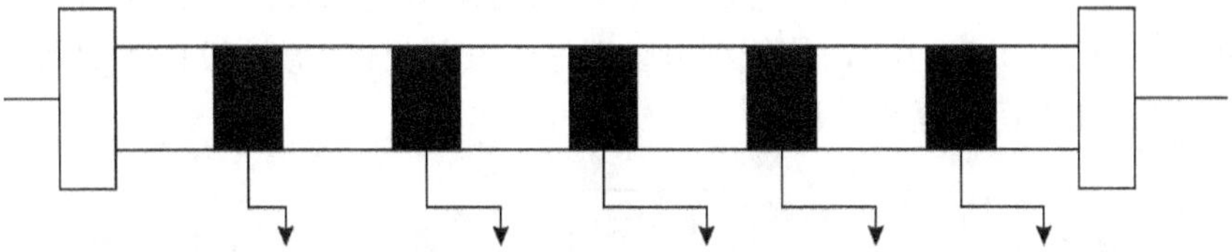

颜色	第一有效数	第二有效数	第三有效数	倍率	允许偏差
黑	0	0	0	10^0	
棕	1	1	1	10^1	±10%
红	2	2	2	10^2	±20%
橙	3	3	3	10^3	
黄	4	4	4	10^4	
绿	5	5	5	10^5	±0.50%
蓝	6	6	6	10^6	±0.250%
紫	7	7	7	10^7	±0.10%
灰	8	8	8	10^8	
白	9	9	9	10^9	
金				10^{-1}	
银				10^{-2}	

图 1-3　五色环电阻的色环含义

如电阻的色环分别为 A-蓝色，B-灰色，C-黑色，D-橙色，E-紫色，根据图 1-3 可知该电阻标称值及精度分别为 $680\times10^3=680$ kΩ 和 ±0.1%。

当然，如果记不住各种色环对应的数值，也可以直接利用万用表的电阻测量挡进行测量，测量时 2 个表笔不区分正、负极。

电阻的阻值不是任意选定的，美国电子工业联盟(EIA)规定了若干系列的电阻阻值取值标准，具体可分为 E6(允许误差为 ±20%)、E12(允许误差为 ±10%)、E24(允许误差为 ±5%)、E48(允许误差为 ±2%)、E96(允许误差为 ±1%)、E192(允许误差为 ±0.50%、±0.25%、±0.10% 或更高)6 大系列，只要将这些取值乘以 10^n 就可得到全系列电阻的阻值。而在以上基准中，以 E12 基准和 E24 基准最为常用。

E12 基准中，电阻阻值为基本数值 1.0 Ω，1.2 Ω，1.5 Ω，1.8 Ω，2.2 Ω，2.7 Ω，3.3 Ω，3.9 Ω，4.7 Ω，5.6 Ω，6.8 Ω，8.2 Ω 乘以 10^0，10^1，10^2，10^3，…所得到的数值。如 2.2 Ω，22 Ω，220 Ω，2.2 kΩ，22 kΩ，220 kΩ，2.2 MΩ，22 MΩ 等都是以 E12 为基准的电阻阻值。

1.3　电阻的分类

电阻可以按照图 1-4 以材料或用途进行分类。电阻按照制作的材料不同可以大致分为绕线型和非绕线型 2 种，如图 1-5 所示为各种常规电阻。非绕线型电阻又可分为合成型电阻和薄膜型电阻，其中薄膜型电阻较为常用，且阻值范围较大，从几欧到几十兆欧，但功率较小，一般为 0.5～10 W；绕线型电阻正好与其相反，阻值一般在几欧到几千欧之间，但功率可达几十瓦甚至几百瓦。

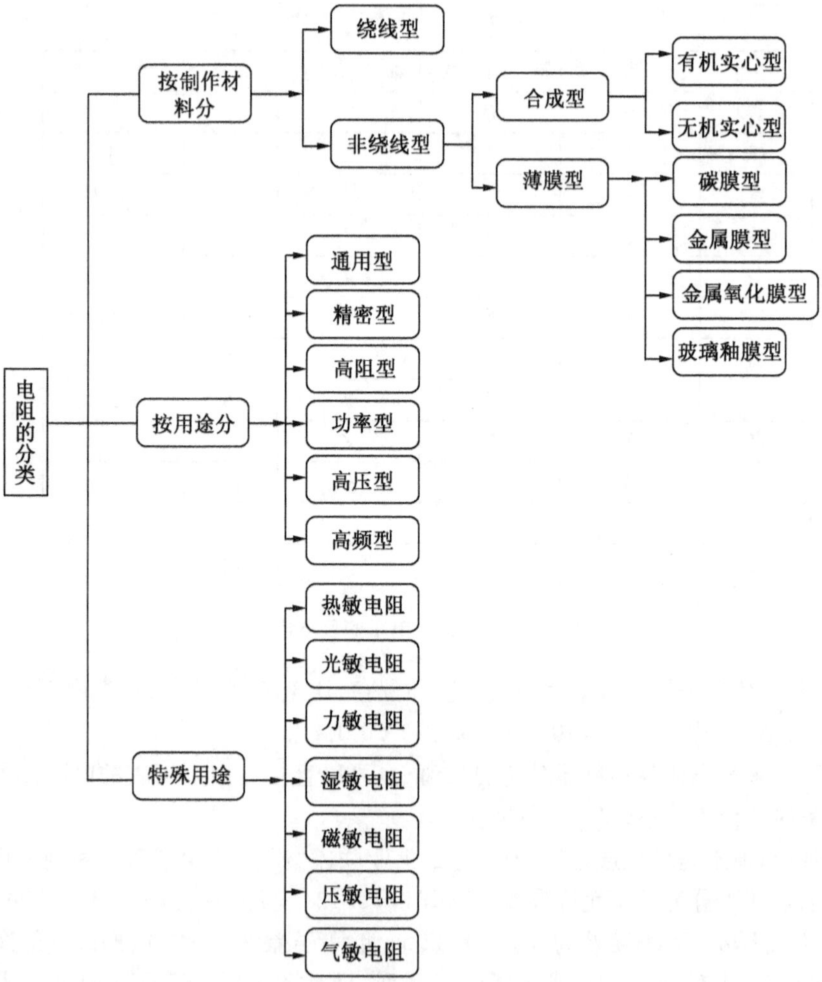

图 1-4　电阻的分类

(a) 贴片电阻

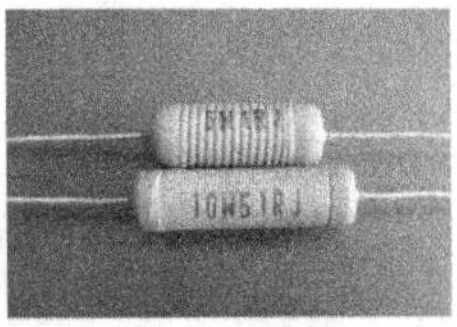
(b) 绕线电阻

(c) 水泥电阻

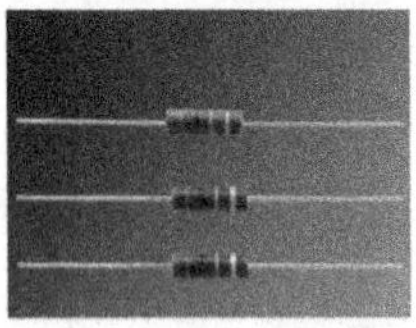
(d) 有机实心电阻

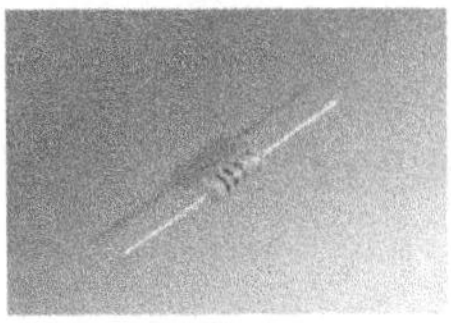
(e) 碳膜电阻

(f) 金属膜电阻

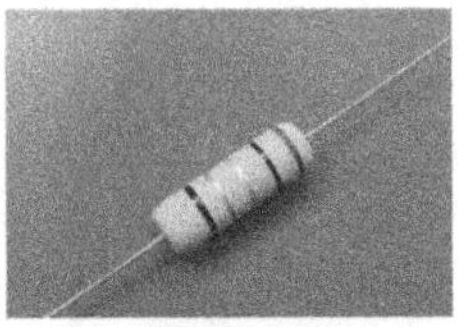
(g) 金属氧化膜电阻

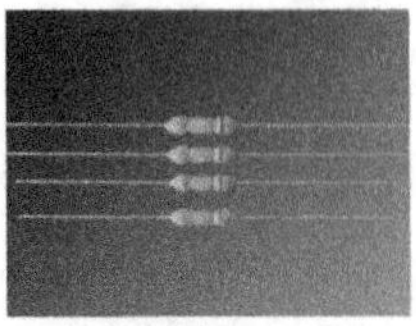
(h) 玻璃釉膜电阻

图 1-5　各种常规电阻

薄膜型电阻可分为碳膜、金属膜、金属氧化膜、玻璃釉膜等类型。碳膜电阻具有稳定性好、噪声低、阻值范围宽、价格便宜等优点，是目前应用最广的一种电阻。金属膜电阻的外形和结构与碳膜电阻相似，但是精度更高，阻值范围更宽，噪声更低，特别是它的耐热性能较好，在同样的功率条件下，其体积约为碳膜电阻的 1/2，因此，金属膜电阻通常用在质量要求较高的电路中。除此之外，还有热敏电阻、光敏电阻、湿敏电器、磁敏电阻和熔断电阻等特殊用途的电阻，如图 1-6 所示。

(a) 热敏电阻

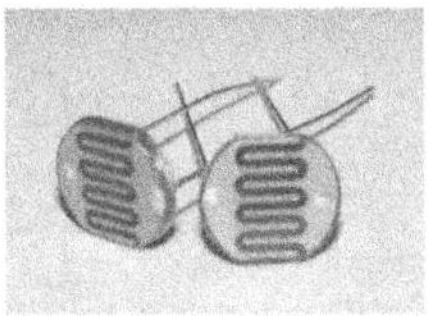
(b) 光敏电阻

(c) 力敏电阻

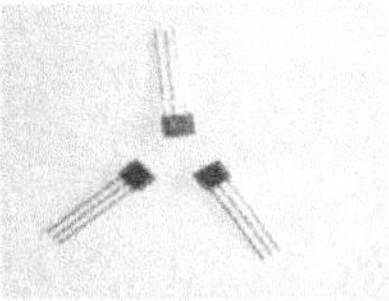
(d) 磁敏电阻

(e) 湿敏电阻

(f) 气敏电阻

(g) 压敏电阻

(g) 熔断电阻

图 1-6　各种特殊用途的电阻

还有一种电阻经常用在数字电路中，作为某个并行口的上拉电阻或者下拉电阻，称为排阻。排阻是将若干个参数完全相同的电阻集中封装在一起，如图 1-7 所示，各个电阻的一个引脚连到一起，称为公共引脚，其余引脚正常引出。所以，一个排阻是由 n 个电阻构成的，并且有 $n+1$ 个引脚，一般最左边的那个引脚为公共引脚，它在排阻上一般用一个色点标出来。排阻具有装配方便、安装密度高等优点，使用排阻比用若干个固定电阻更加方便。排阻上通常标有 3 位数字，从左至右的第一、第二位为有效数字位，第三位表示前 2 位数字乘 10^n，单位为 Ω。如果阻值中有小数点，则用“R”表示，并占一位有效数字。如标示为“103”的阻值为 $10\times10^3=10\ \text{k}\Omega$，标示为“222”的阻值为 $22\times10^2=2.2\ \text{k}\Omega$。

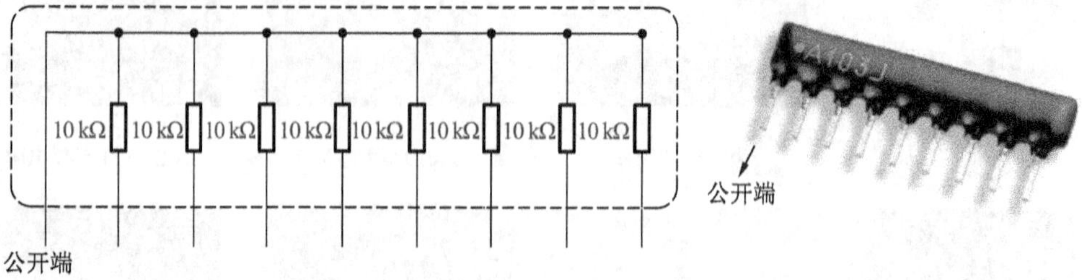

(a) 排阻示意图　　(b) 排阻示意图

图 1-7　排阻

1.4　电阻的额定功率

当电流流经电阻时，电阻由于消耗功率而发热，如果电阻发热的功率大于它所能承受的功率，电阻就会被烧坏。一般来说，电阻的功率越大，体积也就越大，价格也就越高。对于体积较大的电阻，其表面可以直接印上阻值和功率，而不再使用色环作为阻值标记。电阻的额定功率也已系列化，标称值通常有 1/8 W，1/4 W，1 W，2 W，3 W，5 W，10 W 等。电路图中对电阻的功率标识要求如图 1-8 所示。

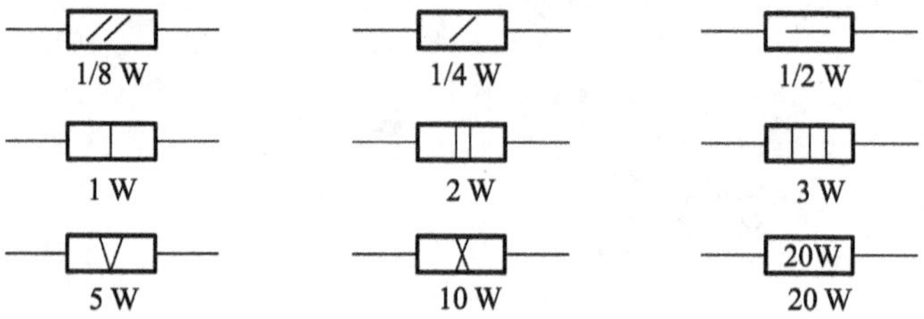

图 1-8　标有额定功率值的电阻电路符号

在正规的电路图中，如果电阻没有功率标识，表示是功率要求较小的电阻，一般选用 1/8 W 的电阻即可。

1.5　电阻的温度系数

电阻的温度系数指当电阻的温度变化时电阻值的改变量，通常可这样表示：当温度由标准温度（一般为室温 25 ℃）每变化 1 ℃时电阻值的相对变化，单位为 ppm/℃。如一个电阻的温度系数为 100 ppm/℃，即当温度变化 10 ℃时，对应的电阻变化为 0.1%；当温度变化为 100 ℃时，电阻变化为 1%。正的电阻温度系数表示电阻阻值随着温度的升高而升高，而负的温度系数则表示电阻阻值随着温度的升高而降低。如图 1-9 所示为 3 种不同材料电阻的温度系数。

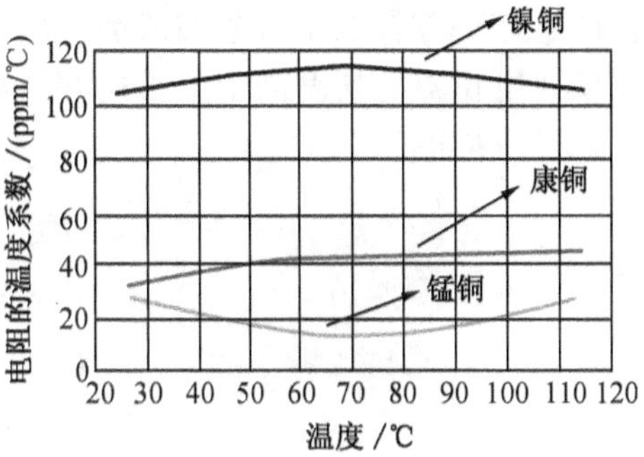

图 1-9　三种电阻材料的温度系数

1.6　电阻的频率特性

电阻固有的电感和电容特性可以改变器件的阻抗。当电阻上所加交流电压的频率增加时,电阻就有可能像一个 RC 电路、一个滤波器或一个 RL 电路那样工作。其中绕线电阻因为其内部的绕线结构会导致不同的频率响应;而薄膜电阻在高频率下(100 MHz 左右)仍能保持稳定的工作状态,通常直径较小的薄膜电阻具有较好的频率响应。厂商经常会提供参数表以显示电阻器的频率响应。

1.7　电位器

电位器是一种阻值可变的电阻,其内部结构如图 1-10 所示。电位器的电阻体有 2 个固定端,即定片,通过手动调节可旋转的动片,能够改变动片触点在电阻体上的位置,从而改变动片与任一定片之间的电阻值。电位器在日常生活中很常见,如功率放大器(功放)上一些调节音量的旋钮就是电位器,如图 1-11 所示。电位器在电路图中通常用符号 RP 表示。

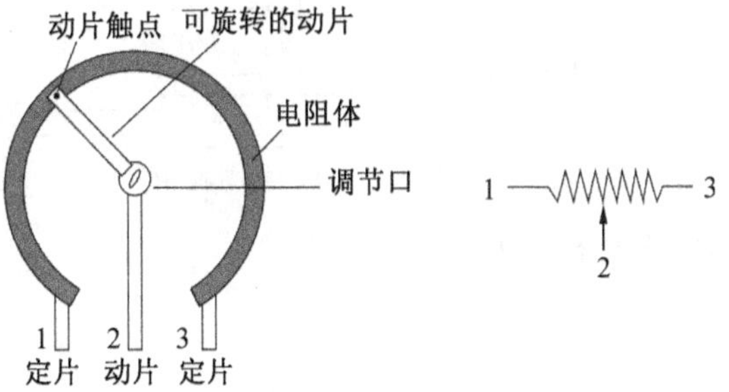

图 1-10　电位器结构

图 1-11　收音机旋钮

按照使用材料不同可将电位器分为碳膜电位器、金属膜电位器、玻璃釉电位器和绕线电位器等。其中碳膜电位器是目前使用最广泛的一种电位器,具有结构简单、阻值范围宽等优点,但是其功率较小。

按照结构不同,电位器又可分为单圈式电位器和多圈式电位器。单圈式电位器的滑动臂只能在不到360°的范围内旋转；多圈式电位器的滑动臂从一端到另外一端，其轴要转动多圈。相比较而言，多圈式电位器的精度高于单圈式电位器，通常用于电阻值的细微调节。图1-12所示为常见的一些电位器。

(a) 精密电位器　(b) 碳膜双联电位器　(c) 微调电位器

图1-12　常见电位器

数字电位器也称为数控可编程电阻器，是一种代替传统机械电位器（模拟电位器）的新型互补金属氧化物半导体（CMOS）数字、模拟混合信号处理的集成电路。数字电位器是数字输入控制，产生一个模拟量的输出。根据数字电位器的不同，抽头电流的大小可以在几百微安到几个毫安之间变化。数字电位器采用数控方式调节电阻值，具有使用灵活、调节精度高、无触点、低噪声、不易污染、抗振动、抗干扰、体积小、寿命长等显著优点，可在许多领域取代机械电位器。

X9511是一个理想的按钮控制数字电位器，如图1-13所示。X9511数字电位器内部包含了31个电阻单元阵列，在每个电阻单元之间和任一端都有可以被滑动端访问的抽头；滑动端的位置由PU和PD端输入脉冲控制，滑动端的位置可以存储在电可擦可编程只读存储器（EEPROM）中，在下次通电使用时将被重新调用。

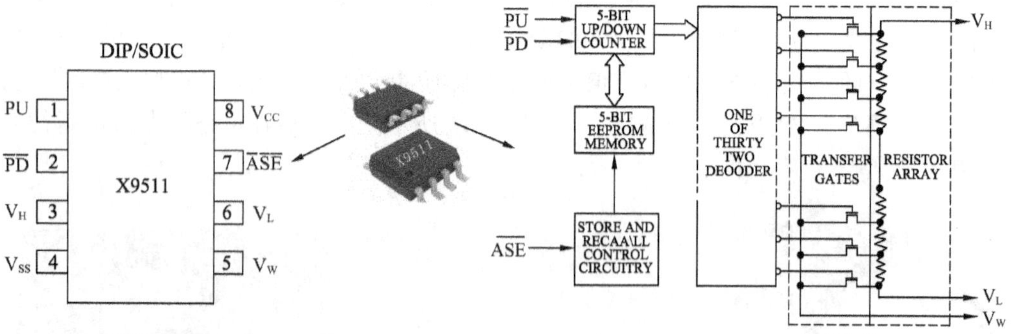

(a) X9511管脚图　(a) X9511管脚图

图1-13　数字电位器X9511

第 2 章

电 容

2.1 电容简介

电容在电子电路中几乎是不可缺少的储能元件，具有隔断直流（隔直）、连通交流（通交）、阻止低频的特性，广泛应用在耦合、隔直、旁路、滤波、调谐、能量转换和自动控制等电路中。

电容器（capacitor）简称电容，是一种由电介质分隔的 2 个导体构成的基础元器件，在电路中一般用大写英文字母“C”表示。表 2-1 是常用电容器的电路图形符号。

表 2-1 常用电容的电路图形符号

图形符号	名称	图形符号	名称	图形符号	名称
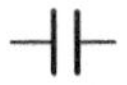	普通电容		可调电容	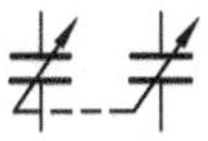	同轴双联双可变电容
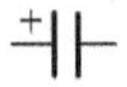	极性电容		微调电容		

2.2 电容的主要技术参数

电容的主要技术参数有标称容量、允许偏差、额定电压、漏电流、损耗因数及时间常数等。

(1) 标称容量及允许偏差

电容的容量描述的是电容存储电荷的能力，容量越大，表明电容能存储的电荷越多。法拉（farad）是电容的单位，通常用字母“F”表示。“F”是一个很大的单位，一般都会使用比 F 小的容量单位，如 mF（毫法）、μF（微法）、nF（纳法）、pF（皮法），它们之间的关系如下：

$$1\ \text{F} = 10^{3}\ \text{mF} = 10^{6}\ \mu\text{F} = 10^{9}\ \text{nF} = 10^{12}\ \text{pF}$$

一般直插式电容的表面都印有表示容量的数值。对于容量较小的贴片式电容，由于其体积非常小，电容表面是不会印有容量值的，在选用时需特别注意。

电容上标注的电容容量，称为标称容量。为了简化标称容量规格，电容大都是按 E24，E12，E6，E3 优选系列进行生产的。实际选择时通常应按系列标准要求，否则可能难以购买。E24 ~E3 系列固定电容标称容量及允许偏差值见表 2-2，其中标称容量小于 10 pF 的无机介质电容，所允许偏差一般为 ±0.1 pF，±0.25 pF，±0.5 pF，±1 pF 4 种；标称容量大于 4.7 pF 的电容采用 E24 系列；小于等于 4.7 pF 的电容采用 E12 系列。精密电容和 E3 系列电容的允许偏差通常采用以下值：±0.05%，±0.1%，±0.25%，±0.5%，±1%，±2%（精密型）；-10% ~30%，±30%，-10% ~50%，-20% ~80%，-20% ~100%（E3 系列）。

任何电容的标称容量都是表 2-2 中标称容量系列再乘以 10^n（n 为正或负整数）。

表 2-2　E24 ~ E3 系列固定电容标称容量、允许偏差、电容器类别

系列	允许偏差	标称容量	电容器类别
E24	±5%	1.0,1.1,1.2,1.3,1.6,1.8,2.0,2.2,2.4,2.7,3.0,3.3,3.6,3.9,4.3,4.7,5.1,5.6,6.2,6.8,7.5,8.2,9.1	高频纸介质、云母介质、玻璃釉介质、高频（无极性）有机薄膜介质
E12	±10%	1.0,1.2,1.5,1.8,2.2,2.7,1.0,1.1,1.2,1.3,1.6,1.8,2.0、2.2,2.4,2.7,3.0,3.3,3.6,3.9,4.3,4.7,5.1,5.6,6.2,6.8,7.5,8.2,9.1	纸介质、金属化纸介质、高频（无极性）有机薄膜介质
E6	±20%	1.0,1.5,2.2,3.3,4.7,6.8	电解电容器
E3	大于 ±20%	1.0	

(2) 额定电压

额定电压通常也称为耐压，是指在允许的环境温度范围内，电容上可连续长期施加的最大电压有效值。通常电容的额定电压是指直流工作电压，但也有少数品种标以交流额定电压，主要专用于交流电路或交流分量大的电路中。如果一般电容工作于脉动电压下，则交流分量通常不得超过直流电压的百分之几至百分之十几（应随交流分量频率的增高而递减），且交、直流分量的总和不得大于额定电压。因此，工作在交流分量大的电路（如整流滤波电路）中的电容，额定电压参数选取应适当放宽裕量。电容在电路中使用时，需要考虑其额定电压的问题：如果电容两端的电压超过额定电压，则电容将会被烧毁；如果电压远远超过额定值或者极性电容的极性被接反，电容还会发生爆炸，甚至殃及其他元器件。电容的额定电压一般都标记在其外壳上。

电容的额定电压也有规定的系列值，见表 2-3，选用时应在系列值中选取。

表 2-3　电容额定电压系列　　单位：V

1.6	4	6.3	10	16	25	(32)	40	(50)	63
100	(125)	160	250	(300)	400	(450)	500	630	1 000
1 600	2 000	2 500	3 000	4 000	5 000	6 300	8 000	10 000	15 000
20 000	25 000	30 000	35 000	40 000	45 000	50 000	60 000	80 000	100 000

注：带括号者仅为电解电容所用。

(3) 绝缘电阻及漏电流

电容介质不可能绝对不导电，当电容加上直流工作电压时，总有漏电流产生。若漏电流太大，电容就会发热损坏，严重时会使外壳爆裂，电解电容的电解液则会向外溅射。

对于一般电容,只要质量良好,其漏电流是极小的,故用绝缘电阻参数来表示其绝缘性能;而电解电容因漏电流较大,故用漏电流表示其绝缘性能(与容量成正比)。电容的绝缘电阻及漏电流是重要的性能参数,有不少电子设备的故障都是因某个电容漏电流太大而导致击穿造成的,所以必须重视这个参数。

(4) 损耗因数(tg δ)

电容的损耗因数指有功功率损耗与无功功率损耗之比,即$\frac{P}{P_q}=\frac{UI\sin\delta}{UI\cos\delta}=\mathrm{tg}\,\delta$,其中 P 为有功功率损耗,P_q为无功功率损耗,U 为施加于电容的交流电压值。损耗因数是衡量电容损耗的参数之一,而电容损耗大小是其品质优劣的主要指标之一。

通常,电容在电场作用下,其储存或传递的一部分电能会因介质漏电及极化作用而变为无用且有害的热能,这部分发热消耗的能量就是电容的损耗。显然损耗越大,发热也越严重,反之亦然。各类电容都规定了某频率范围内的损耗因数允许值,或者说它们都有各自适应的工作频率范围。在选用脉冲、交流、高频等电路中的某些电容时,损耗因数是个十分重要的参数。

2.3 国产电容的型号和标志识别

国产电容的型号一般由 4 部分组成,现举一个实例说明:

C BB 1 2 (非密封型聚丙烯电容器)

- 2 —— 第四部分,用数字表示产品序号(外形和性能不同)
- 1 —— 第三部分,用数字(个别用字母)表示分类
- BB —— 第二部分,用字母表示介质材料,BB 为聚丙烯
- C —— 第一部分,用字母 C 代表电容器

从上述实例可以清楚地了解电容命名方法,初学者一般只要掌握第二、第三部分即可(第一部分 C 是没变化的),表 2-4 为第二部分字母表示的意义,表 2-5 为第三部分数字或字母表示的意义。

表 2-4 电容型号中第二部分字母的意义

字母	电容介质材料	字母	电容介质材料
A	钽电解	L	聚酯等极性有机薄膜(常在 L 后再加一字母区分具体材料,如 LS 等)
B	聚苯乙烯等非极性薄膜(常在 B 后再加一字母区分具体材料,如 BB,BF)	N	铌电解
C	高频陶瓷	O	玻璃膜
D	铝电解(普通电解)	Q	漆膜
E	其他材料电解	S,T	低频陶瓷
G	合金电解	V,X	云母纸
H	纸膜复合	Y	云母
I	玻璃釉	Z	纸质
J	金属化纸介		

表 2-5　电容型号中第三部分数字(字母)表的意义

数字或字母	瓷介电容	云母电容	有机电容	电解电容
1	圆形	非密封	非密封	箔式
2	管形	非密封	非密封	箔式
3	叠片	密封	密封	烧结粉、非固体
4	独石	密封	密封	烧结粉、固体
5	穿心		穿心	
6	支柱形等			
7				无极性
8	高压	高压	高压	
9			特殊	特殊
G			高功率	
T			叠片式	
W			微调电容	

电容的标志方法有直标法、文字符号法和色标法 3 种,下面分别介绍。

(1) 直标法

主要用在体积较大的电容上。标注的内容可多可少,但一般必须标注标称容量、额定电压及允许偏差这 3 项参数,当然也有体积太小的电容(如小容量瓷介电容等)仅标注标称容量这一项(往往连单位也省略)。较齐的标注通常包括标称容量、额定容量、允许偏差、电容型号、商标、工作温度及制造日期等。

(2) 文字符号法

采用字母或数字或两者结合的方法来标注电容的主要参数。其中,容量有 2 种标注法: ① 用数字和字母结合。如 1p2 表示 1.2 pF, 220n 表示 0.22 μF,3u3 表示 3.3 μF, 2m2 表示 2 200 μF 等,其特点是省略 F,且小数点往往用 p,n,μ,m 代替; ② 用 3 位数字表示,其中第一、二位为有效数字位,表示容量值的有效数,第三位为倍率,表示有效数字后 0 的个数,电容量的单位为 pF。图 2-4 中涤纶电容上标有"104J 100V","104"中的"10"代表容量的前两位,最后一位"4"代表倍率(0 的个数),单位是 pF,所以"104"代表在容量数值"10"后添加 4 个 0,即 100 000 pF = 100 nF = 0.1 μF,"104"后面的字母"J"表示误差为 ±5%。

文字符号法中的容量允许偏差及工作温度的字符代表意义分别见表 2-6 和表 2-7。需注意的是,工作温度中的负温度用字母表示,正温度则用数字表示。例如一个电容标志为 682JD4,则表示电容的容量为 6 800 pF ±5%,工作温度范围为 -55 ~ +125 ℃。

(3) 色标法

电容的色标法与电阻相似,单位一般为 pF。对于圆片或矩形片状等电容,非引线端部的一环为第一色环,以后依次为第二色环、第三色环…色环电容分四环和五环形式,有些电容还有距四环或五环较远的第五或第六环,这 2 环往往代表电容特性或工作电压。

表 2-8 是色标电容不同颜色代表的意义。

色环电容与色环电阻的区别:色环电容本体底色一般为淡黄色或红色,中间部分比两端略高;色环电阻一般两端隆起,中间部分略低。

表 2-6　电容容量允许偏差的字母表示

字母	允许偏差	字母	允许偏差	字母	允许偏差
X	±0.001%	D	±0.5%	R	+100% -10%
Y	±0.002%	F	±1%	T	+50% -10%
E	±0.005%	G	±2%	Q	+30% -10%
L	±0.01%	J	±5%	S	+50% -20%
P	±0.02%	K	±10%	Z	+80% -20%
W	±0.05%	M	±20%	不标注	+不规定 -20%
B	±0.1%	N	±30%		
C	±0.25%	H	+100% -0%		

表 2-7　电容工作温度的文字符号表示

符号	A	B	C	D	E	0	1	2	3	4	5	6	7
温度/℃	-10	-25	-40	-55	-65	+55	+70	+85	+100	+125	+155	+200	+250

表 2-8　色标电容各色含义

颜色	代表数字 (第一,二位或第三位)	倍率 (倒数第二位)	允许偏差(%) (倒数第一位)	工作电压/V
黑	0	10^0		4
棕	1	10^1	±1	6.3
红	2	10^2	±2	10
橙	3	10^3		16
黄	4	10^4		25
绿	5	10^5	±0.5	32
蓝	6	10^6	±0.25	40
紫	7	10^7	±0.1	50
灰	8	10^8		63
白	9	10^9	-20 ~ +50	
金	±0.1	10^{-1}	±5	
银		10^{-2}	±10	
无色			±20	

2.4 电容的特性

“隔直通交”特性是电容在电路中的最大贡献。

(1) 电容的并联与串联

电容并联时,相当于增加了电容两极板之间的面积,所以总容量 C_P 为并联电容的容量之和;电容串联时,总容量 C_S 的倒数为串联电容的容量倒数之和,如图 2-1 所示。

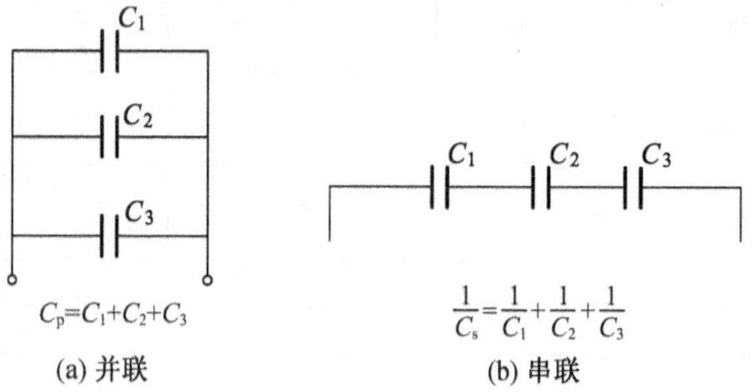

图 2-1 电容的并联与串联

(2) 能量存储

流经电容的电流与电压并不是简单的线性关系,可用式(2-1)表示:

$$I = C\frac{\mathrm{d}V}{\mathrm{d}t} \tag{2-1}$$

式中,$\frac{\mathrm{d}V}{\mathrm{d}t}$是电容两端电压的变化率,$C$ 是电容的容量。

电流流经电阻,是将电功率转换成热量;而电流流经电容则是将电能转换成电场能量存储起来,当电容放电时,再把这个电场能量通过电流释放出来。

电容所能存储的电场能量 W 与电容两端的电压、电容的容量有关:

$$W = \frac{QV}{2} = \frac{VCV}{2} = \frac{V^2C}{2} \tag{2-2}$$

(3) 容抗

“隔直通交”是对电容重要特性的描述,但电容对交流信号并不是完全没有障碍。只有电容的容量较大和交流信号的频率较高时,电容才能更“爽快”地让交流信号通过。

为定量地获得电容对信号的阻碍作用,引入容抗的概念。容抗描述的是电容对信号的阻碍作用,一般用“X_C”表示。容抗的计算公式为:

$$X_C = \frac{1}{2\pi fC} \tag{2-3}$$

式中,f 为信号的频率,C 为电容的容量。当 f 的单位为 Hz,C 的单位为 F 时,X_C 的单位为 Ω。

一个 50 Hz 的交流信号通过容量为 1 000 μF 的电容,则其容抗为:

$$X_C = \frac{1}{2\pi fC} = \frac{1}{2\times 3.14\times 50\times 1\,000\times 10^{-6}} \approx 3.2\ \Omega \tag{2-4}$$

容抗 $X_C = 3.2\ \Omega$ 是一个比较小的数值，说明交流信号通过电容比较顺利。如果有一个直流信号（直流信号的频率为 0 Hz）经过相同的电容，则其容抗为∞（无穷大）。

容抗 X_C 为无穷大，说明电容对于直流信号有无穷大的阻碍，相当于断开，这就是“隔直通交”中“隔直”的电容特性。

式(2-3)还说明信号频率 f 越大，容抗 X_C 越小，对信号的阻碍作用也就越小。

（4）相移

相移描述的是信号相位的改变。当有一个正弦信号通过电阻时，电阻两端的电压和电流会同时达到峰值，这种情况表明电压与电流同相。

当正弦信号通过电容时，电容两端的电压与电流中的变化并不同步，且电流领先于电压的变化，存在 90°的相位差。

（5）RC 电路与时间常数

图 2-2(a)是一种典型的 RC 电路，当开关 S_1 闭合时，电源 BT_1 通过电阻 R 向电容 C 充电，充电曲线如图 2-2(b)所示。

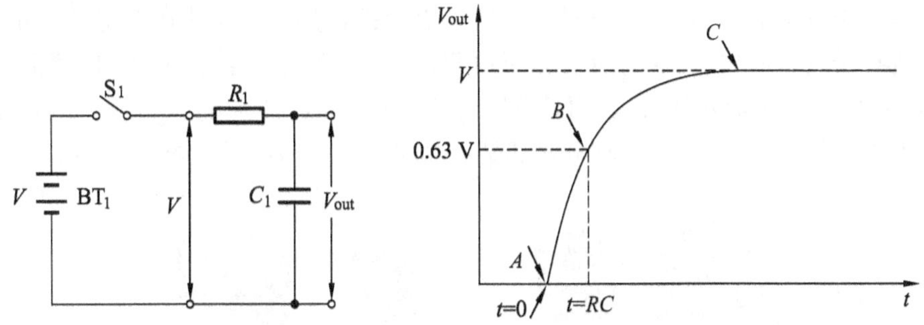

(a) RC 电路（低通滤波器）　　(b) 电容充电曲线

图 2-2　RC 电路与电容充电曲线

开关闭合瞬间，电容 C_1 开始充电，此时两端的电压 V_{out} 将要变大，如图中点 A。随着充电的进行，电容两端的电压 V_{out} 不断变大，当 C_1 充满电后，V_{out} 就会等于电源的电压 V，即图中的 C 点。

开始充电 t 秒后，电容两端的电压 V_{out} 为：

$$V_{out} = V(1 - e^{\frac{t}{RC}}) \tag{2-4}$$

当 $t = RC$ 时，RC 电路的输出电压为输入电压的 0.63 倍，即图 2-2(b)中点 B。把 RC 电路中电阻阻值和电容容量的乘积称为 RC 时间常数，用希腊字母“τ”表示，即：

$$\tau = RC \tag{2-5}$$

当 RC 电路电容充满电后，一旦输入信号电压变为 0 V，电容就开始放电，如图 2-3 所示。放电过程中电容两端的电压可由式(2-6)计算：

$$V_{out} = V \cdot e^{\frac{t}{RC}} \tag{2-6}$$

当 $t = RC$ 时，RC 电路的输出电压为输入电压的 0.37 倍。

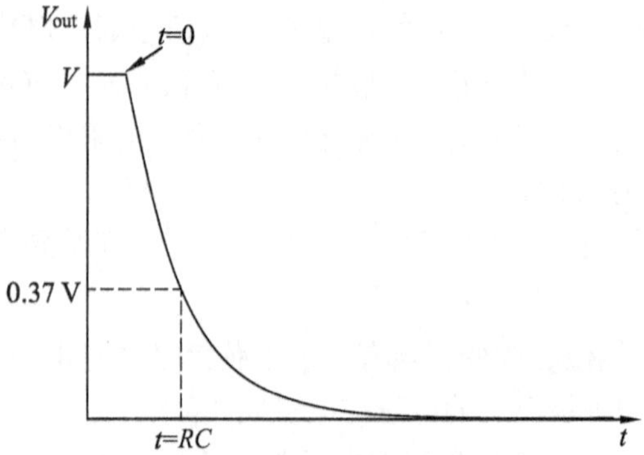

图 2-3　RC 电路的放电曲线

2.5　无极性电容和极性电容

电容可分为无极性电容和极性电容 2 类。

无极性电容的 2 个引脚没有极性之分，可以交换使用。根据所用的电介质不同，无极性电容可分为瓷片电容(ceramic)、云母电容(mica)、涤纶电容(polyester)、镀金属塑料膜电容(metallised plastic film)、聚丙烯电容(polypropylene)、纸质电容(paper)等。在没有特殊说明的情况下，使用任意一种电容都是可以的，图 2-4 为部分无极性电容。

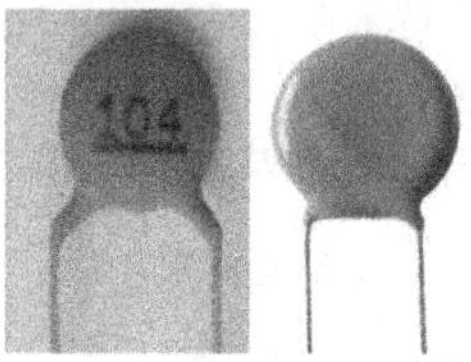

(a) 瓷片电容

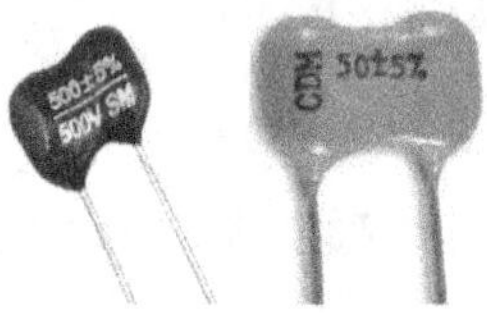

(b) 云母电容

(c) 涤纶电容

(d) 聚丙烯电容

图 2-4　常见无极性电容的外观

如果想节约成本并对误差、稳定性要求不严格，可选用瓷片电容；如果对误差、稳定性要求比较高，可选用涤纶电容、聚丙烯电容等。云母电容误差较小，稳定性高，额定电压较大，通常使用在高频电路中。

极性电容与无极性电容的最大区别在于引脚有正、负之分，在电路中不能混用。极性电容符号多了一个“+”，表示的是正极。极性电容的容量比无极性电容要大，2 种常见的极性电容：铝电解电容的容量通常为 0.1 ~ 68 000 μF，钽电解电容的容量通常为 0.1 ~ 1 500 μF。铝电解电容简称铝电解，是一种最为常用的极性电容。在一般电路图中,如果没有特别说明,极性电容使用的都是铝电解。

图 2-5 是圆柱形和贴片式铝电解电容的外观和极性。铝电解电容一般都是圆柱体,在外壳上印有容量和额定电压等信息,还有一个非常明显的银色或灰色条,用以指明与之同侧的引脚为电容的负极;贴片式铝电解在器件上有半月形标记的一侧为负极。

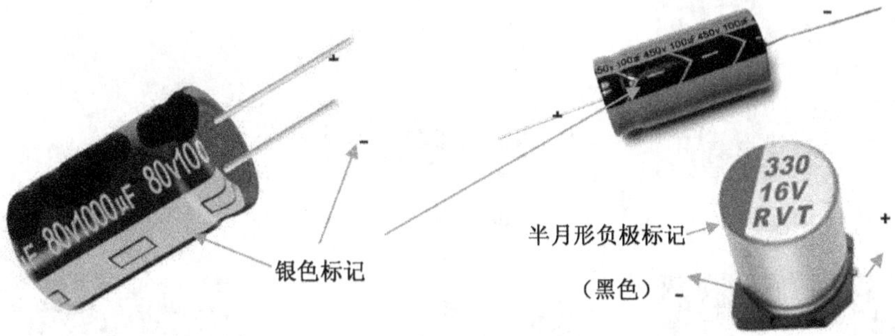

图 2-5 铝电解电容器的外观和极性

铝电解电容的容量按照 E12 标准在 0.1 ~ 68 000 μF 之间取值,常用的额定电压有 10 V,16 V,25 V,35 V,50 V,75 V,100 V,125 V,300 V 等,允许误差为 -10% ~ +50%。要保证铝电解电容的额定电压高于电路电源的电压,比如某电路的电源电压为 12 V,则一般会使用额定电压为 16 V 或 25 V 的电容。铝电解电容通常用在电流较大、频率较低的电路中,特别是在电源电路中广泛使用。此外,还常常用于交流信号的耦合。

图 2-6 是直插式和贴片式钽电解电容。钽电解电容简称钽电解,与铝电解相比,其具有稳定性较高、误差较小、漏电流较小的特点。由于贴片式钽电解的体积小,使其广泛取代铝电解且在一些便携式设备的电路中使用。

(a) 直插式 (b) 贴片式

图 2-6 钽电解电容

2.6 聚丙烯电容(CBB 电容)

由于 CBB 电容在各种电子精密仪器中应用非常广泛,因此本节单独进行介绍。CBB 电容的性能与聚苯电容相似,但其体积小,稳定性略差;CBB 电容可代替大部分聚苯或云母电容,用于要求较高的电路。它具有如下特点:

(1) 无极性,绝缘阻抗很高,频率特性优异,而且介质损失很小。

(2) 介电常数较高,体积小,容量大,稳定性比较好。

（3）介质损耗小，绝缘电阻高，但是温度系数大。

小于 1 μF 的 CBB 电容标称容量按 E6 规定，前 2 位数字有 10，15，22，33，47，68 共 6 种；第三位数字表示其后加 0 的个数。如：标称容量 104 = 100 000 PF = 0.1 μF。图 2-7 和表 2-9 是常见的几种 CBB 电容类型及特点。

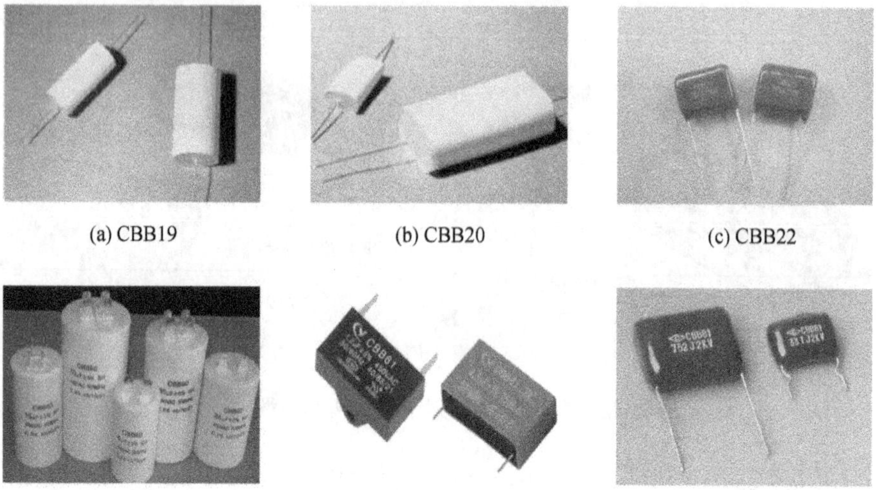

(a) CBB19　(b) CBB20　(c) CBB22

(d) CBB60　(e) CBB61　(f) CBB81

图 2-7　各种 CBB 电容

表 2-9　常见的几种 CBB 电容类型及特点

类型	特点	用途
CBB19 金属化聚丙烯膜圆轴向电容器	以金属化聚丙烯膜作介质和电极，用阻燃胶带外包和环氧树脂密封，具有电性能优良，可靠性好，耐高温，体积小，容量大等特点和良好的自愈性能	广泛使用于仪器、仪表、家用电器等交、直流电路，特别适用于音响系统分频线路中
CBB20 金属化聚丙烯膜扁轴向电容器		
CBB22 金属化聚丙烯膜直流电容器	以金属化聚丙烯膜作介质和电极，用阻燃绝缘材料包封，单向引出，带外包，环氧树脂密封，具有电性能优良，可靠性好，损耗小等特点和良好的自愈性能	广泛使用于仪器、仪表、电视机及家用电器线路中，作为直流脉动、脉冲和交流降压用，特别适用于各种类型的节能灯和电子整流器
CBB60 交流电动机电容器	具有体积小，重量轻，价格低，损耗小，自愈效果佳等特点	适用于频率为 50 Hz（60 Hz）交流电源供电的单向电动机的起动和运转
CBB61 交流电动机电容器		常用于频率为 50 Hz（60 Hz）交流电源供电的单向电动机的起动和运转。
CBB81（PPS）金属化聚丙烯高压电容器	能抗高电压、大电流冲击，具有损耗小，电性能优良，可靠性高和自愈性能佳等特点	广泛使用于仪器、仪表、电视机及家用电器线路中，可作直流脉动和交流降压用，特别适用于各种类型的电子整流器和节能灯线路，还可应用于各类接触器触点的高压电势吸收线路

2.7 法拉电容

法拉电容属于双电层电容，它是世界上已投入量产的双电层电容中容量最大的一种，其基本原理和其他种类的双电层电容一样，都是利用活性炭多孔电极和电解质组成的双电层结构获得超大的容量。图 2-8 是常见的几种不同封装类型的法拉电容。

(a) 2.7 V 4 F 卷绕式 (b) 5.0 V 0.47 F全密封 (c) 5.5 V 6.0 F 组合型 (d) 5.5V 0.22F 叠片式

图 2-8 不同封装类型的法拉电容

(1) 法拉电容的特点

① 充电速度快，充电 10 s ~ 10 min 可达到其额定容量的 95% 以上。

② 循环使用寿命长，深度充、放电循环使用次数可达 50 万次，没有“记忆效应”，也不存在过度放电的问题。

③ 大电流放电能力超强，能量转换效率高，过程损失小，大电流能量循环效率高于 90%。

④ 功率密度相对较低，为 300 ~ 5 000 W/KG，仅相当于锂电池的 1/10 ~ 1/5。

⑤ 产品原材料构成、生产、使用、储存及拆解过程均没有污染，是理想的绿色环保电源。

⑥ 充电线路简单，无须充电电池那样的充电电路，长期使用免维护。

⑦ 超低温特性好，温度范围宽，一般为 -40 ℃ ~ +70 ℃。

⑧ 检测方便，剩余电量可直接读出。

⑨ 容量范围通常为 0.01 ~1 000 F，而耐压往往偏低（几伏到十几伏，新开发出的也不过二十几伏）。

法拉电容可做成法拉电容模组，如图 2-9 所示，适合高容量的需求。

图 2-9 法拉电容模组

(2) 法拉电容的缺点

① 目前法拉电容的耐压均不高，实际使用中过压保护电路必不可少。有人经常将两个甚至多个超级电容串接接入大电压环境中，这种做法是不对的。因为随着电容的漏电，加上电容的品质又不尽相同，在后期多次的充、放电后容易造成局部单元过充而击穿的现象。

② 法拉电容毕竟不是电池，存在电压随放电而逐渐下降的问题，所以需要较复杂的输出电路。

(3) 法拉电容的应用

法拉电容的低阻抗性能对于当今许多高功率应用是必不可少的。对于快速充、放电，法拉电容小的ESR（等效串联电阻）意味着更大的功率输出。法拉电容常用在以下情况中：

① 快速充电应用，几秒钟充电，几分钟放电。例如电动工具、电动玩具。

② 在UPS（不间断电源）系统中，法拉电容提供瞬时功率输出，可作为发动机或其他不间断系统的备用电源的补充。

③ 应用于能量充足且功率匮乏的能源，如太阳能。

④ 当公共汽车从一种动力源切换到另一动力源时的功率支持。

⑤ 小电流且长时间持续放电的系统，如计算机存储器后备电源。

利用法拉电容作为智能仪器仪表后备电源，设计一种基于法拉电容并且可采用3 A输出的通用单片BUCKIC（降压变换集成电器）进行供电、掉电保护。法拉电容充、放电主要技术指标如下：5 V充电电压，充电电流小于2 A，100 mA恒流供电，1 s内快速充满电，持续放电30 s。

法拉电容一般采用双电层技术，具有较低的内阻，通电时，会产生较大的冲击电流，可能会损坏主DC-DC（直流—直流）变换器。设计中既要保证法拉电容充、放有效的电量，即充、放电深度，又要考虑到充、放电时的控制方便性和可操作性，通常采用恒流转恒压充电、恒流放电的方式。充、放电过程中，电流的大小可根据需要和时间的长短来确定，恒压充电的时间可根据电容工作的有效电量来确定。

针对以上的一些特点，设计法拉电容充、放电控制电路如图2-10所示。

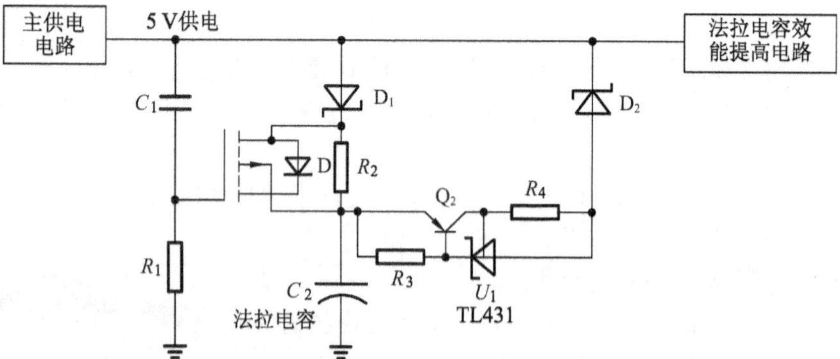

图2-10　法拉电容充放电控制电路

① 充电限流电路部分

实际应用中，智能仪器仪表开机运行需要立即对法拉电容快速充电，但由于法拉电容内阻较小，通电瞬间会有较大的冲击电流。以Powerstor公司生产的PM5R0V305-R型号法拉电容为例，该电容耐压为5 V，内阻为50 mΩ，理想条件下通电时会产生100 A的电流。即使考虑实际电路中的各种阻抗冲击，电流也可达几十安。一般的通用单片BUCK型DC-DC变换器无法承受那么大的负载电流，故变换器无法建立正常工作的电流环路，因此采用图2-10中R_2，Q_1，C_1，R_1组成的电路进行限流。法拉电容在稳定的5 V下充电，电阻R_1起主要限流作用。起动瞬间的电流最大，电阻R_2可以减小起动电流，此时由于C_1和R_1构成的延迟电路使Q_1不导通；待电流减小后Q_1导通，电流主要通过Q_1对法拉电容充电，以减少电阻上的额外损耗；调节C_1和R_1参数可以调整Q_1的延迟开启时间。

上述限流电路大大减少了法拉电容的输入电流，减轻了通电后 DC-DC 变换器的负载，同时也满足了通电后快速充电的要求。法拉电容在 R_2 限流作用下快速充电到 $(5-V_{don})$ V（V_{don} 为肖特基二极管导通压降）。

② 恒流放电电路部分

法拉电容进行放电初始，如果放电电流过大，极板内的电荷因阻力及化学反应速度等原因来不及补充，导致端电极电荷亏空，电压会瞬态跌落。因此，进行放电的恒流控制是很有必要的。

如图 2-10 所示采用 TL431 搭建恒流电路，TL431 是三端可编程并联稳压二极管，通过三极管扩流可提供可靠的恒流源。图中 Q_2 是一个 PNP 型调整管，以减少压降损失。由 TL431 根据 R_4 的压降控制输出的电流，R_3 为 Q_2 导通提供必要的电压。恒流大小可由式(2-7)计算：

$$I=\frac{V_{ref}}{R_4},\ (V_{ref}=2.5\ \text{V}) \tag{2-7}$$

通过调整 R_4 可以获得不同的恒定电流输出。

③ 法拉电容选择

根据“电路保持工作所需能量 = 法拉电容减少能量”的原则，可知：

$$J_1=\frac{1}{2}IU_1t \tag{2-8}$$

$$J_1=\frac{1}{2}C(U_1^2-U_2^2) \tag{2-9}$$

式中，J_1 为系统电路保持工作所需能量；J_2 为法拉电容减少能量；U_1 为电路正常工作时法拉电容电压；U_2 为电路能工作的最低电压；I 为电路正常工作需要电流。由系统能正常工作的条件 $J_1=J_2$ 可推得：

$$C=\frac{IU_1\ t}{U_1^2-U_2^2} \tag{2-10}$$

一般的电路正常工作电压为 5 V，除去二极管 D_1，R_2 的压降，法拉电容电压大约可充电压 4.7 V，同时放电时考虑到 D_2，R_4，Q_2 的压降，可输出的电压为 4 V 左右，即 $U_1=4$ V。当系统电压小于 2.1 V 时会触发复位电路，同时一般非隔离的升压电路在 2.1 V 低压下也无法正常工作，故法拉电容电能无法继续供给电路使用，$U_2=2.1$ V。系统掉电后，操作系统需要时间对重要数据进行保存及完成相应操作，取 $t=30$ s。系统由法拉电容供电时的负载电流为 100 mA 左右，即 $I=100$ mA，将上述参数带入式(2-10)可得 $C=1.03$ F。考虑电路的转换效率和冗余设计的要求，选用 1.5 F，5.0 V 额定电压的法拉电容完全可以满足系统掉电后能量的供给。

第 3 章

电　感

3.1　电感简介

电感器(inductor)简称电感,实际上就是一个线圈,可以是空心的,也可以绕在某些磁性材料上,电路符号如图 3-1 所示。电感最基本的作用就是抑制流过它的电流突然变化。如图 3-2 所示,当电流 I 变大时,根据楞次定律,感应电流 I_1 方向与电流 I 相反,从而阻止电流 I 的快速增加;而当电流 I 变小时,感应电流 I_2 与电流 I 同向,从而阻止电流 I 的快速减小。在电流 I 变化时,电感只能减缓变化的速度,但是最终电感里的电流还是会等于 I。实际上这是电感暂时以磁场的形式存储能量,随后逐渐将能量返回给电源。

图 3-1　电感的电路符号

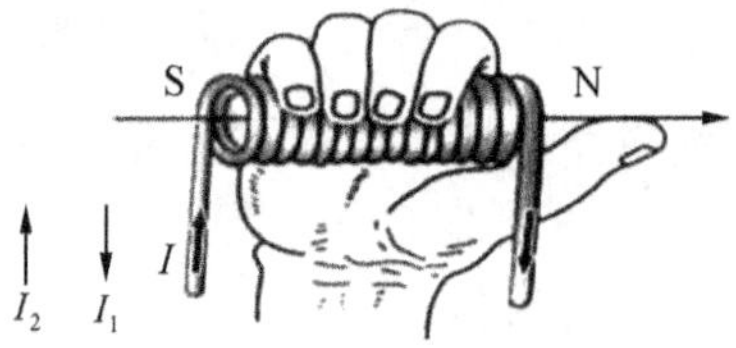

图 3-2　电感器原理

3.2　电感系数

电感的电压和电流变化率成正比。电压和电流有如下关系:

$$V_L = L\frac{\mathrm{d}I_L}{\mathrm{d}t} \tag{3-1}$$

$$I_L = \frac{1}{L}\int V_L \mathrm{d}t \tag{3-2}$$

式中,L 是电感系数,单位是亨利,简写为 H。1 H 就是电流以每秒 1 A 的速度变化时,感应电压为 1 V 所对应的电感系数。电感系数和电感本身的物理参数有关,如线圈的形状、匝数、铁心材料和结构。

当两个或更多的电感串联在电路中时,总电感值等于各个电感值之和,前提是电感之间距离较远使得彼此之间无互感产生。以图 3-3(a)中 3 个电感为例,其总电感值为:

$$L = L_1 + L_2 + L_3 \tag{3-3}$$

如果电感是并联的,且相互间没有互感的影响,如图 3-3(b)所示,其总电感值为:

$$\frac{1}{L}=\frac{1}{L_1}+\frac{1}{L_2}+\frac{1}{L_3} \tag{3-4}$$

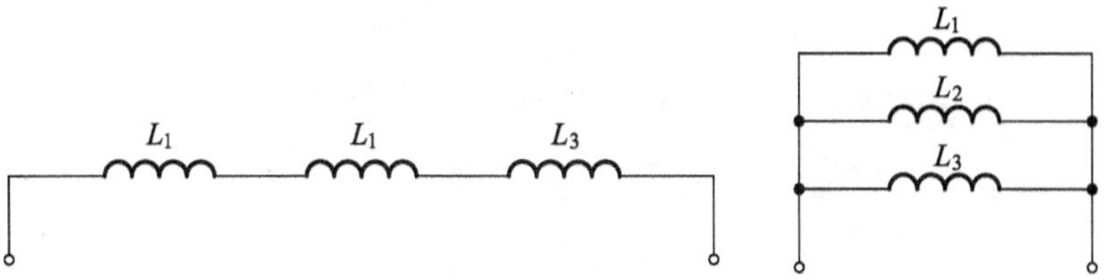

(a) 串联　　(b) 并联

图 3-3　电感的串联与并联

3.3　感抗

电感的感抗表示电感对交流信号的反抗作用，其对频率敏感，随着频率的增加而增加：

$$X_L=2\pi fL \tag{3-5}$$

式中，X_L 的单位为 Ω。

对于直流信号，其频率为 0 Hz，由式(3-5)计算可得 X_L 为 0，因此电感对直流信号的电阻为 0 Ω，这就是直流信号可以顺利通过电感的原因。

实际上，电感是非理想的，具有内电阻和电容，这将会导致实际感抗与式(3-5)结果不符，尤其在高频下更为突出。

3.4　电感的制作

与电阻和电容不同，特定的电感值通常很难找到，即使能够找到，其价格也是比较昂贵的，因此常常需要手工制作电感。

自制电感通常用某一直径的漆包线在骨架或芯上绕制而成，图 3-4 所示为 3 种电感的绕制和计算方法，以供参考。

$$L=\frac{d^2N^2}{18d+40l}$$

L：电感量，单位 μH
d：线圈直径，单位(inch)
l：线圈长度，单位(inch)
N：线圈的匝数

(a) 空芯电感线圈

$$L=\frac{R^2N^2}{8R+11W}$$

L：电感量，单位 μH
d：线圈直径，单位(inch)
l：线圈长度，单位(inch)
N：线圈的匝数

(b) 螺旋形电感线圈

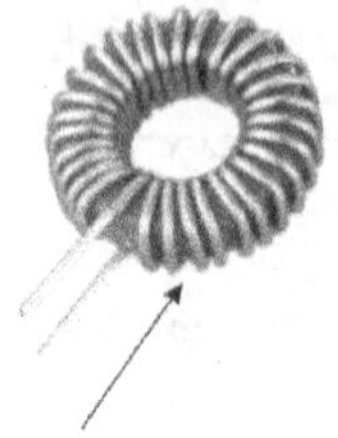

铁芯：

$$L=\frac{A_L\times N^2}{10\,000} \qquad N=100\sqrt{\frac{\text{所需电感量}(\mu H)}{A_L(\mu H\text{每}100\text{匝})}}$$

L:电感量，单位 μH

N:线圈的匝数

A_L是环形铁芯的感应系数：

尺寸	26	3	15	1	2	7	6	10	12	17	0
T-12	N/A	60	50	48	20	18	117	12	7.5	7.5	3.0
T-16	145	61	55	44	22	N/A	19	13	8.0	8.0	3.0
T-20	180	76	65	52	27	24	22	16	10	10	3.5
T-25	235	100	85	70	34	29	27	19	12	12	4.5
T-30	325	140	93	85	43	37	36	25	16	16	6
T-50	320	175	135	100	49	43	40	31	18	18	6.4
T-80	450	180	170	115	55	50	45	32	22	22	8.5
T-106	900	450	345	325	135	133	116	N/A	N/A	N/A	15
T-130	785	300	250	200	110	103	96	N/A	N/A	N/A	15
T-184	1 640	720	N/A	500	240	N/A	195	N/A	N/A	N/A	N/A
T-200	895	425	N/A	250	120	105	100	N/A	N/A	N/A	N/A

*N/A表示无此系数

铁氧体芯：

$$L(\mu H)=\frac{A_L\times N^2}{100\,000}$$

$$N=1\,000\sqrt{\frac{\text{所需电感量}L(\text{mH})}{A_L(\mu H\text{每}1\,000\text{匝})}}$$

A_L是环形铁氧体芯的感应系数：

尺寸	63/67-Mix	61-Mix	43-Mix	77(72)Mix	J(75)Mix
FT-23	7.9	24.8	188.0	396.0	980.0
FT-37	19.7	55.3	420.0	884	2 196
FT-50	22.0	68.0	523.0	1 100	2 715
FT-82	22.4	73.3	557.0	1 170	N/A
FT-114	25.4	79.3	603.0	1 270	3 179

*N/A表示无此系数

(c) 环形电感线

图 3-4　电感绕制方法及计算

3.5　电感的品质因数

由于绕制电感的漆包线存在一定的电阻，因此电感除具有感抗外，还具有阻抗。阻抗带来的麻烦是电流通过电感时，有一部分被转换成了热量。漆包线的电阻率越小，发热也就越小，电感的品质也就越好。品质因数（Q 值）用来描述电感的品质。Q 值等于某一频率下感抗与阻抗的比值：

$$Q=\frac{2\pi fL}{R} \tag{3-6}$$

如果 Q 值越大，表明电感的性能越接近理想状态，通常通过查询技术手册可知电感的阻抗。

3.6　电感的芯

电感的芯对电感量的影响至关重要（如图 3-5 所示），当把电感的芯拿掉，电感量会急剧下降；反之，给电感加芯可以有效提高磁通量，从而在有限的尺寸下制成更大电感量的器件。常见电感的芯有 3 种：铁芯、空气芯、铁氧体芯。

以铁制材料作为电感的芯可以获得很大的电感量，这是因为铁芯可以使绕制在其上的线圈产生的磁场增加数百倍。空气芯又叫空芯电感，即没有芯的电感，由于没有了芯，空芯电感的电感量一般比较小，常常使用在高频（20 kHz 以上）电路中。如果铁芯电感的铁芯换成铁氧体材料，就可以在高频电路中使用。铁氧体芯可以极大地提高电感的电感量，如一个空芯电感的电感量原为 1 mH，当加入一个铁氧体芯后电感量可以升至 400 mH。

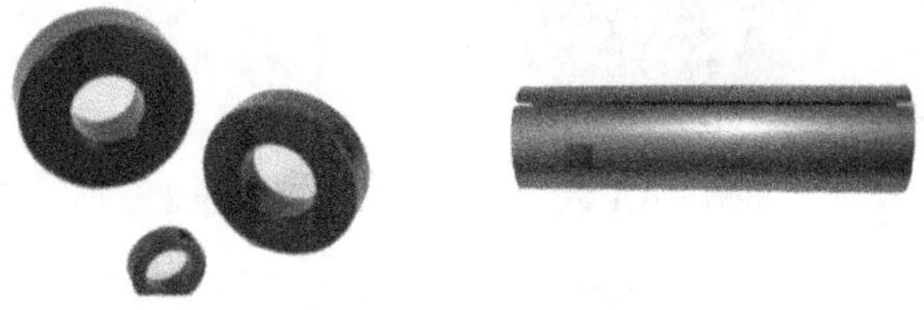

(a) 铁芯

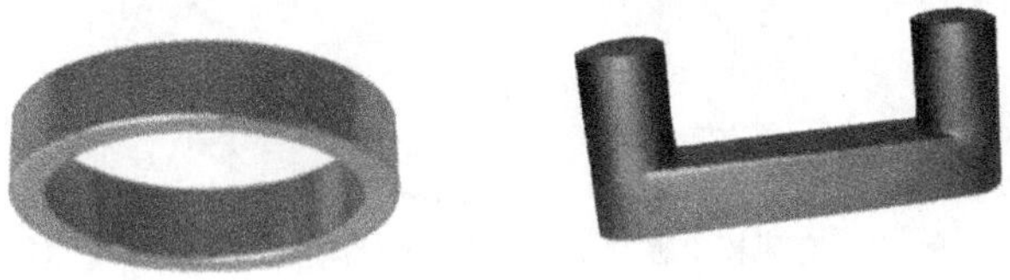

(b) 铁氧体芯

图 3-5 电感的芯

3.7 电感的种类

(1) 按结构分类

电感按其结构的不同可分为绕线式电感和非绕线式电感，还可分为固定式电感和可调式电感。

固定式电感又分为空芯电子电感、磁芯电感、铁芯电感等；根据其结构外形和引脚方式，还可分为立式同向引脚电感、卧式轴向电感、大中型电感、小巧玲珑型电感和片状电感等。

可调式电感又分为磁芯可调电感、铜芯可调电感、滑动接点可调电感、串联互感可调电感和多抽头可调电感。

(2) 按工作频率分类

电感按工作频率可分为高频电感、中频电感和低频电感。

空芯电感、磁芯电感和铜芯电感一般为中频或高频电感，而铁芯电感多为低频电感。

(3) 按用途分类

电感按用途可分为振荡电感、校正电感、显像管偏转电感、阻流电感、滤波电感、隔离电感等。

另外，根据电感使用场合的不同，电感具有不同的名称：如扼流圈、线圈或变压器。扼流圈主要用于抑制信号的交流成分；而线圈主要是指电感与其他器件构成的调谐电路，如与电容在一起构成滤波电路，对特定频率的信号进行选择；而变压器主要是指电感用于电压变换和阻抗匹配。如图 3-6 所示为各类常见电感。

(a) 工字形电感

(b) 贴片式电感

(c) 可调电感

(d) 射频电感

(e) 蜂房式电感

(f) 磁棒电感

(g) 封闭式阻流电感

(h) 变压器

图 3-6　各类常见电感

3.8　*LC* 滤波电路

利用电感和电容元件的组合可以得到滤波电路，这是因为电容的容抗 $X_C = \frac{1}{2}\pi fC$ 会随信号频率的升高而变小，而电感的感抗 $X_L = 2\pi fL$ 会随信号频率的升高而增大，若把电容、电感进行串联、并联或混联应用，它们组合的阻抗也会随信号频率不同而发生很大的变化。这表明不同滤波电路会对某种频率信号呈现很小或很大的电抗，以致能让该频率信号顺利通过或阻碍它通过，从而起到选取某种频率信号和滤除某种频率信号的作用。

对于图 3-7(a)所示的滤波电路，当信号从左至右传输时，电感 L 对低频信号阻碍小，对高频信号阻碍大；电容 C 则对低频信号衰减小，对高频信号衰减大。因此该滤波电路容易通过低频信号，称为低通滤波电路，其特点可用图 3-7(a)中的幅频特性曲线表示。

对于图 3-7(b)所示的滤波电路，容易通过高频信号，故称为高通滤波电路，其特点可用图(b)中的幅频特性曲线表示。

对于图 3-7(c)所示的滤波电路，利用电容 C_1 和电感 L_1 串联对谐振信号阻抗小、电容 C_2 和电感 L_2 并联对谐振信号阻抗大的特性，使二者谐振信号 f_0 容易通过，而阻碍其他频率信号通过，故称为带通滤波电路。该电路的这种特点可用图中的幅频特性曲线概括。

对于图 3-7(d)所示的滤波电路，利用电容 C_1 和电感 L_1 并联对谐振信号阻抗大，电容 C_2 和电感 L_2 串联对谐振信号阻抗小的特性，容易使谐振频率以外的信号通过，而抑制二者谐振信号 f_0 通过，故称为带阻滤波电路。该电路的特点可用图中的幅频特性曲线来概括。

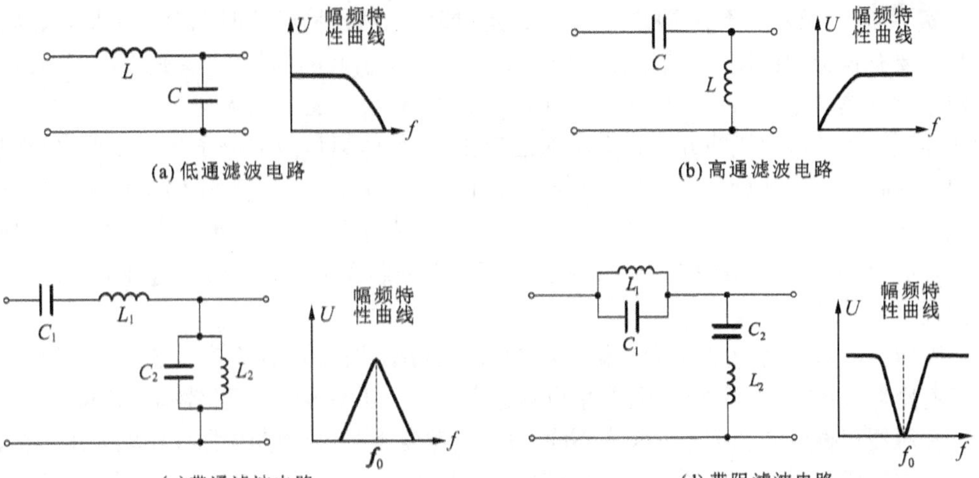

(a) 低通滤波电路　(b) 高通滤波电路

(c) 带通滤波电路　(d) 带阻滤波电路

图 3-7　*LC* 滤波电路

3.9　变压器

变压器是变换交流电压、电流和阻抗的器件，它由铁芯（或磁芯）和线圈组成，如图 3-8所示。线圈有两个或两个以上的绕组，其中接电源的绕组叫初级线圈，其余的绕组叫次级线圈。当变化的电流流入初级线圈时，初级线圈会在变压器的铁芯中产生变化的磁通量，该变化的磁通量又会在次级线圈上产生变化的电流，这就是变压器传递电能的原理。如图 3-9 所示为常见的变压器。

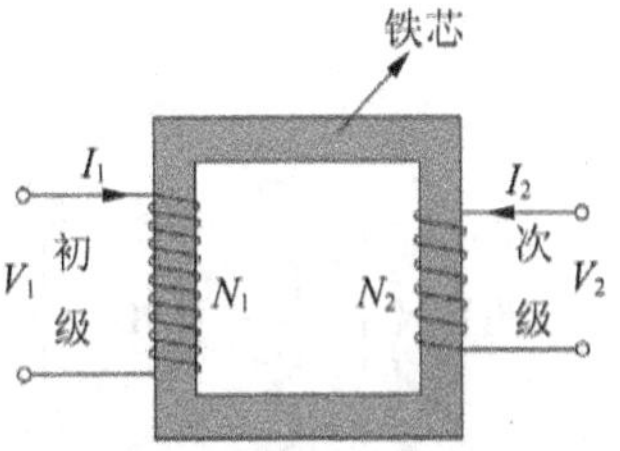

图 3-8　变压器结构原理图

图 3-9　常见变压器

设变压器初级线圈匝数和次级线圈匝数分别为 N_1 和 N_2，则初级线圈和次级线圈两端的电压之比等于线圈的匝数比：

$$\frac{V_1}{V_2}=\frac{N_1}{N_2} \tag{3-7}$$

式中，V_1 为初级线圈两端电压，V_2 为次级线圈两端电压。

如果变压器是一个理想器件，那么它的输入功率 P_1 应该等于输出功率 P_2，根据 $P=VI$ 可以得到：

$$\frac{I_2}{I_1}=\frac{N_1}{N_2} \tag{3-8}$$

实际上，变压器达不到100%的功率传递，即变压器传输电能时总会产生损耗，这种损耗主要有铜损和铁损。铜损是指变压器线圈电阻所引起的损耗，主要是由电流通过线圈电阻时发热产生。而铁损包括磁滞损耗和涡流损耗，当交流电流通过变压器时，通过变压器硅钢片的磁力线的方向和大小随之变化，使得硅钢片内部分子相互摩擦，放出热能，从而损耗一部分电能，这便是磁滞损耗；而涡流损耗指的是当变压器工作时，铁芯中有磁力线穿过，在与磁力线垂直的平面上就会产生感应电流，由于此电流自成闭合回路形成环流，且成漩涡状，故称为涡流，涡流的存在使铁芯发热，消耗能量，这种损耗称为涡流损耗。

变压器的效率是指变压器的输出功率与输入功率的比值，通常效率与变压器的功率等级有密切关系，功率等级越高，效率也就越高；反之，功率等级越低，效率也就越低。

变压器根据所处理信号的频率不同，分为电源变压器、音频变压器和中频变压器等。

电源变压器是最常见的一种变压器，在电路中实现交流电压变换的目的，常用电子产品的电源变压器的作用就是将220 V(市电)转化成低电压以供电子产品使用。在选购变压器时首先要考虑的参数就是变压器初级和次级电压：初级电压往往与市电相同，即220 V；次级电压则要根据电路的额定电压确定。

选购变压器参数时要考虑的另一个重要的参数是额定功率。额定功率通常需要根据次级电压输出回路的工作电流来决定，通过工作电流乘以工作电压就可以得到电路的消耗功率，变压器的额定功率只能大于这个功率。

电源变压器通常有单绕组和双绕组之分。单绕组的变压器只有一组次级线圈，而双绕组变压器有两个次级线圈(次级1和次级2)，二者首尾相连形成一个公共端，如图3-10所示。该双绕组变压器额定输出电压为9 V，从公共端到任意一次级的电压为9 V，则两个次级之间的电压为18 V。双绕组变压器一般用在放大器等需要双极性电源供电的电路中。

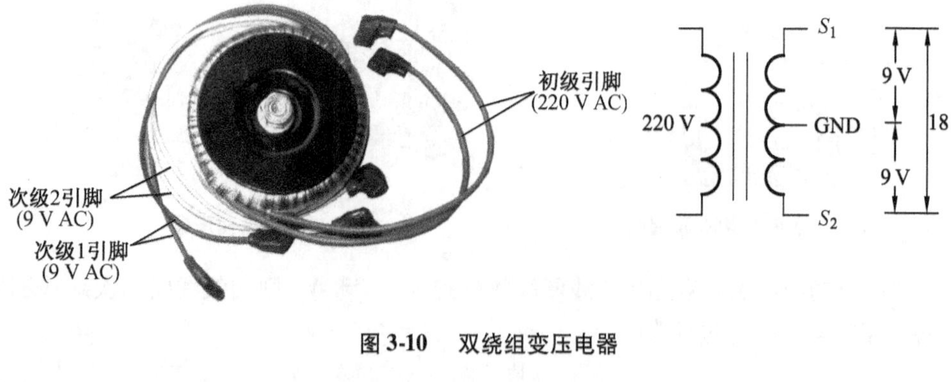

图3-10　双绕组变压器

音频变压器是工作于音频频率范围(20～20 000 Hz)的变压器，主要用在音频设备中(如麦克风和扬声器)，实现阻抗匹配，超出频率范围，它们就会减小或阻碍信号。如图3-11所示为数字音频变压器。

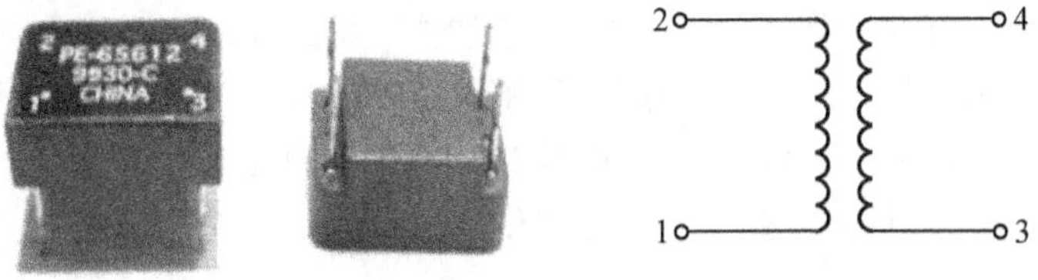

(a) 数字音频变压器外观　　(b) 数字音频变压器原理图

图 3-11　数字音频变压器

中频变压器也称为中周，常常用在超外差式收音机和电视机的中频放大电路中，如图 3-12 所示。中频变压器的特点之一是具有可以调节的磁芯：当旋转磁帽时，磁帽上下移动，改变磁芯和磁帽的相对位置，从而能够在 10% 的范围内改变中周线圈的电感量。中频变压器的初级线圈可以与电容器构成 LC 并联电路，从而起到选频的作用。

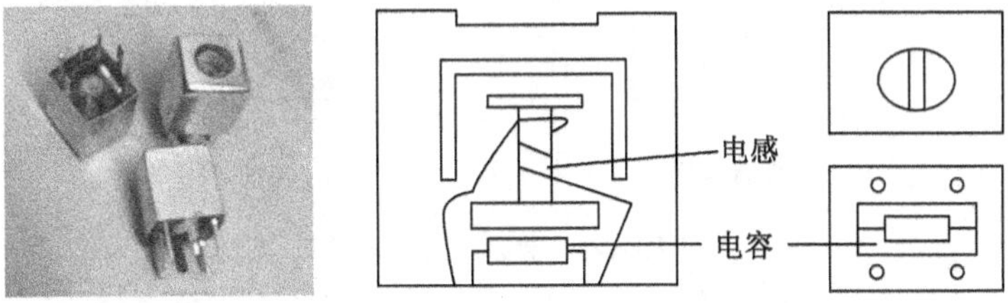

(a) 中周外观图　　(b) 中周结构图

图 3-12　中频变压器（中周）

3.10　继电器

继电器是一种电驱动开关，通常用于自动化的控制电路，小到家用电器（如电磁炉、空调），大到电梯、变电站都有使用。它实际上是用小电流去控制大电流工作的一种“自动开关”，在电路中起着自动调节、安全保护、转换电路等作用。

继电器之所以具有这样的功能，可以通过它的内部结构进行解释，如图 3-13 所示。当低压控制电路没有通电时，衔铁 B 在正常位置，此时触点 *D* 与工作电路上触点导通，用电器 1 工作；当给低压控制电路通电时，电磁铁工作而把衔铁吸下来，衔铁则使触点 *D* 脱离上触点而与下触点接触导通，于是用电器 1 停止工作，而用电器 2 开始工作；当低压控制电路断电后，电磁铁失去磁性使衔铁抬起，触点 *D* 由于弹性又弹回原来位置与上触点接触导通，这样用电器 2 停止工作，而用电器 1 开始工作。

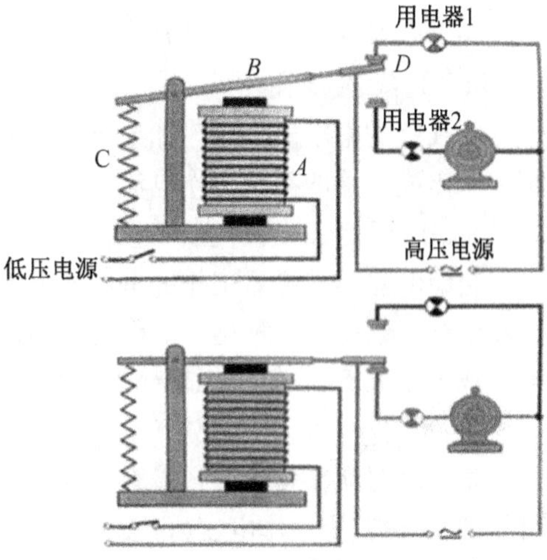

图 3-13　电磁继电器原理图

常见继电器的外观如图 3-14 所示，在方形外壳下有若干引脚(通常有5引脚和6引脚)。以5引脚继电器为例,如图3-14(a)所示,2号引脚为COM公共端,4号引脚为NC(normal close,常闭),5号引脚为NO(normal open,常开),1和3号引脚为无极性线圈。当然,不同品牌、不同封装的继电器,其引脚功能可能会有不同,具体需要参照厂方提供的技术手册。

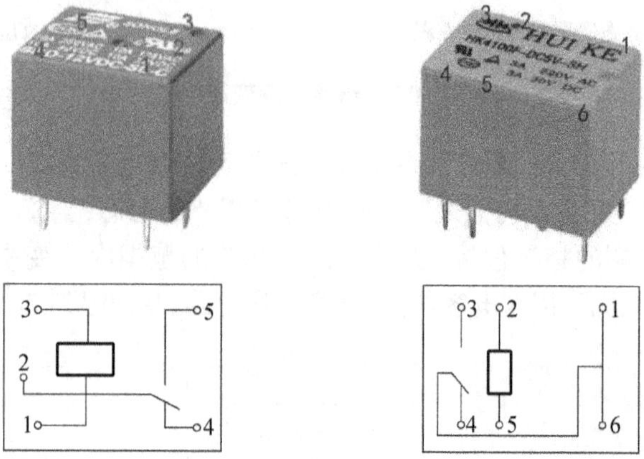

(a) 5引脚继电器　　(b) 6引脚继电器

图3-14　常见电磁继电器

3.10.1　继电器的参数

电磁继电器根据其控制电流,可分为直流电磁继电器和交流电磁继电器:直流电磁继电器根据接触点负载大小,可分为微功率、弱功率、中功率和大功率4种;交流电磁继电器按照线圈电源频率,一般又分为50 Hz和400 Hz两种。还有一种磁保持继电器,它是利用永久磁铁或具有很高剩磁特性的零件,使电磁继电器的衔铁在线圈断电后仍能保持在线圈通电时的位置上的继电器。

继电器的主要参数有:

(1) 线圈使用的电源及功率

指继电器使用的电源是直流电还是交流电,以及线圈消耗的额定功率。

(2) 线圈电阻

指线圈的电阻值大小。如果已知继电器的额定工作电压和线圈电阻,便可根据欧姆定律求出继电器的额定工作电流。

(3) 额定工作电压(电流)

指继电器能够可靠工作的电压或电流。继电器工作时,继电器线圈输入电压或电流应小于这一数值。一种型号的继电器为适应不同电路的使用要求,往往有多种额定工作电压或工作电流,一般用规格号加以区别。

(4) 吸合电压(电流)

指继电器从释放状态到吸合工作时的最小电压或最小电流。此时继电器吸合是不可靠的,又称其为动作电压(电流)。

(5) 释放电压(电流)

指继电器从吸合状态转换到释放状态时的最大电压或最大电流。

(6) 触点负荷

指触点能够承受的最大负载能力。继电器触点在工作时的电压或电流值不应超过该项的规定值,否则将会损伤触点。

(7) 动作时间

又称吸合时间,是指继电器从通电到触点全部释放状态到达工作状态的时间。

(8) 释放时间

从切断电源到衔铁返回初始位置的时间称为释放时间。

图 3-15 表示继电器封装外壳上的符号分别代表的意义。

图 3-15　继电器符号说明

注意:

① 想要改变继电器的状态,继电器电磁线圈的电压与其额定电压值的偏差至少是在 -25% ~ +25% 以内。电压太大会危害电磁线圈,电压太小则不足以起动继电器或者使继电器无规律动作。

② 继电器的线圈相当于一个电感,电感中的电流不能突变。如果线圈中的电流突然中断,比如开关打开,线圈就会在其两端突然产生一个很大电压,相应地就会有很大的脉冲电流流过,从而导致具有威胁的电压尖峰脉冲(可达到 1 000 V),对电路中的其他装置也会产生不良影响,甚至会破坏继电器开关触点。克服尖峰脉冲的方法就是使用瞬态抑制器,如图 3-16 所示。如果线圈是直流驱动,可以在继电器线圈两端接入一个反偏压二极管,如 IN 4004。

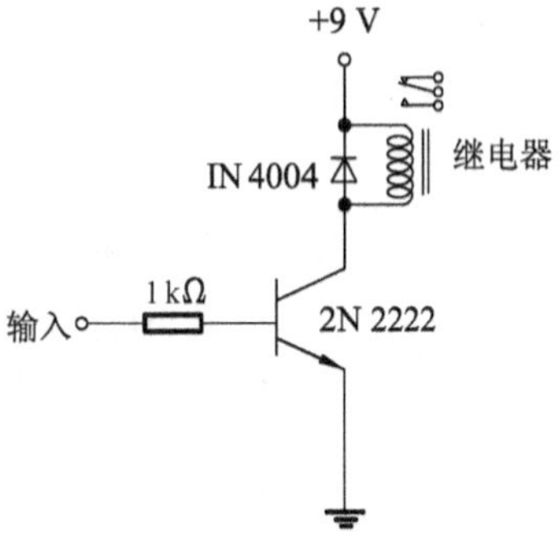

图 3-16　继电器瞬态抑制

归根到底,继电器是一种开关,是用来连接或者断开电路的,只不过是通过电信号或者磁场来控制,不用手工操作。

3.10.2　继电器的种类

(1) 时间继电器

时间继电器(Time Relay)是指当加入(或去掉)输入的动作信号后,其输出电路须经过规定的时间才产生跳跃式变化的一种继电器，如图 3-17 所示。它是一种使用在较低的电压或较小电流的电路上，用来接通或切断较高电压、较大电流电路的电气元件；同时，时间继电器也是一种利用电磁原理或机械原理实现延时控制的控制电器，通常有空气阻尼型、电动型和电子型等。时间继电器又可分为通电延时型和断电延时型两种类型。

图 3-17　时间继电器

（2）固态继电器

固态继电器（Solid State Relay，SSR）是一种全电子电路组合的元件，它依靠半导体器件和电子元件的电磁特性和光特性来完成隔离和继电切换功能。固态继电器与传统的电磁继电器在功能上是相同的，但由于其是一种没有机械且不含运动零部件的继电器，因此和传统电磁继电器相比，它没有接触磨损问题，具有极高的开关速度。

以交流过零型固体继电器为例，分析其工作过程（见图 3-18）。当无输入信号时，GD 中的光敏三极管截止，VT 是交流电压零点检测器，通过 R_3 获得基极电流而饱和导通，将 VTH 的门极钳在低电位而处于关断状态。当有输入信号时，GD 中的光敏三极管导通，此时 VTH 的状态由 VT 决定：如果电源电压大于过零电压，分压器 R_3，R_2 的分压点电压大于 V_{BE}，VT 饱和导通，VTH 门极因钳位在低电位而截止，TR 的门极因没有触发脉冲而处于关断状态；只有当电源电压小于过零电压，分压点电压小于 V_{BE}时，VT 截止，VTH 门极获得触发信号而导通，TR 的门极获得触发脉冲，TR 导通，从而接通负载电源。

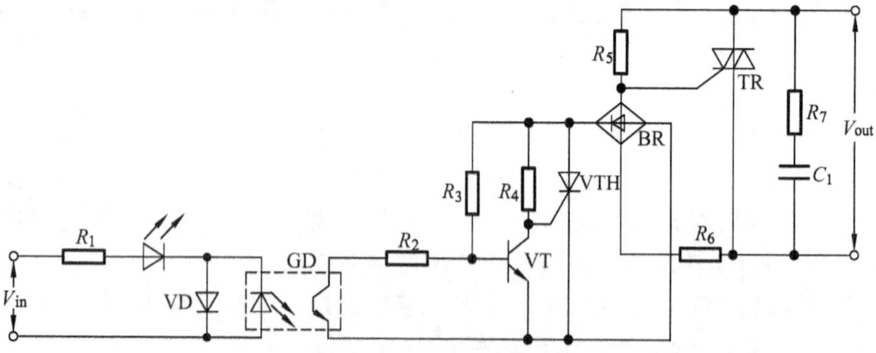

3-18　固态继电器原理图

当输入信号关断后，GD 中的光敏三极管截止，VT 饱和导通使 VTH 门极钳位在低电位而关断，但此时 TR 仍保持导通状态，负载上仍有电流流过，直到负载电流小于双向晶闸管 TR 的维持电流后才会自行关断，从而切断负载电源。

固态继电器是一种四端器件，2 个输入端，2 个输出端。输入端接控制信号，输出端与负载、电源串联，其等效电路如图 3-19 所示。

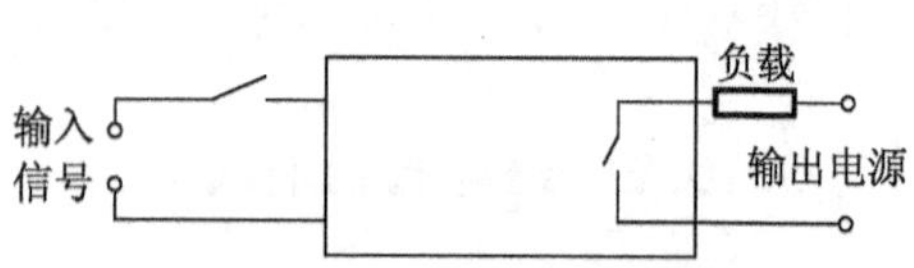

图 3-19　固态继电器等效电路图

同时，和传统的电磁继电器相比，SSR 还具有工作可靠、寿命长、对外界干扰小、能与逻辑电路兼容、抗干扰能力强、使用方便等一系列优点。因此,它具有很宽的应用领域,并有逐步取代电磁继电器之势。如计算器和可编程控制器的输入、输出接口,计算机外围和终端设备,机械控制,过程控制,遥控和保护系统,特别是在一些要求耐振、耐潮、耐腐蚀、防爆等特殊工作环境中及要求高可靠的工作场合,SSR 都较之传统的电磁继电器有无可比拟的优越性。

3.10.3　继电器的晶体管驱动

继电器线圈需要流过较大的电流(约 50 mA)才能使继电器吸合,一般的集成电路不能提供这样大的电流,因此必须进行扩流,即驱动。

图 3-20 为用 NPN 型三极管驱动继电器的电路图,继电器线圈作为集电极负载而接到集电极与正电源之间。当输入为 0 V 时,三极管截止,继电器线圈无电流流过,继电器释放;相反,当输入为 $+V_{CC}$时,三极管饱和,继电器线圈有相当大的电流流过,则继电器吸合。

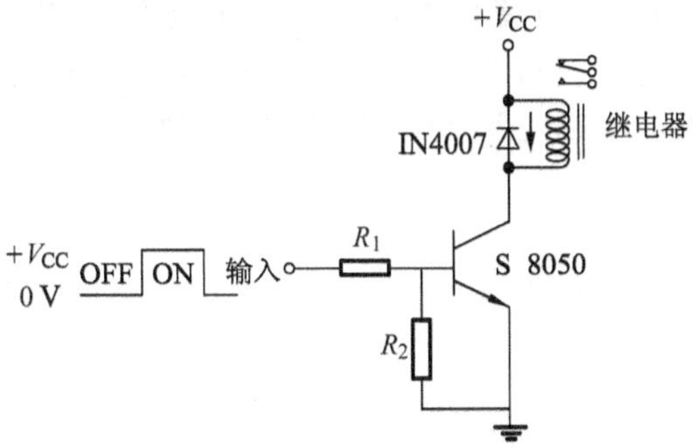

图 3-20　用 NPN 三极管驱动继电器电路图

当输入电压由 $+V_{CC}$变为 0 V 时,三极管由饱和变为截止,这样,继电器电感线圈中的电流突然失去流通回路,若无续流,二极管 D 将在线圈两端产生较大的反向电动势,极性为下正上负,电压值可达一百多伏,这个电压加上电源电压作用在三极管的集电极上足以损坏三极管,故续流二极管的作用是将这个反向电动势通过图中箭头所指方向放电,使三极管集电极对地的电压最高不超过 $+V_{CC}+0.7$ V。

图 3-20 中电阻 R_1 和 R_2 的取值必须使当输入为 $+V_{CC}$时的三极管可靠饱和,即有

$$\beta I_b > I_C \tag{3-9}$$

假设图中 $V_{CC}=5$ V,$I_C=50$ mA,$\beta=100$,则有 $I_b>0.5$ mA

而

$$I_b=\frac{V_{CC}-V_{be}}{R_1}-\frac{V_{be}}{R_2} \tag{3-9}$$

则

$$\frac{5\ \text{V}-0.7\ \text{V}}{R_1}-\frac{0.7\ \text{V}}{R_2}>0.5\ \text{mA} \tag{3-10}$$

若取 $R_2=4.7$ kΩ,则 $R_1<6.63$ kΩ。为了使三极管有一定的饱和深度,一般取 R_1 在 3.6 kΩ 左右即可。

若取 $R_1=3.6$ kΩ,当集成电路控制端为 $+V_{CC}$时,应能至少提供 1.2 mA 的驱动电流(流经 R_1 的电流)给本驱动电路,而许多集成电路(例如标准 8051 单片机)输出的高电平不能达到这个要求,但它的低电平驱动能力则比较强(例如标准 8051 单片机 I/O 口输出

低电平能提供 20 mA 的驱动电流),则应用如图 3-21 所示的电路来驱动继电器。

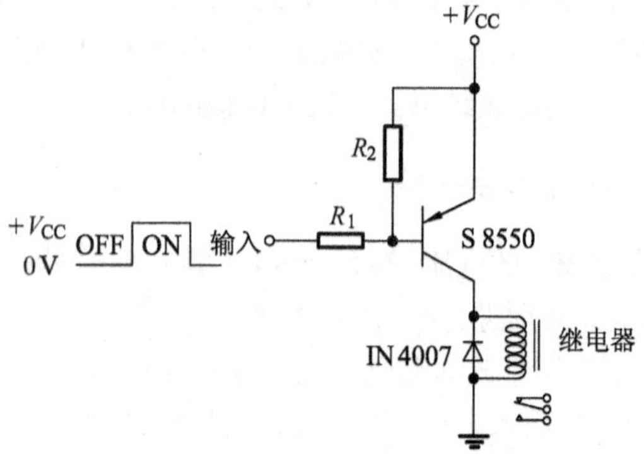

图 3-21　用 PNP 三极管驱动继电器电路图

与图 3-20 比较,NPN 三极管变为 PNP 三极管,电流方向、电压极性和继电器逻辑都有所变化。当输入为 0 V 时,三极管饱和,从而使继电器线圈有相当大的电流流过,继电器吸合;相反,当输入为 $+V_{CC}$时,三极管截止,继电器释放。

第二篇

半导体元器件

第 4 章

二 极 管

4.1 二极管简介

发光二极管(Light-Emitting Diode, LED)作为一种节能发光器件,从商户门口的指示牌、显示器屏幕到汽车尾灯、日间行车灯在人们生活中无处不在,如图 4-1 所示。二极管家族中除了发光二极管大家较为熟悉外,还有整流二极管、稳压二极管等诸多成员,虽然它们不如发光二极管为大家所熟知,但在大部分电子电路中,这些二极管却发挥着极其重要的作用。

(a) 显示屏　　(b) 灯泡　　(c) 汽车日间行车灯

图 4-1　发光二极管的应用

二极管是一种具有两个端口的半导体器件,这两个端口分别称为二极管的阳极和阴极。当阳极相对于阴极电压为正时,称为正向偏置,二极管允许电流通过;相反,当阳极相对于阴极电压为负时,称为反向偏置,二极管禁止电流通过。总的来说,二极管的作用就像是电流的一个单向门,好比长江的水流只能从东流往西,而不能从西流往东一样,如图 4-2 所示。

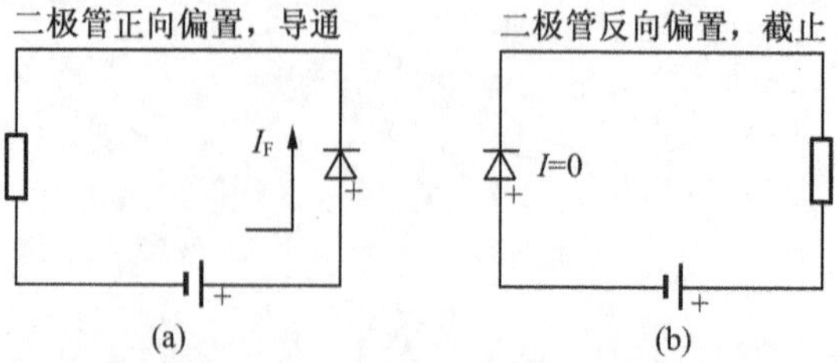

图 4-2　二极管的单向导电性

但二极管的单向导电性并不总是满足的,只有当它被加上一个合适的正向电压时才会导通:如果是硅二极管,该正向电压至少大于 0.6 V;而对于锗二极管,该正向电压必须大于0.2 V,如图4-3所示。

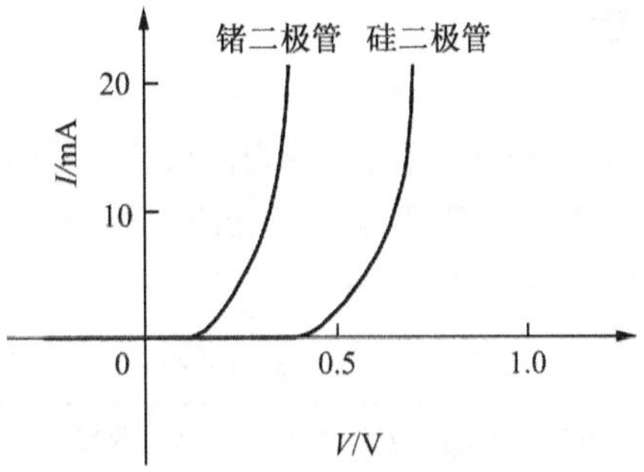

图4-3　硅、锗二极管的电压电流关系

4.2　二极管的主要参数

选择一个二极管时需要考虑的参数主要有6个：最大反向峰值电压*PIV*、最大整流电流$I_{O(max)}$、响应速度t_R、反向漏电流$I_{R(max)}$、最大正向电压降$V_{F(max)}$和最高工作频率f_m。

(1) 最大反向峰值电压(Peak Ineverse Voltage, PIV)

指二极管受到负电压时,二极管所能承受的最大电压,通常这个电压值比较大。当电压超过允许值时,将由于PN结承受不了而使管子损坏。

(2) 最大整流电流 $I_{O(max)}$

指二极管长时间使用时,允许通过二极管的最大正向平均电流。点接触型二极管的最大整流电流在几十毫安以下,而面接触型二极管的最大整流电流则较大。当电流超过允许值时,将由于PN结过热而使二极管损坏。

(3) 响应速度 t_R

指二极管导通和关断所用的时间。

(4) 反向漏电流 $I_{R(max)}$

指二极管在反向截止时并不是完全理想的截止,在承受反压时会有微小的电流从阴极漏到阳极。通常这个电流很小,而且反压越大,漏电流越大;温度越高,漏电流越大。大的漏电流会带来较大的损耗,特别是在高压应用的场合。

(5) 最大正向电压降 $V_{F(max)}$

在规定的正向电流下,二极管的正向电压降是指二极管能够导通的正向最低电压。小电流硅二极管的正向压降为0.6～0.8 V;锗二极管为0.2～0.3 V。大功率的硅二极管的正向压降往往可达到1 V。最大正向电压降$V_{F(max)}$是指二极管在正向偏置下,随着电流的增加,正向电压降最大能达到的值。

(6) 最高工作频率 f_m

它是二极管在正常情况下的最高工作频率,主要由PN结的结电容及扩散电容决定。若工作频率超过f_m,则二极管的单向导电性能将不能很好的体现。例如IN4000系列二极管的f_m为3 kHz。

4.3 二极管的分类

二极管种类有很多,按照半导体材料,可分为硅(Si)二极管和锗(Ge)二极管;按照用途不同,可分为普通二极管、整流二极管、开关二极管、稳压二极管、发光二极管、光电二极管、变容二极管等,具体见表 4-1 和图 4-4。

表 4-1 二极管的分类

种类	普通二极管	整流二极管	开关二极管	稳压二极管	发光二极管	光电二极管	变容二极管
型号举例	2AP 系列	2CZ 系列	2CK 系列	2CW 系列	LED 系列	2CU 系列	2CC 系列
用途	高频检波	整流	开关电路	稳压电路	显示器件	光控器件	自动调整电路
应用举例	在收音机中起检波作用	将交流电转化为直流电	各种逻辑电路	电路中的过压保护	显示屏、广告箱、景观照明等	主要用于光控开关	用于谐调电路
图形符号		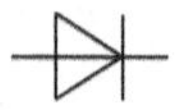		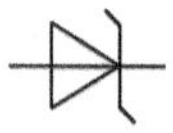	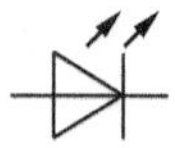	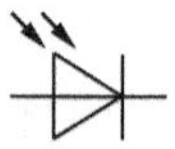	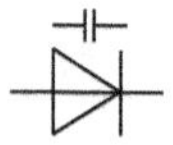

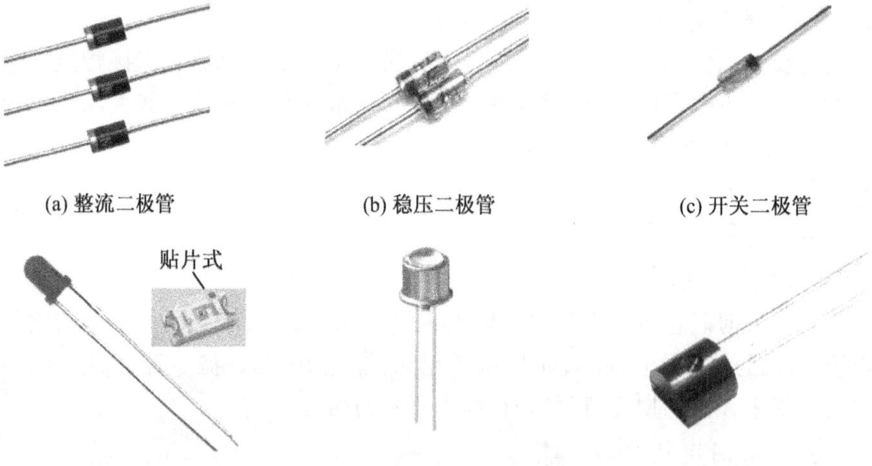

(a) 整流二极管　(b) 稳压二极管　(c) 开关二极管

(d) 发光二极管　(e) 光电二极管　(f) 变容二极管

图 4-4 各种常见二极管

二极管有多种不同的封装,如图 4-5 所示。一些是标准的二引脚封装,一些是带有散热器配件的大功率封装(如 TO-220,DO-5),一些是贴片封装;另一些用于开关应用中的二极管组以 IC 的形式封装。对于双二极管和二极管桥式整流器,不同的功率水平对应不同的封装和尺寸。

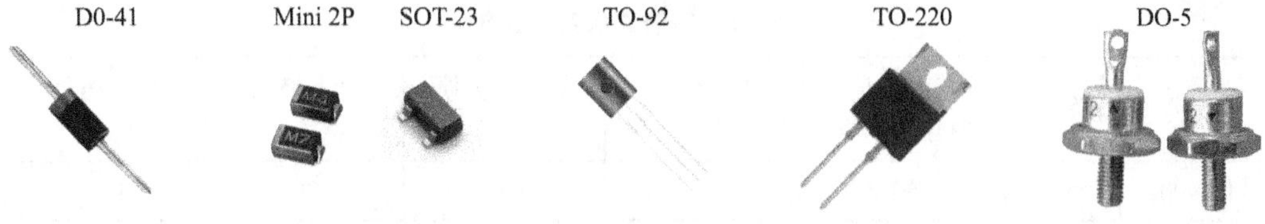

(a) 直插式二极管　(b) 贴片二极管　(c) 双二极管　(d) 中功率二极管　(e) 大功率二极管

图 4-5　二极管的封装

4.3.1　开关二极管

开关二极管主要是利用二极管导通时相当于开关闭合、截止时相当于开关断开的特性工作。由于半导体二极管具有单向导电的特性，在正偏压下 PN 结导通，导通状态下的电阻很小，约为几十欧至几百欧；在反向偏压下，则呈截止状态，其电阻很大，一般硅二极管为 10 MΩ，锗管也有几十千欧至几百千欧。利用这一特性，二极管可以在电路中起控制电流接通或关断的作用，因此可视为一个理想的电子开关。

开关二极管从截止到导通的时间称为开通时间，从导通到截止的时间称为反向恢复时间，两个时间之和称为开关时间。一般反向恢复时间大于开通时间，故开关二极管的使用参数通常只给出反向恢复时间。开关二极管的开关速度是相当快的，硅开关二极管的反向恢复时间只有几纳秒，锗开关二极管通常是几百纳秒。

此外，开关二极管又可分为普通开关二极管、高速开关二极管、超高速开关二极管、低功耗开关二极管等类型。

IN 4148 就是一种常用的高速开关二极管，由于其开关比较迅速，因此广泛用于信号频率较高的电路进行单向导通隔离，其技术手册可在互联网搜索“IN 4148”得到。

4.3.2　整流二极管

整流二极管从字面意思上可以理解为“把交流整理成直流”，它主要利用的是二极管的单向导通作用工作。整流方式主要有 2 种，即半波整流和全波整流，如图 4-6 所示：半波整流是将交流信号的负半周信号去掉而只留下正半周信号；全波整流则充分利用了交流信号的正、负半周信号，它是将负半周信号“对折”到正半周上，形成一个连续不断的单向脉动电压信号。

对于半波整流，只需要一只如图 4-7 所示的二极管即可实现（银环代表阴极），当交流信号经过二极管时，其正半周使二极管正向偏置而导通，信号可以通过；负半周则因二极管处于反向偏置而截止，信号无法通过。常用的整流二极管见表 4-2。

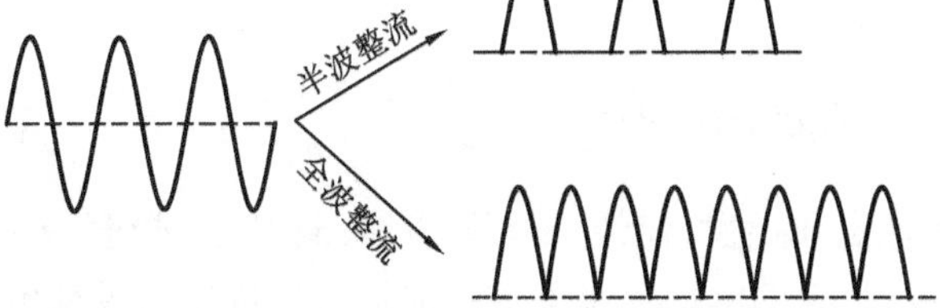

图 4-6　整流

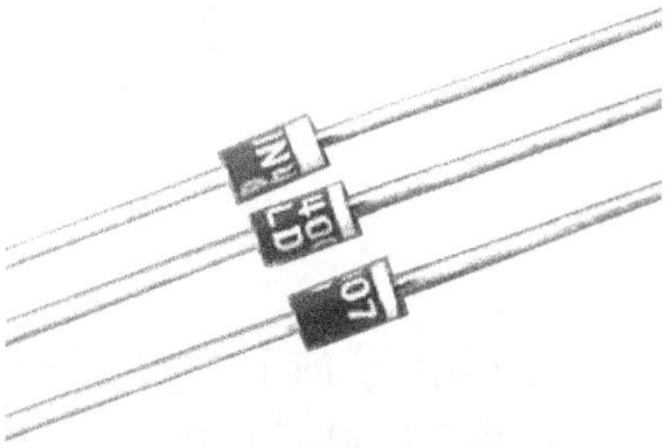

图 4-7　整流二极管

表 4-2　整流二极管的选择

器件类型	作用	反向峰值电压 PIV/V	最大整流电流 $I_{O(max)}$/A	最大反向漏电流 $I_{R(max)}$/mA	脉冲峰值电流 I_{FSM}/A	最大压降 V_F/V
IN 4001	整流	50	1	0.03	30	1.1
IN 4002	整流	100	1	0.03	30	1.1
IN 4003	整流	200	1	0.03	30	1.1
IN 4004	整流	400	1	0.03	30	1.1
IN 4007	整流	1000	1	0.03	30	1.1
IN 5002	整流	200	3	500	200	
IN 5006	整流	600	3	500	200	
IN 5008	整流	1000	3	500	200	

普通串联稳压电源电路中使用的整流二极管,对截止频率的反向恢复时间要求不高,只要根据电路的要求选择最大整流电流和最大反向工作电压符合要求的整流二极管即可,如 IN 系列、2CZ 系列、RLR 系列等。

开关稳压电源的整流电路及脉冲整流电路中使用的整流二极管,应选用工作频率较高、反向恢复时间较短的整流二极管(如 RU 系列、EU 系列、V 系列、1SR 系列等)或选择快恢复二极管。

需要特别指出的是,二极管作为整流元件,要根据不同的整流方式和负载大小选择。如选择不当,则其不能安全工作甚至烧毁二极管;或大材小用,造成浪费。

全波整流电路中以桥式全波整流最为普遍,它可以用在变压器的次级输出端实现交流向直流的变换。桥式全波整流使用了更多的二极管,往往以图 4-8 的方式连接而成,变压器的次级输出信号输入到二极管 D_1,D_2 的公共端和 D_3,D_4 的公共端,直流电流则从 D_2,D_3 的公共端和 D_1,D_4 公共端输出。

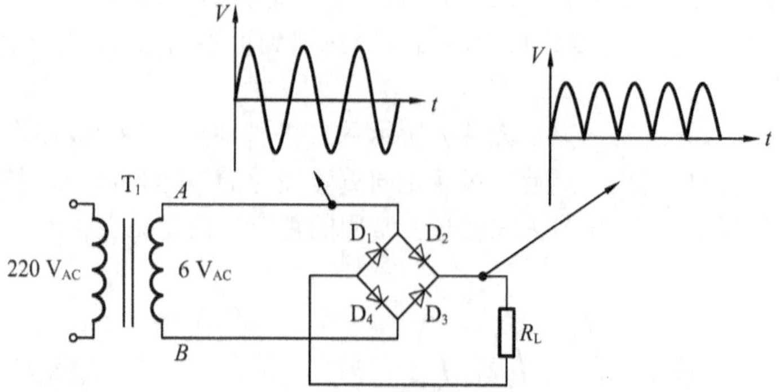

图 4-8　桥式全波整流电路

当交流信号的正半周到来时,电流从点 A 出发,流经二极管 D_2、负载 R_L、二极管 D_4,之后回到点 B,电流形成一个回路,负载 R_L 上的电压上正下负且波形与变压器次级输出波形接近。

当交流信号的负半周到来时，电流从点 B 出发，流经二极管 D_3、负载 R_L、二极管 D_1，之后回到点 A，电流形成一个回路，负载 R_L 上的电压上正下负且波形与变压器次级输出波形接近。

从一个完整的周期来看，桥式全波整流把负半周对折到正半周上，与原来的正半周信号组成一个频率为原来频率 2 倍的单向脉动电压信号。与半波整流相比，全波整流显然更有效率。

对于桥式全波整流，由于要用到 4 个整流二极管，因此许多厂家把 4 个同一型号的二极管集成在一起，制成整流全桥以供使用，每种型号的整流全桥都有最大反向电压 V_{RRM} 和平均正向电流 $I_{F(AV)}$。选用整流全桥时，要保证其 V_{RRM} 大于电路的额定电压，$I_{F(AV)}$ 大于电路的最大持续工作电流。整流全桥的正向电压 V_F 描述了整流全桥输入、输出的信号电压之差，也就是压降。

整流全桥所能承受的电流越大，其体积也就越大。若整流全桥持续工作在大电流的条件下，应当为其安装散热器。常用信号的整流全桥如图 4-9 所示。

(a) DB107	(b) 2W06	(c) KBU808G	(d) KBPC5010
V_{RRM}=1 000 V	V_{RRM}=600 V	V_{RRM}=800 V	V_{RRM}=1 000 V
$I_{F(AV)}$=1.0 A	$I_{F(AV)}$=2.0 A	$I_{F(AV)}$=8.0 A	$I_{F(AV)}$=50 A
V_F=1.1 A	V_F=1.1 A	V_F=1.1 V	V_F=1.1 V

图 4-9　常见的整流全桥器件

4.3.3　肖特基二极管

肖特基势垒二极管 SBD（Schottky Barrier Diode，简称肖特基二极管）是以贵金属（金、银、铝、铂等）为正极，以 N 型半导体为负极，利用二者接触面上形成的势垒具有整流特性而制成的金属-半导体器件，如图 4-10 所示。

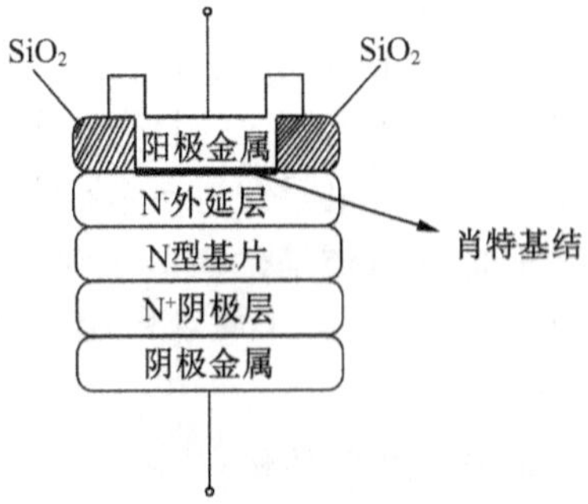

图 4-10　肖特基二极管结构图

与普通硅二极管相比，SBD 的优点主要包括两个方面：

（1）由于肖特基势垒高度低于 PN 结势垒高度，故其正向导通门限电压和正向压降都比 PN 结二极管低（约低 0.2 V），正向导通压降仅 0.4 V 左右。

（2）由于 SBD 是一种多数载流子导电器件，不存在少数载流子寿命短和反向恢复慢的问题。SBD 的反向恢复时间只是肖特基势垒电容的充、放电时间，完全不同于 PN 结二极管的反向恢复时间。由于 SBD 的反向恢复电荷非常少，故开关速度非常快，其反向恢复时间极短（可以小到几纳秒），开关损耗也特别小，尤其适合于高频应用。

肖特基二极管最大的缺点是其反向偏压较低及反向漏电流偏大。使用硅及金属为材料的肖特基二极管，其反向偏压额定耐压最高只到 50 V(随着技术的进步，也有反向偏压达到几百伏的)；而反向漏电流值为正温度特性，容易随着温度升高而急剧变大，实际设计上需要特别注意这个问题。为了避免这个问题，肖特基二极管实际使用时的反向偏压都会比其额定值小很多。

基于以上特点，肖特基二极管可用于高频、低压、大电流整流二极管、续流二极管、保护二极管，也有用在微波通信等电路中作整流二极管。小信号检波二极管的使用，在通信电源、变频器等中比较常见。

肖特基二极管的封装分为有引线和表面安装(贴片式)2 种封装形式。采用有引线式封装的肖特基二极管通常作为高频大电流整流二极管、续流二极管或保护二极管使用，它有单管式和对管(双二极管)式 2 种封装形式。肖特基对管式又有共阴、共阳和串联 3 种管脚引出方式。图 4-11 为常见的不同封闭装的肖特基二极管。

(a)
封装：DO/201AD
型号：IN5822
V_{RRM}=40 V
$I_{F(AV)}$=3.0 A
V_F=0.525 V

(b)
封装：SMC
型号：SS54
V_{RRM}=40 V
$I_{F(AV)}$=3.0 A
V_F=0.6 V

(c)
封装：TO-220-2
型号：C3D06060A
V_{RRM}=600 V
$I_{F(AV)}$=6 A(<150 ℃)
V_F=1.6 ~1.9 V

(d)
封装：TO-220
型号：MBRF20100CT
V_{RRM}=100 V
$I_{F(AV)}$=20 A(total)
V_F=0.75 ~0.95 V

图 4-11　常见的肖特基二极管

4.3.4　稳压二极管

稳压二极管，英文名称 Zener diode，又叫齐纳二极管，也具有与整流二极管相同的正向偏置导通的特点。它是利用 PN 结反向击穿状态下电流可在很大范围内变化，而电压基本不变的特点制成的起稳压作用的二极管。此二极管是一种直到临界反向击穿电压前都具有很高电阻的半导体器件，在其临界击穿点上，反向电阻降低到一个很小的值，在这个低阻区电流增加而电压则保持恒定，基于这种特性，稳压管主要被用作稳压器或电压基准元件。

稳压二极管的伏安特性与整流二极管的伏安特性曲线稍有不同(如图 4-12 所示)，尤其是在反向偏置部分，当反向偏置电压 V_R 从 0 开始增加时，反向电流 I_R 开始为 0；当反向偏置电压 V_R 继续增加，达到稳压值 V_Z 时，反向电流 I_R 突然增大，此时稳压二极管如同一导体，即使通过电流增大，稳压二极管两端的电压也只是在稳压值 V_Z 附近稍稍有所变大，可以认为近似不变。

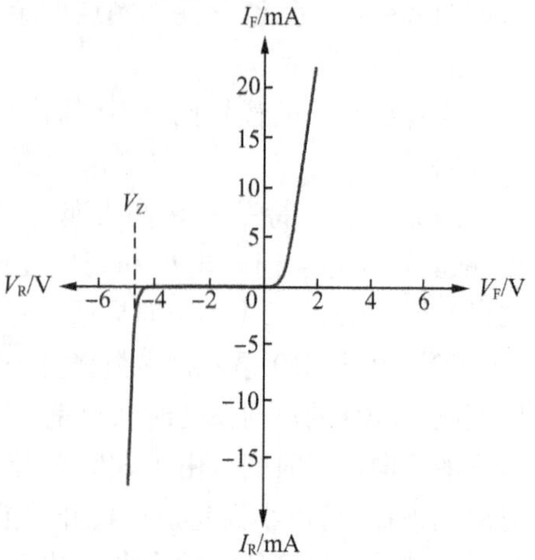

图 4-12　稳压二极管的伏安特性曲线

实际上，稳压二极管反向偏置达到 V_Z 后导通，流经的电流增大但不会影响 V_Z，但电流不可能无限增大，稳压电流与稳压值 V_Z 的乘积不能超过器件的消耗功率 P_D，而消耗功率 P_D 通常可在器件的技术手册上找到。因此，在选购稳压二极管时，要根据电路的参数寻找适合的稳压值 V_Z 和消耗功率 P_D 来确定稳压二极管的型号。

图 4-13 和图 4-14 表明稳压二极管可用来防止因电源电压或负载电流的改变而引起的负载电压的变化。

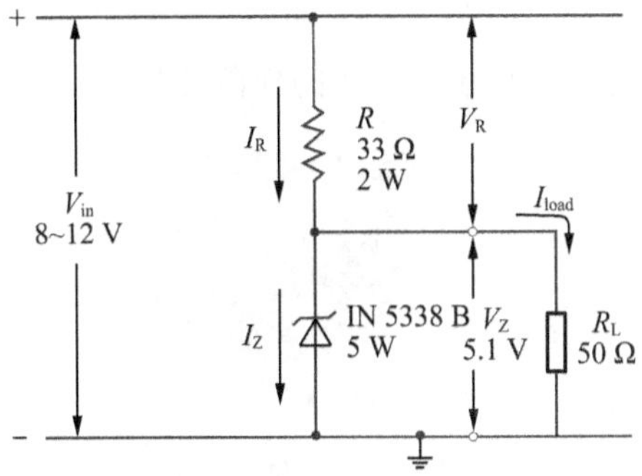

图 4-13 负载稳定、电源电压不稳定的稳压电路

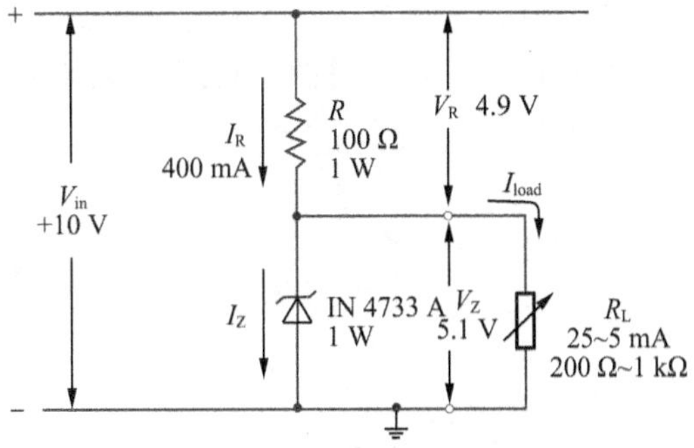

图 4-14 负载不稳定、电源电压稳定的稳压电路

由图 4-13 可知：如果线路电压增大，将引起线路的电流增大，由于负载电压是常数（由稳压二极管保持），线路电流的增大会导致稳压管中电流的增大，这样便保持了负载电流的恒定；如果线路电压减小，将导致线路电流减小，稳压管中的电流也相应减小。

由图 4-14 可知：如果负载减小，负载电流增大，则增大的电流被稳压管中减小的电流所抵消，负载的电压将保持不变；而如果负载增加，负载电流减小，则减小的电流被稳压管中增大的电流所抵消，负载的电压仍保持不变。

稳压二极管的主要参数有：

（1）稳定电压 V_Z

指稳压管通过额定电流时两端产生的稳定电压值。该值随工作电流和温度的不同而略有改变。由于制造工艺的差别，同一型号稳压管稳定电压的值也不完全一致。例如 2CW51 型稳压管的 V_{Zmin} 为 3.0 V，V_{Zmax} 则为 3.6 V。

（2）稳定电流 I_Z

指稳压管产生稳定电压时通过该管的电流值。低于此值时，稳压管虽仍然能稳压，但稳压效果会变差；高于此值时，只要不超过额定功率损耗，也是允许的，而且稳压性能会好一些，但要多消耗电能。

（3）动态电阻 R_Z

指稳压管两端电压变化与电流变化的比值。该比值随工作电流的不同而改变，一般工作电流愈大，动态电阻则愈小。例如，2CW7C 型稳压管的工作电流为 5 mA 时，R_Z 为 18 Ω；工作电流为 10 mA 时，R_Z 为 8 Ω；工作电流为 20 mA 时，R_Z 为2 Ω；工作电流大于 20 mA的 R_Z 则基本维持此数值。

（4）额定功耗 P_Z

由芯片允许温升决定，其数值为稳定电压 V_Z 和允许最大电流 I_{Zm} 的乘积。例如

2CW51 型稳压管的 V_Z 为 3 V，I_{Zm} 为 20 mA，则该管的 P_Z 为 60 mW。

（5）电压温度系数 C_{tv}

是说明稳定电压值受温度影响的参数。例如 2CW58 型稳压管的 C_{tv} 是 +0.07%/℃，即温度每升高 1℃，其稳压值将升高 0.07%。

（6）反向漏电流 I_R

指稳压二极管在规定的反向电压下产生的漏电流。例如 2CW58 型稳压管在 V_R = 1 V 时，I_R = 0.1 μA；在 V_R = 6 V 时，I_R = 10 μA。

图 4-15 表示稳压管的不同封装，表 4-3 为部分常用稳压二极管的规格说明。

(a) 型号：IN4742A 封装：DO-41

(b) 型号：BZT5系列 封装：SOD-123

(c) 型号：LM7812K 封装：TO-3

图 4-15　稳压管的封装

表 4-3　部分常用稳压二极管的规格

稳压电压/V	规格与型号			稳压电压/V	规格与型号		
	500 mW	1 W	5 W		500 mW	1 W	5 W
2.4	IN5221B			9.1	IN5239B	IN4739A	IN5346B
2.7	IN5222B			10.0	IN5240B	IN4740A	IN5347B
3.0	IN5225B			11	IN5241B	IN4741A	IN5348B
3.3	IN5226B	IN4728A	IN5333B	12	IN5242B	IN4742A	IN5349B
3.6	IN5227B	IN4729A	IN5334B	13	IN5243B	IN4743A	IN5350B
3.9	IN5228B	IN4730A	IN5335B	14	IN5244B		IN5351B
4.3	IN5229B	IN4731A	IN5336B	15	IN5245B	IN4744A	IN5352B
4.7	IN5230B	IN4732A	IN5337B	16	IN5246B	IN4745A	IN5353B
5.1	IN5231B	IN4733A	IN5338B	17	IN5247B		IN5354B
5.6	IN5232B	IN4734A	IN5339B	18	IN5248B	IN4746A	IN5355B
6.0	IN5233B		IN5340B	19	IN5249B		IN5356B
6.2	IN5234B	IN4735A	IN5341B	20	IN5250B	IN4747A	IN5357B
6.8	IN5235B	IN4736A	IN5342B	22	IN5251B	IN4748A	IN5358B
7.5	IN5236B	IN4737A	IN5343B	24	IN5252B	IN4749A	IN5359B
8.2	IN5237B	IN4738A	IN5344B	25	IN5253B		IN5360B
8.7	IN5238B		IN5345B	27	IN5254B	IN4750A	IN5361B

续表 4-3

稳压电压/V	规格与型号			稳压电压/V	规格与型号		
	500 mW	1 W	5 W		500 mW	1 W	5 W
28	IN5255B		IN5362B	60	IN5264B		IN5371B
30	IN5265B	IN4751A	IN5363B	62	IN5265B	IN4759A	IN5372B
33	IN5257B	IN4752A	IN5364B	68	IN5266B	IN4760A	IN5373B
36	IN5258B	IN4753A	IN5365B	75	IN5267B	IN4761A	IN5374B
39	IN5259B	IN4754A	IN5366B	82	IN5268B	IN4762A	IN5375B
43	IN5260B	IN4755A	IN5367B	87	IN5269B		
47	IN5261B	IN4756A	IN5368B	91	IN5270B	IN4763A	IN5377B
51	IN5262B	IN4757A	IN5369B	100	IN5271B	IN4764A	IN5378B
56	IN5263B	IN4758A	IN5370B				

4.4 实例——直流电源的制作

在变压器、二极管整流、电解电容滤波的基础上，添加两处熔断器 F_1 和 F_2，就可得到一个简易的直流电源，如图 4-16 所示。添加熔断器的目的是为了防止变压器线圈短路和负载电流异常变大时故障扩大。

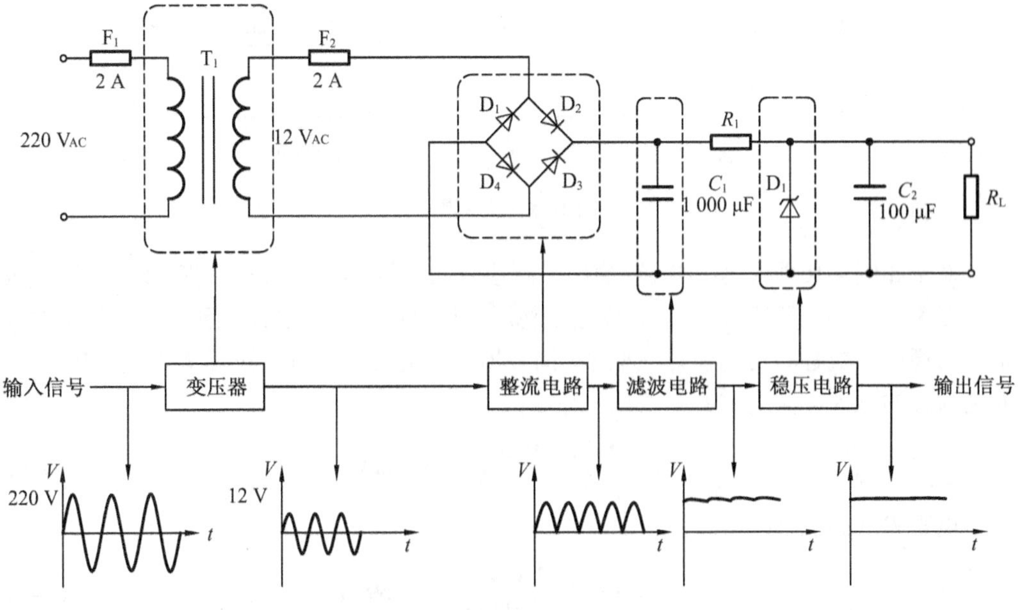

图 4-16 简易直流电源原理图

在经过变压器和全波整流后，可以用一个电解电容 C_1 进行滤波。从整流全桥输出的单向脉动电压信号，在上升段给电容 C_1 充电（如图 4-17 所示），在下降段因电容向负载电阻放电而不会使 V_{out} 马上下降；当第二个单向脉动电压信号的上升段高于电容 C_1 两端的电压时，电容 C_1 又开始充电，之后在下降过程中向负载 R_L 放电。如此，电容 C_1 不断跟随单向脉动电压信号充、放电，从而基本保证输出电压 V_{out} 成为一个直流电压信号，但是其电压值并不稳定，其波动称之为纹波（ripple），滤波电容 C_1 根据负载电流大小和滤波需要，一般选择容量范围为 100 ~ 10 000 μF，电容 C_1 的容量越大，储能越多，电压下降越小，纹波也就越小。此外还必须保证电容的额定电压高于变压器的输出电压。

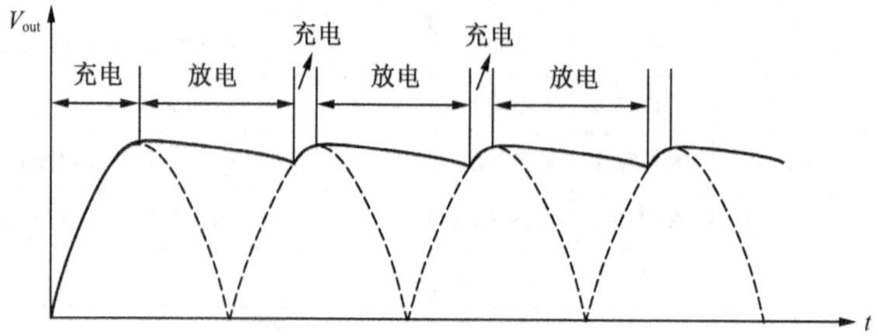

图 4-17　电解电容的滤波

除了简单的电解电容滤波外，通常还会用到如图 4-18 所示的 2 种 π 型滤波电路。由于两个电容 C_1，C_2 与电感 L_1 或电阻 R_1 呈“π”形排列，故称为 π 型滤波电路。

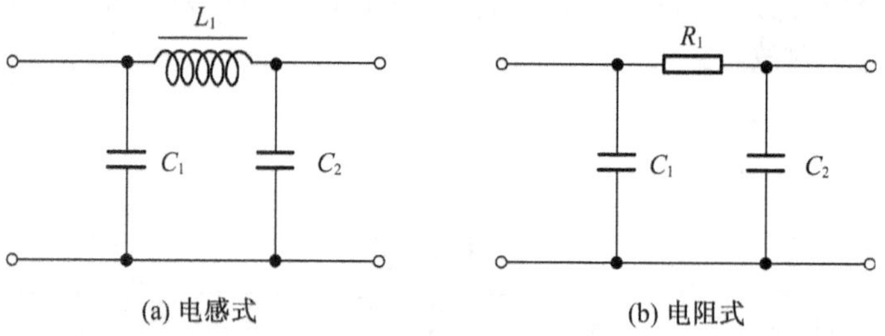

图 4-18　π 形滤波

对于如图 4-16 所示稳压电路，稳压二极管 D_1 的型号为 ZPD5.1，它把 12 V 直流电压稳定在 5.1 V，向负载 R_L 输出。通常会给稳压二极管串联一只限流电阻 R_1，电阻 R_1 的取值与与稳压二极管的功耗有关。通过查询 ZPD 5.1 的技术手册可知其功耗 $P_D = 0.5$ W，则能通过的最大电流 I_{max} 为：

$$I_{max} = \frac{P_D}{V_Z} = \frac{0.5\ \text{W}}{5.1\ \text{V}} \approx 100\ \text{mA} \tag{4-1}$$

所以电阻 R_1 的阻值应为：

$$R_1 = \frac{V_{R_1}}{I_{max}} = \frac{12\ \text{V} - 5.1\ \text{V}}{100\ \text{mA}} = 69\ \Omega \tag{4-2}$$

负载 R_L 与稳压二极管 D_1 为并联关系，所以负载的电流会带走流经稳压二极管 D_1 的电流。一般来说，稳压二极管 D_1 的电流不能小于 5 mA，否则不能保证反向偏置导通，起不到稳压作用，所以图 4-19 中电路可向负载提供的最大电流约为 95 mA。

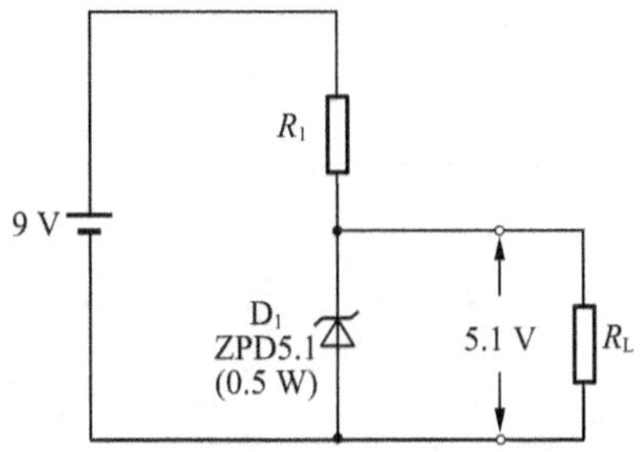

图 4-19　简易直流电源——稳压电路

而如果需要稳压电路提供更大的电流，可以采用更大功耗的稳压二极管器件或者采用大功率的稳压集成电路。

稳压集成电路是一种属于电源管理类的集成电路，利用线性或开关稳压的原理，把输入电压经处理后形成稳压输出。比较常用的是线性正电压三端稳压集成电路，它有 3 个引脚，可简称为三端稳压。在正电压稳压的三端稳压中，以 78 系列使用得最为频繁，如图 4-20 所示，它的 3 个引脚中 V_{IN}接输入电压，GND 接地，V_{OUT}输出稳定的电压。至于输出的电压值要看具体型号，表 4-4 所示就是 78 系列 10 个型号的器件，其引脚排列相同，每个型号后两位数字表示的就是器件的稳压值。

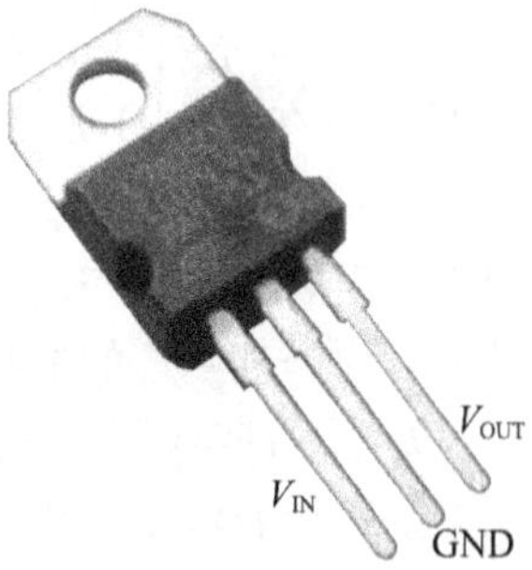

图 4-20　78 系列三端稳压

表 4-4　78 系列三端稳压器件型号与稳压值

型号	稳压值/V	型号	稳压值/V
7805	+5.0	7812	+12.0
7806	+6.0	7815	+15.0
7808	+8.0	7818	+18.0
7809	+9.0	7820	+20.0
7810	+10.0	7824	+24.0

将图 4-16 中的稳压二极管 D_1 用 7806 来代替，可以得到如图 4-21 所示的电路，图中的电容 C_2 和 C_3 用于对高频噪声进行滤波。一般三端稳压的输入电压 V_{IN}要高于其稳压值 3 V才有比较好的效果，但是 V_{IN}不能超过 35 V。如要获得其他电压输出，只要根据表 4-4 选择不同的三端稳压器件并更换变压器即可。

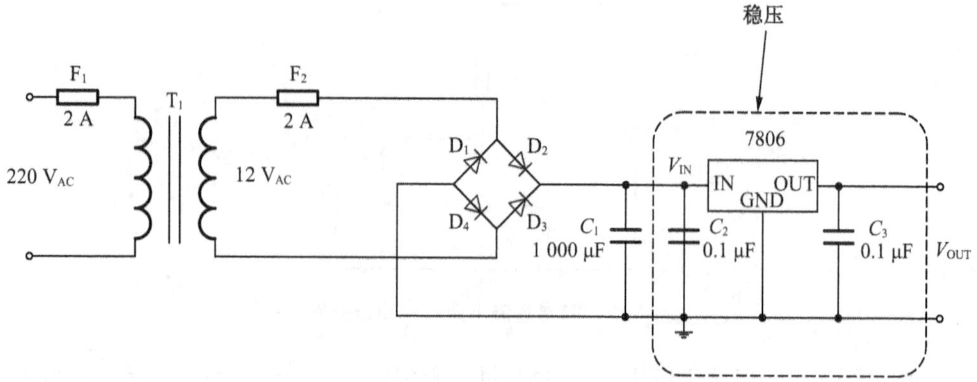

图 4-21　使用 78 系列三端稳压的简易直流电源

同时 78 系列三端稳压可输出的电流也不是无限大，而是由其型号决定，有时在数字 78 后面还有一个 M 或 L，如 78M12 或 78L24，主要用来区别输出电流和封装形式等。其中 78L 系列的最大输出电流为 100 mA，78 M 系列的最大输出电流为 1 A。由于三端稳压器件是串联在电路中的线性稳压器件，会消耗一部分电能，因此在电流较大时，需要在器件的背面添加合适的散热器。

79 系列是与 78 系列相类似的负电压输出三端稳压集成电路，同样器件型号的后面两个数字代表输出电压。如 7909 表示输出电压为 -9 V。79 系列除了输出电压为负，引脚排列不同以外，命名方法、外形等均与 78 系列相同。

由于 78/79 系列三端稳压集成电路有很多电子厂家生产，通常前缀为生产厂家的代号，如 TA7805 是东芝公司的产品，AN7909 是松下公司的产品。

第 5 章

三 极 管

5.1　三极管简介

三极管全称半导体三极管，也称双极型晶体管（BJT）或晶体三极管，是一种电流控制电流的半导体器件，其作用是把微弱的电信号放大成幅度值较大的电信号，也可用作无触点开关。晶体三极管是半导体基本元器件之一，其本质是在一块半导体基片上制作 2 个相距很近的 PN 结。这两个 PN 结把整块半导体分成 3 部分：基区，发射区和集电区，排列方式有 NPN 和 PNP 两种。如图 5-1 所示为三极管结构图和符号表示。

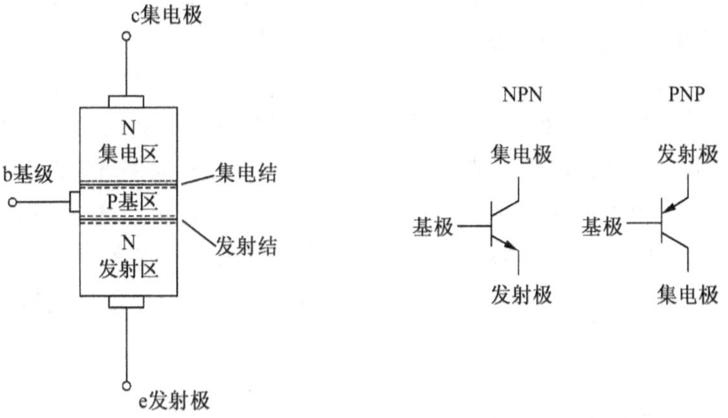

(a) 三极管结构　　(b) 三极管符号

图 5-1　半导体三极管

从外表看 2 个 N 区（或 2 个 P 区）是对称的，实际上发射区的掺杂浓度高，集电区的掺杂浓度低，且集电结面积大，基区制造得很薄，厚度在几个微米至几十个微米之间。从 3 个区引出相应的电极，分别为基极 b、发射极 e 和集电极 c。发射区和基区之间的 PN 结称为发射结，集电区和基区之间的 PN 结称为集电结。三极管的发射极箭头方向代表三极管工作在放大、饱和状态时，发射极电流（I_e）的实际方向。硅晶体三极管和锗晶体三极管均有 PNP 和 NPN 两种类型。最初的三极管是由锗做成的，但是锗管具有在 80 ℃左右时发生损坏的缺点，因此现在的三极管几乎都是硅管，硅管可以耐受 180 ℃左右的高温。

三极管的电流放大作用与其物理结构有关，三极管进行电流放大时内部进行的物理过程是十分复杂的，本书不作深入探讨。但从应用的角度可以把三极管看作是一个电流分配器。一个三极管制成后，3 个电流 I_b，I_e 和 I_c 之间的比例关系就大体上确定好了，如图 5-2 所示。图中 β 和 α 称为三极管的电流分配系数，其中 β 值称为电流放大倍数，当 3 个电流中有 1 个电流发生变化时，另外 2 个电流也会随比例发生变化。例如基极电流的变化量 $\Delta I_b = 10\ \mu A$，$\beta = 50$，根据 $\Delta I_c = \beta \Delta I_b = 500\ \mu A$，从而实现了电流放大。

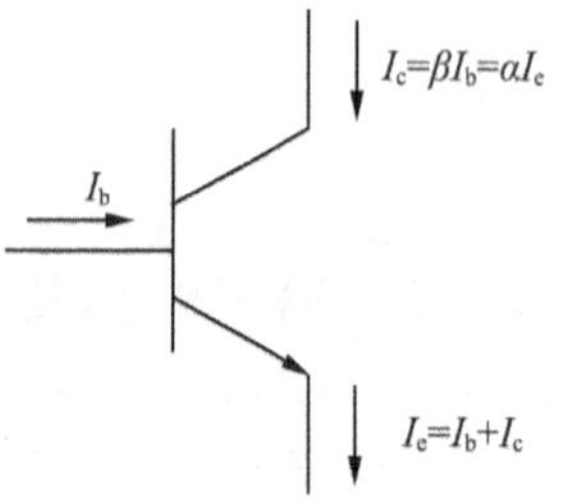

图 5-2　三极管电流分配关系图

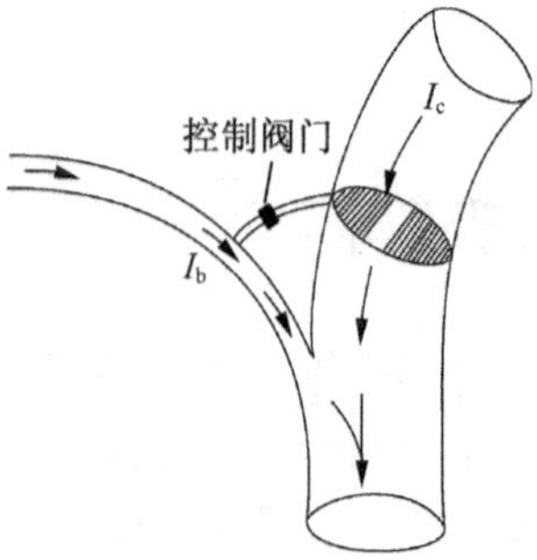

图 5-3　三极管原理水管模拟

三极管自身并不能把小电流变成大电流，仅仅起着一种控制作用，控制着电路里的电源，按确定的比例向三极管提供 I_b，I_c 和 I_e 这 3 个电流。为了便于理解，往往用水流比喻电流，如图 5-3 所示。图中将三极管视为粗细两根水管，粗管内装有闸门，闸门的开启程度由细管中的水量控制：如果细管中没有水流，粗管中的闸门就会关闭；注入细管中的水量越大，闸门就开得越大，相应地流过粗管的水就越多，从而体现“以小控大”的原理。由图 5-3 可见，细管中的水与粗管中的水在下端汇合于一根管子中，三极管的基极 b、集电极 c 和发射极 e 就对应着图 5-3 中的细管、粗管和粗细交汇的管子。电流 I_c 不是由三极管产生的，是由电源在基极电流 I_b 的控制下提供的，所以三极管只是起着能量转换的作用。

5.2　三极管的特性曲线

三极管外部各极电压和电流的关系曲线称为三极管的特性曲线，又称伏安特性曲线，用来描述三极管各端电流与两个 PN 结外加电压之间的关系，可直观、全面地反映三极管的外部电气特性。

由于三极管为三端器件，在电路中要构成四端网络，它的每对端子均有两个变量（端口电压和电流），因此要在平面坐标上表示三极管的伏安特性，就必须采用两组曲线，最常采用的是输入特性曲线和输出特性曲线。这两组曲线不仅能反映三极管的质量和特性，还能用来定量地估算出三极管的某些参数，是分析和设计三极管电路的重要依据。

三极管的连接方式不同，对应的特性曲线也不同，应用最广泛的是共射极电路，基本电路详见本章 5.5。共射极电路特性曲线可用描点法绘出，也可以由晶体管特性图示仪直接显示出来。

5.2.1 三极管的输入特性

如图5-4所示，用直流电源 V_{BB} 和 V_{CC} 分别给三极管施加偏置电压，假设 V_{CC} 固定在 +10 V不变，而一开始 $V_{BB}=0$ V，于是三极管B极电压 $V_B=0$ V。当 V_{BB} 从0 V开始升高时，V_B 也随之升高，但是B极电流 I_B 小到可以忽略；当 V_B 达到约0.7 V时(也就是 V_{BE} 达到0.7 V)，三极管的B-E极正向偏置，此时三极管开始导通，由于三极管的电流放大作用，C极电流 I_C 开始变大；但如果此时 V_{BB} 的电压继续升高，尽管 I_B 继续增大，但 V_{BE} 也只是略微有所增加。

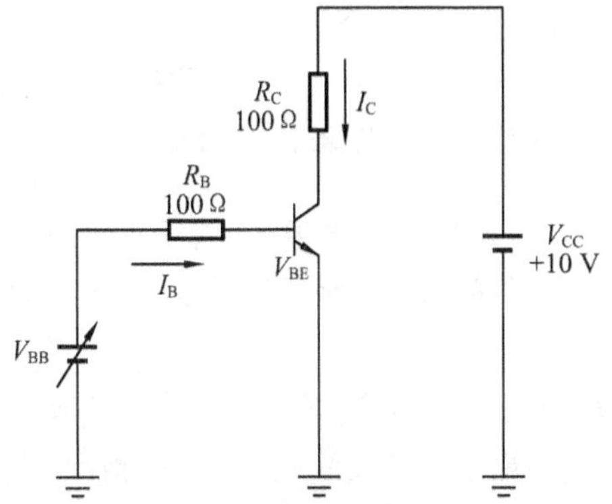

图5-4 三极管输入特性研究电路

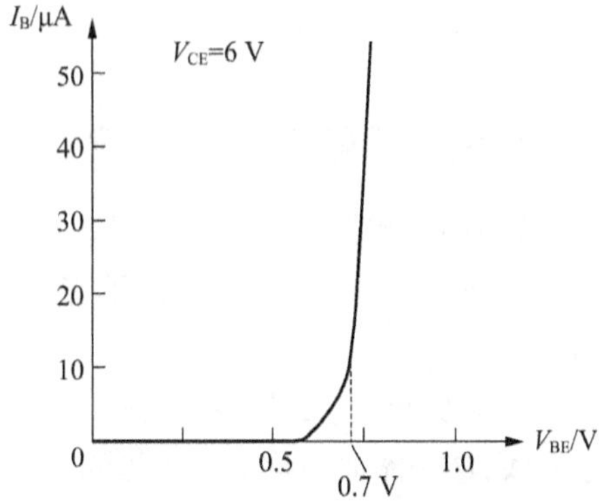

图5-5 三极管输入特性曲线

由于 V_{BE}，I_B 都属于输入的参数，所以图5-5称为三极管的输入参数曲线。很明显可以看出三极管的输入特性曲线与二极管的正向特性相似，这是因为B-E极间是正向偏置的PN结。

5.2.2 三极管的输出特性

三极管输出特性描述的是C-E极之间电压 V_{CE} 和C极电流 I_C 之间的关系，在图5-6中，先使 $V_{CC}=0$，并调整 V_{BB} 使三极管的B-E极之间正向偏置，则 $V_{BE}\approx 0.7$ V。

由于此时 $V_{CC}=0$ V，也就是三极管的C极电压 $V_C=0$，而B极电压 $V_B\approx 0.7$ V，所以此时B-C极之间也为正向偏置，此时的三极管处于饱和状态。因为 $V_{CC}=0$，所以C-E极之间没有电流通过，则 $V_{CE}=0$ V。

保持 V_{BB} 不变，开始让 V_{CC} 增大，于是三极管的C-E极间有电流通过，I_C 开始出现；随着 V_{CC} 继续增大，V_{CE} 也会增大，但是只要在 V_{CE} 到达0.7 V之前，即三极管的B-C极之间仍处于正向偏置，I_C 都会随着 V_{CE} 的增大而增大，这一过程三极管都处在饱和状态，如图5-7所示。

继续增大 V_{CC}，V_{CE} 也会继续变大，当 V_{CE} 超过0.7 V之后，三极管的B-C极之间变成反向偏置，此时三极管的放大电流特性开始展现，并且随着 V_{CE} 的增大，I_C 变化非常缓慢，此时的 I_C 可用公式 $I_C=h_{FE}I_B$ 来计算(h_{FE} 代表三极管的直流增益)，此时三极管处于放大状态，如图5-7所示。

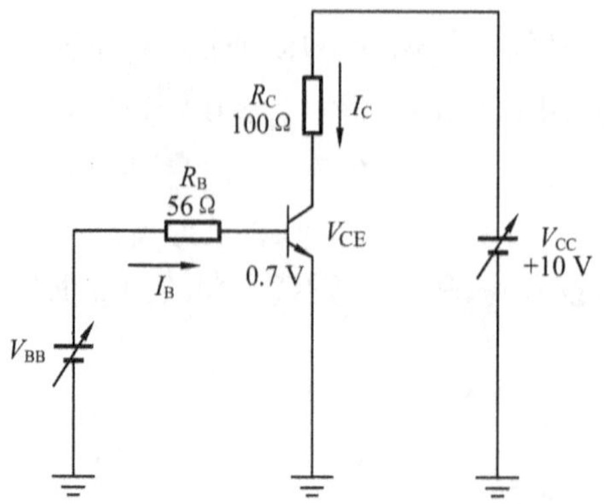

图 5-6 三极管输出特性研究电路

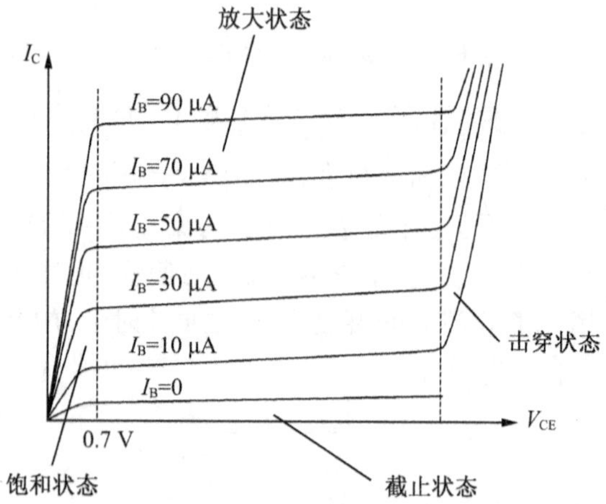

图 5-7 三极管输出特性曲线

如果 V_{CC} 继续增大而使 V_{CE} 超过了三极管技术手册中规定的最大值 V_{CEO}，三极管就会被击穿，所以在任何情况下都不能让 V_{CE} 超过 V_{CEO} 这个极限，否则三极管会被击穿而损坏。

如果改变 V_{BB} 使 I_B 变成另一个值，再让 V_{CC} 逐渐增大，就会得到 V_{CE} 和 I_C 的另一簇关系曲线，这一簇曲线称为三极管的输出特性曲线。其中最下面的曲线是 $I_B=0$ 的情况，此时三极管处于截止状态，如图 5-7 所示。

5.3 三极管的工作状态

根据 5.2 的分析可知，晶体三极管有 3 种工作状态，分别为截止状态、放大状态和饱和状态。

截止状态：当加在三极管发射结的电压小于 PN 结的导通电压时，基极电流为 0，集电极电流和发射极电流也为 0，这时三极管失去电流放大作用，集电极和发射极之间相当于开关的断开状态，此时的三极管处于截止状态。

放大状态：当加在三极管发射结的电压大于 PN 结的导通电压并处于某一恰当的值时，三极管的发射结正向偏置，集电结反向偏置，这时基极电流对集电极电流起控制作用，使得三极管具有放大作用，此时的三极管处于放大状态。

晶体三极管具有电流放大作用，其实质是三极管能以基极电流微小的变化量来控制集电极电流较大的变化量，这是三极管最基本也是最重要的特性。将 $\frac{\Delta I_c}{\Delta I_b}$ 的比值称为晶体三极管的电流放大倍数，用符号“β”表示。电流放大倍数对于一只三极管来说是一个定值，但随着三极管工作时基极电流的变化也会有一定的改变。

饱和导通状态：当加在三极管发射结的电压大于 PN 结的导通电压，并且当基极电流增大到一定程度时，集电极电流不再随着基极电流的增大而增大，而是处于某一定值附近，这时的三极管失去电流放大作用，集电极与发射极之间的电压很小，集电极和发射极之间相当于开关的导通状态，这种状态称为三极管的饱和导通状态。

表5-1和表5-2分别为NPN型、PNP型三极管在3种不同工作状态下各个参数的取值情况。

表5-1　NPN型三极管3种工作状态

工作状态	U_{BE}	U_{BC}	U_{CE}与U_{BE}关系
饱和状态	$U_{BE}>0$	$U_{BC}>0$	$U_{CE}<U_{BE}$
放大状态	$U_{BE}>0$	$U_{BC}<0$	$U_{CE}>U_{BE}$
截止状态	$U_{BE}<0$	$U_{BC}<0$	$U_{CE}>U_{BE}$

表5-2　PNP型三极管3种工作状态

工作状态	U_{BE}	U_{BC}	U_{CE}与U_{BE}关系
饱和状态	$U_{BE}<0$	$U_{BC}<0$	$U_{CE}>U_{BE}$
放大状态	$U_{BE}<0$	$U_{BC}>0$	$U_{CE}<U_{BE}$
截止状态	$U_{BE}>0$	$U_{BC}>0$	$U_{CE}<U_{BE}$

以上3种工作状态决定了三极管主要有2种用途：① 利用三极管作为开关设备，这主要是利用了三极管在饱和状态和截止状态的特性；② 将三极管作为放大器，即变化极小的基极电流导致集电极电流发生很大的变化，这主要是利用了三极管在放大状态的特性。关于这2种用途的具体介绍会在5.4和5.5提到。

5.4　三极管开关

本章前文提到三极管有3种工作状态：截止状态、放大状态和饱和状态。三极管是以B极电流I_B作为输入，控制整个三极管的工作状态。若I_B趋近于0，则三极管是在截止区，C-E极间约呈断路状态；若I_B很大，三极管处于饱和区，$V_{CE}=0.2$ V，C-E极间等同于一个带有0.2 V电位落差的通路。由此可见，只需要在三极管的B极输入适当的控制信号，就可以实现三极管的开与关控制，如图5-8、图5-9所示。

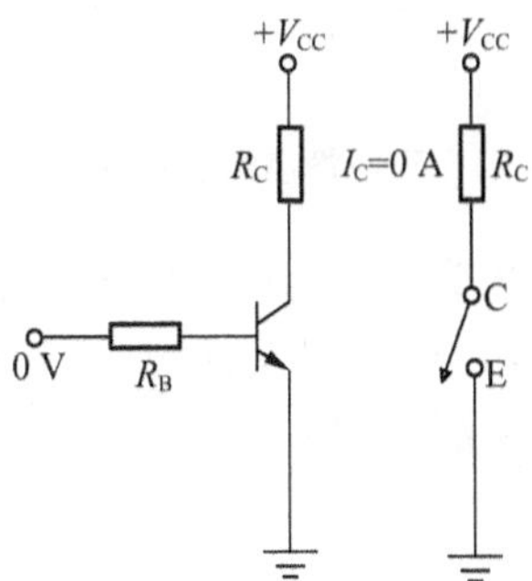

图5-8　三极管开关的“开”状态

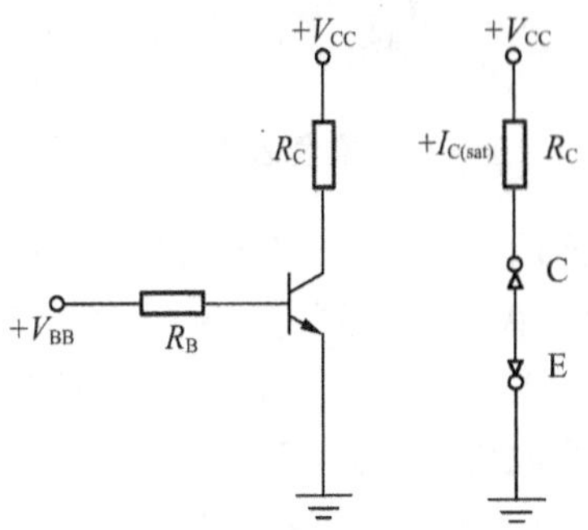

图5-9　三极管开关的“关”状态

如图5-10所示为三极管控制LED亮与暗的电路图。其中，电阻R_C是LED限流用电阻，用来防止电压过高烧坏LED。将输入信号V_{IN}从0调到最大（等分为约20个间隔），

观察并记录对应的 V_{OUT} 及 LED 的亮度。当三极管开关为断路时，$V_{OUT} = V_{CC} = 12\ V$，LED 不亮；当三极管开关通路时，$V_{OUT} = 0.2\ V$，LED 发亮。由于三极管由截止区过渡到饱和区须经过放大区，开关的效果不会有明确的界限。

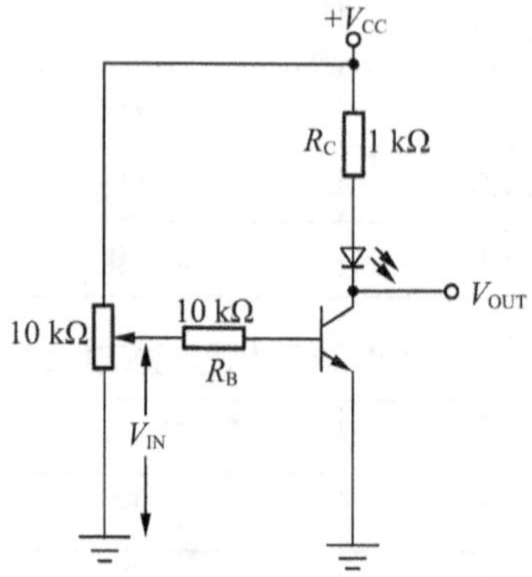

图 5-10　三极管控制 LED 亮与暗

现在马路上的交通灯（见图 5-11）多数由发光二极管组成，假设交通灯由 100 只发光二极管排列成圆形组成，这 100 只二极管由图 5-12 所示的三极管开关驱动控制，控制信号的高电平与电源一样为 24 V，使用电阻 R_1，R_2 构成分压器，控制三极管的 B 极。每只发光二极管的工作电压为 2.5 V，工作电流为 18 mA，电阻 $R_3 \sim R_{102}$ 为这 100 只发光二极管各自的限流电阻。

图 5-11　交通信号灯

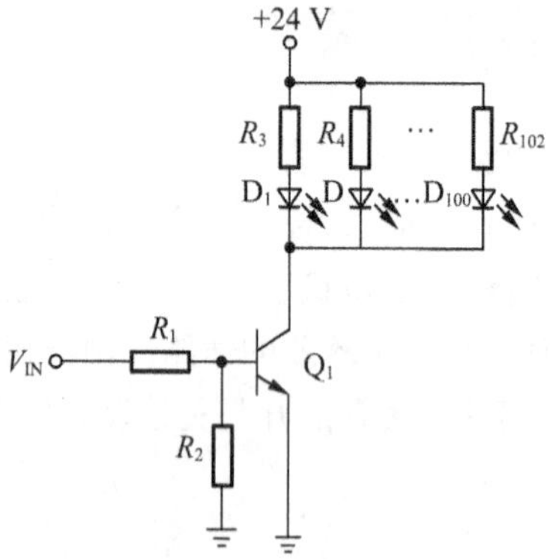

图 5-12　三极管控制信号灯

由图 5-12 可知，三极管 Q_1 的 C 极要承担 100 只发光二极管的电流之和，所以三极管 Q_1 的持续 C 极电流必须在 1.8 A（$I_C = 15\ mA \times 100 = 1.8\ A$）以上，因此可根据此参数选择三极管 TIP31A。选定 TIP31A 后，可从技术手册（见图 5-13）中找到 $V_{CE(sat)}$（饱和状态下 C-E 极间电压）约为 0.2 V。

TIP31A

Power transistors

General features

- New enhanced series
- High switching speed
- h_{FE} improved linearity

Applications

- Linear and switching industrial application

Description

The TIP31A is a base island technology NPN power transistor in TO-220 plastic package with better performances than the industry standard TIP31A that make this device suitable for audio, power linear and switching applications. The PNP type is TIP32A.

TO-220

Internal schematic diagram

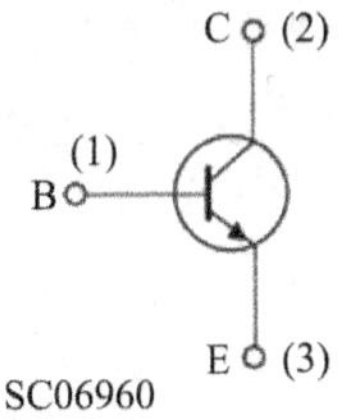

Table 1. Absolute maximim ratings

Symbol	Parameter	Value	Unit
V_{CBO}	Collector-base voltage (I_E = 0)	60	V
V_{CEO}	Collector-emitter voltage (I_B = 0)	60	V
V_{EBO}	Emitter-base voltage (I_C = 0)	5	V
I_C	Collector current	3	A
I_{CM}	Collector peak current	5	A
I_B	Base current	1	A
P_{TOT}	Total dissipation at T_{case} = 25°C Total dissipation at T_{amb} = 25°C	40 2	W W
T_{stg}	Storage temperature	-65 to 150	°C
T_J	Max. operating junction temperature	150	°C

图 5-13　TIP31A 技术手册

由此，可计算出限流电阻 $R_3 \sim R_{102}$ 的阻值为：

$$R_3 = R_4 = \cdots = R_{102} = \frac{V_{CC} - V_D - V_{CE(sat)}}{I_D} = \frac{24\ \text{V} - 2.5\ \text{V} - 0.2\ \text{V}}{18\ \text{mA}} \approx 1.2\ \text{k}\Omega \tag{5-1}$$

假设三极管 TIP31A 饱和时，直流增益 $h_{FE} = 50$，则可以得到 B 极电流为：

$$I_B = \frac{I}{h_{FE}} = \frac{1.8\ \text{A}}{50} = 36\ \text{mA} \tag{5-2}$$

又因为 $V_{BE} = 0.7$ V，假如 $R_2 = 1$ kΩ，则可计算出电阻 R_1 的值为：

$$R_1 = \frac{V_{IN} - V_{BE}}{I_B} = \frac{24\ \text{V} - 0.7\ \text{V}}{36\ \text{mA}} \approx 640\ \Omega \tag{5-3}$$

因此，通过三极管开关，可以成功实现只用 36 mA 的控制电流 I_B 驱动大电流负载（$I_C = 1.8$ A）的目的。利用三极管开关可以设计出许多实用电路，如光控、声控报警器电路等。

5.5 三极管放大器

三极管开关利用了三极管工作在饱和或截止状态的特性，而放大器利用了三极管工作在放大状态的特性，它们的电路结构是有本质区别的。在介绍三极管放大器的工作原理之前，先介绍一些与三极管放大器相关的基础知识。

5.5.1 静态工作点

静态工作点又称偏置点、Q 点，描述的是三极管输出参数中的 $I_C - V_{CE}$ 关系。对于一只具体的三极管，其参数及电路中的电阻决定了点 Q 的位置。在图 5-14 中，点 Q 处的 I_B，V_{CE}，I_C 等参数的具体数值为电路的静态工作点。

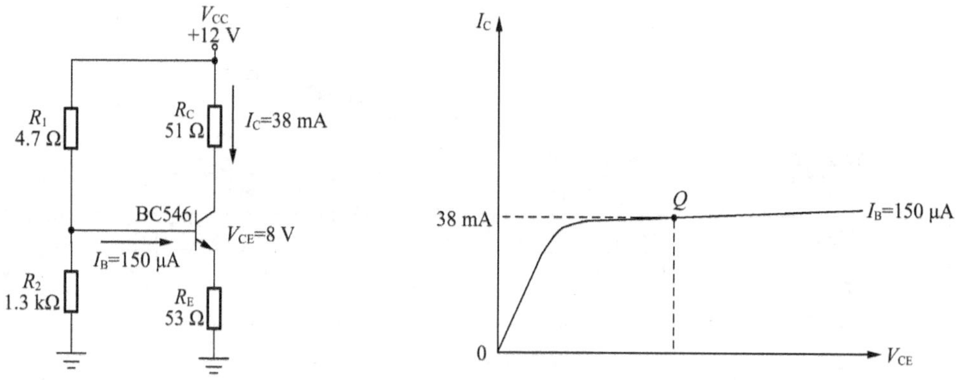

图 5-14　静态工作点

当 V_{CE} 等于 V_{CC} 时就是三极管的截止状态，该点在图 5-15 中记为 A，把点 A 和 Q 连接起来就形成了直流负载线；而在直流负载线的上方，即点 B 位置为三极管的饱和状态。在点 A 和点 B 处正是作为开关时的参数，并不适合于放大器，而将三极管作为放大器实质上就是如何选择 4 个电阻的阻值，使得三极管的静态工作点落在 A，B 之间一个合适的位置上。

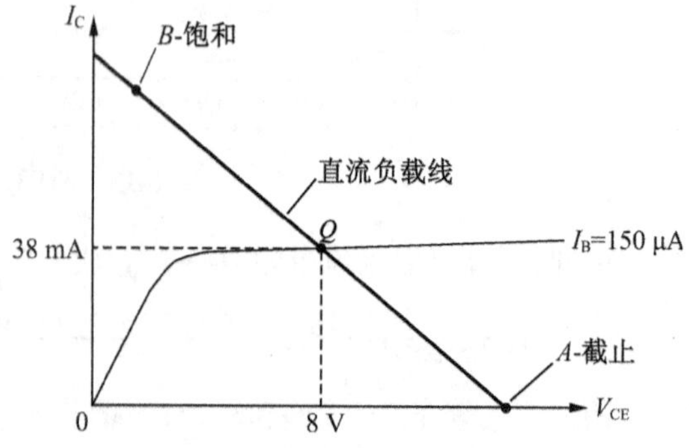

图 5-15　直流负载线

5.5.2 分压器偏置

使三极管放大器的静态工作点达到一个理想的状态有许多种方法，利用分压器对三极管放大器进行静态工作点设计的方法常常被称为分压器偏置。下面将介绍分压器偏置中的电阻是如何决定静态工作点的。

在图 5-16 分压器偏置电路中，电阻 R_1，R_2 构成一个分压器向三极管提供偏置电压 V_B。由于三极管的输入阻抗 $R_{IN(base)}$ 与电阻 R_2 并联，根据欧姆定律可得到三极管 B 极的电压：

$$V_B = \frac{R_2 \parallel R_{IN(base)}}{R_2 \parallel R_{IN(base)} + R_1} V_{CC} \tag{5-4}$$

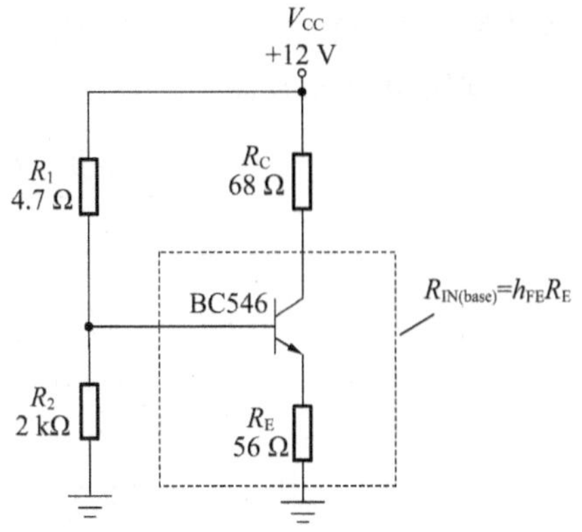

图 5-16　分压器偏置电路

三极管的输入阻抗 $R_{IN(base)}$ 由直流增益 h_{FE} 和 E 极上的电阻 R_E 的乘积决定：

$$R_{IN(base)} \approx h_{FE} R_E \tag{5-5}$$

假设 $h_{FE} = 200$，则输入阻抗约为 $200 \times 56\ \Omega = 11.2\ k\Omega$。

代入式(5-4)得 $V_B = 3.2\ V$。

如果三极管的输入阻抗 $R_{IN(base)} \geqslant 10R_2$，则 V_B 可粗略认为等于分压器的输出电压：

$$V_B = \frac{R_2}{R_1 + R_2} V_{CC} \tag{5-6}$$

由于三极管 B-E 极之间获得正向偏置，所以 $V_{BE} = 0.7\ V$，于是可以计算出三极管的 E 极电压 V_E：

$$V_E = V_B - V_{BE} = 3.2\ V - 0.7\ V = 2.5\ V \tag{5-7}$$

E 极电流：

$$I_E = \frac{V_E}{R_E} = \frac{2.5\ V}{56\ \Omega} = 45\ mA \tag{5-8}$$

因为 $I_C \approx I_E$，则 $I_C \approx I_E = 45\ mA$，三极管的 C 极电压：

$$V_C = V_{CC} - I_C R_C = 8.9\ V \tag{5-9}$$

$$V_{CE} = V_C - V_E = 8.9\ V - 2.5\ V = 6.4\ V \tag{5-10}$$

最终根据 I_C 和 V_{CE} 这两个参数可求得静态工作点位置，将其置于 $I_C - V_{CE}$ 坐标上，标记为点 Q，再连接 V_{CE} 轴上 $V_{CE} = V_{CC}$ 对应的点 A，就形成了该分压器偏置电路的直流负载线。通常让静态工作点差不多落在直流负载线的中间位置可使得三极管有一个比较好的工作环境用于放大信号。而本书后文在电路参数 I_C，V_{CE} 等的下标后加上一个“Q”以表示该参数是静态工作点参数。

5.5.3　输入电阻和输出电阻

输入电阻 R_i 为放大器对信号源所呈现的负载效应，或由放大器输入端向放大器看进去的等效电阻。输入电阻是表明放大电路从信号源吸取电流大小的参数，R_i 越大，放大电路从信号源吸取的信号越强，反之则越弱。因此，在实际应用时要求放大器的输入电阻大一些。

输出电阻 R_o 为将放大器的输出端等效为具有内阻的电压源，则电压源的内阻即为放大器的输出电阻，或由放大器输出端向放大器看进去的等效电阻。输出电阻越小，放大器带负载的能力越强。因此，在实际应用时要求输出电阻小一些。图 5-17 为放大器的输入、输出电阻示意图。

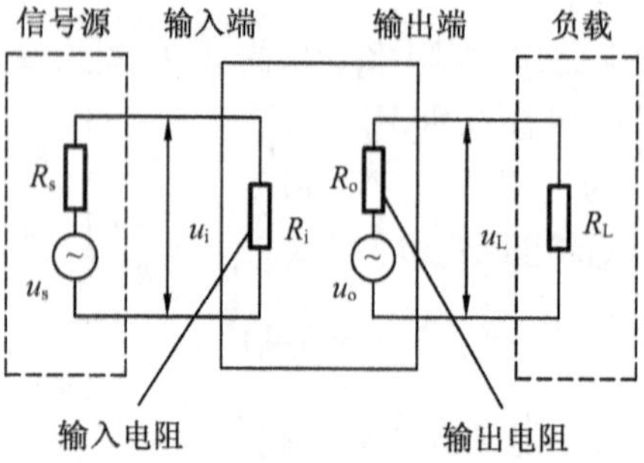

图 5-17　放大器的输入电阻和输出电阻

对于输入电阻，可用图 5-18 所示模型进行近似估算：

$$R_i = R_B \parallel r_{be} \tag{5-11}$$

r_{be}可用经验公式求出：

$$r_{be} = 300 + (1+\beta) \times \frac{26}{I_E} \tag{5-12}$$

一般 r_{be}只有 1 kΩ 左右，而 R_B 常为几十千欧到几百千欧，即 $R_B \gg r_{be}$，故：

$$R_i \approx r_{be} \tag{5-13}$$

而对于输出电阻，可用图 5-19 所示模型进行近似估算：

$$R_o \approx r_{ce} \parallel R_C \tag{5-14}$$

等效电阻 r_{ce}很大，一般为几十千欧到几百千欧，而 R_C 一般为几千欧，即 $r_{ce} \gg R_C$，故：

$$R_o \approx R_C \tag{5-15}$$

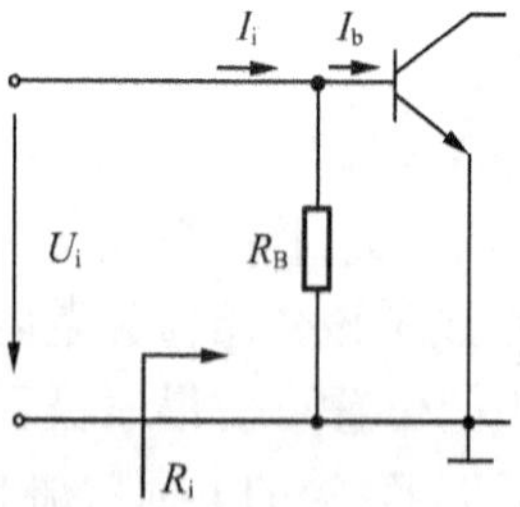

图 5-18　输入电阻近似模型

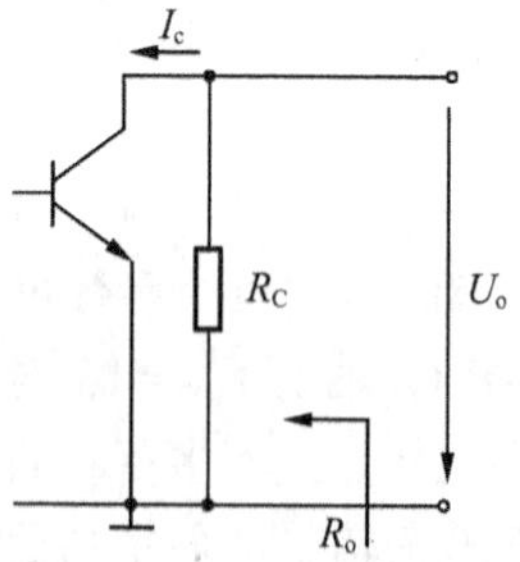

图 5-19　输出电阻近似模型

5.5.4　3 种单级放大电路

晶体管放大器是一种三端电路，其中必有一个端是输入和输出的共同“地”端，如果这个共“地”端接于发射极，称为共射极放大电路；接于集电极，称为共集极放大电路（也称射极跟随电路）；接于基极，称为共基极放大电路。以下分别讨论这 3 种电路。

（1）共射极放大电路

共射极电路的放大倍数较高，输入阻抗和输出阻抗适中，但输入和输出呈反相关系，可用于前置级、中间级或末级，是最常用的基本放大电路。

共射极放大器典型电路如图 5-20 所示，该电路图可以理解为在分压偏置电路的基础上添加了 3 个电容 C_1，C_2，C_3 演变而来。电容 C_1 把输入信号耦合到三极管的 B 极，三极管的 C 极作为输出，电容 C_2 可耦合输出信号到示波器上进行观察，E 极作为公共参考点。

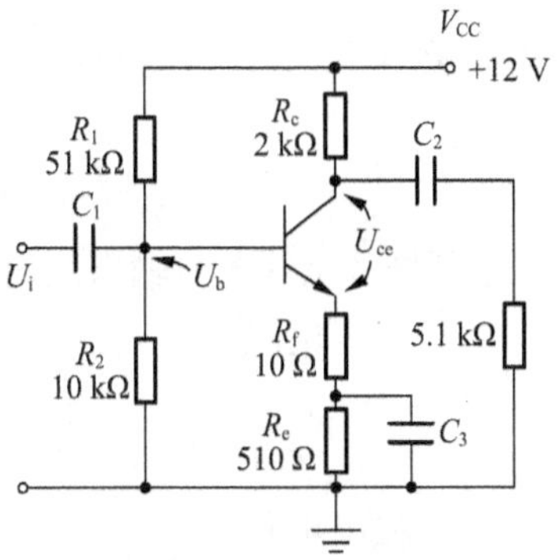

图 5-20　共射极放大电路

共射极放大器的主要特征是对输入端的小交流信号进行放大，但是受电容、三极管的制约，放大器所能放大的输入信号频率有一个范围限制。

① 静态工作点

静态工作点是由电源电压和偏置电路的参数决定，并不涉及任何输入信号，所以静态工作点的分析是在直流环境中进行的。电容 C_1，C_2，C_3 在适当位置的加入使得三极管变成了共射极放大电路。由于电容是隔直通交的，所以当对一个共射极放大器进行直流分析时，可以把电容所处的位置看成是开路，于是共射极放大器的直流分析就成了对偏置电路的分析，即可以得出共射极放大电路的静态工作点。

假设 $h_{FE}=200$，

由于 $R_{IN(base)} \geqslant 10R_2$，则：

$$V_{BQ}=\frac{R_2}{R_1+R_2}V_{CC}=1.29\ \text{V} \tag{5-16}$$

由于 $V_{BE}=0.7$ V，可得到 $V_{EQ}=V_{BQ}-V_{BE}=0.59$ V，进而得到 C 极、E 极电流：

$$I_{CQ}\approx I_{EQ}=\frac{V_E}{R_E}=0.59\ \text{mA} \tag{5-17}$$

得到三极管 C 极电压为：

$$V_{CQ}=V_{CC}-I_{CQ}R_C=6.1\ \text{V} \tag{5-18}$$

至此，共射极放大电路的直流分析完成。

② 电压增益分析（交流分析）

共射极放大器最主要的作用是能对微小交流信号进行放大，因此它的电压增益的大小才是关键所在。而电压增益通常针对交流信号而言，所以电压增益分析又称为交流分析。

如图 5-19 所示，假设 $\beta=100$，U_b 由 R_1 和 R_2 分压决定：

$$U_b=\frac{R_2}{R_1+R_2}V_{CC}=2\ \text{V} \tag{5-19}$$

$$I_c=\frac{U_b-U_{be}}{R_f+R_e}\approx 2.5\ \text{mA} \tag{5-20}$$

$$U_{ce}=V_{CC}-I_c(R_c+R_e+R_f)\approx 5.7\ \text{V} \tag{5-21}$$

$$I_b=\frac{I_c}{\beta}=25\ \mu\text{A} \tag{5-22}$$

电压放大倍数为：

$$A_u=\frac{U_o}{U_i}=-\frac{\beta R_L'}{r_{be}+(1+\beta)R_f} \tag{5-23}$$

其中，$R_L' = R_c /\!/ R_L = 1.4\ \text{k}\Omega$，$r_{be} = 300 + (1+\beta) \times \frac{26}{I_e} = 1.35\ \text{k}\Omega$，则：

$$A_u = -\frac{100 \times 1.4}{1.35 + 101 \times 0.01} = -60 \tag{5-24}$$

式中负号表示输入与输出反相。

③ 输入电阻

$$R_i = \frac{U_i}{I_i} = R_1 /\!/ R_2 /\!/ [r_{be} + (1+\beta)R_f] = 1.84\ \text{k}\Omega \tag{5-25}$$

④ 输出电阻

$$R_o = R_c = 2\ \text{k}\Omega \tag{5-26}$$

若按图5-19选元件参数，能设计一个性能优良的放大器。若β取不同值，不难计算出该放大器的A_u，R_i和R_o值。

(2) 共集电极放大电路

共集电极放大电路又称射极跟随器，它具有输入阻抗高、输出阻抗低的特点，但其放大倍数小于1，因此通常作缓冲级或中间级。共集电极电路驱动能力强，常用于一路输入、多路输出的场合，其典型电路如图5-21所示。

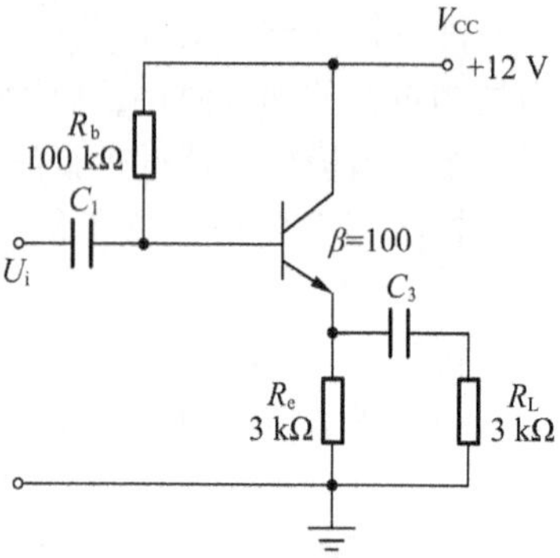

图5-21　共集电极放大电路

① 静态工作点

$$I_{BQ} = \frac{V_{CC} - 0.7\ \text{V}}{R_B + (1+\beta)R_e} = 28\ \mu\text{A} \tag{5-27}$$

$$I_{CQ} = \beta I_{BQ} = 2.8\ \text{mA} \tag{5-28}$$

$$V_{CEQ} = V_{CC} - I_C R_e = 3.6\ \text{V} \tag{5-29}$$

② 交流参数的计算

$$r_{be} = 300 + (1+\beta) \times \frac{26}{I_e} = 1.23\ \text{k}\Omega \tag{5-30}$$

电压放大倍数为

$$A_u = \frac{U_o}{U_i} = \frac{(1+\beta)(R_e /\!/ R_L)}{r_{be} + (1+\beta)(R_e /\!/ R_L)} = 0.99 \tag{5-31}$$

可见，射极跟随器的电压放大倍数小于1，且输入和输出同相。

③ 输入电阻

$$R_i = R_b /\!/ [r_{be} + (1+\beta)(R_e /\!/ R_L)] = 60\ \text{k}\Omega \tag{5-32}$$

④ 输出电阻

输出电阻的计算比较繁琐，一般认为其输出阻抗较低，为几十欧至几百欧。

(3) 共基极放大电路

共基极放大电路的特点是高频响应好，广泛用于高频放大或带宽放大。由于共基极放大电路的输入阻抗较低，因此，限制了其应用范围。例如，共基极电路不宜用于前置级，因为它对输入信号有较大的影响，其典型电路如图5-22所示。

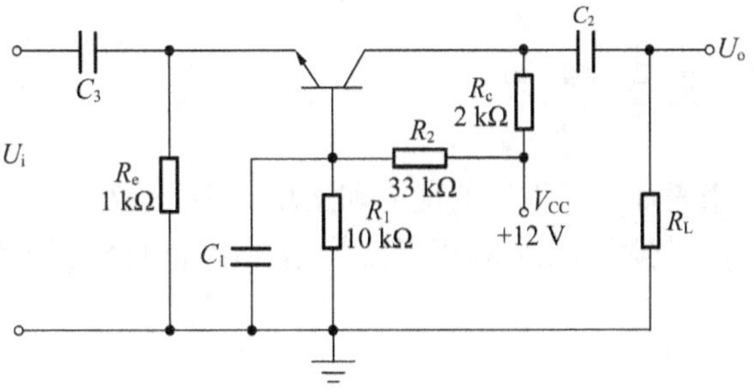

图 5-22　共基极放大电路

① 静态工作点的计算(同共射极放大电路)。

② 交流参数的计算

电压放大倍数为:

$$A_u = \frac{\beta R_L'}{r_{be}} \tag{5-33}$$

其中

$$R_L' = R_c /\!/ R_L \tag{5-34}$$

③ 输入电阻

$$R_i = R_e /\!/ R_i' = R_e /\!/ \frac{r_{be}}{1+\beta} \tag{5-35}$$

④ 输出电阻

$$R_o = R_c \tag{5-36}$$

计算从略。

5.5.5　3 种基本放大器的总结与比较

3 种单级放大器的特性见表 5-3。

表 5-3　3 种三极管基本放大器组态的特性

组态	电压增益	电流增益	输入电阻	输出电阻
共射极	$A_v > 1$	$A_i > 1$	中	中偏高
射极跟随器	$A_v \approx 1$	$A_i > 1$	高	低
共基极	$A_v > 1$	$A_i \approx 1$	低	中偏高

对于共射极放大电路:电压增益和电流增益均大于 1;输入电阻在 3 种组态中居中,输出电阻与集电极电阻有很大关系。适用于低频场合,作为多级放大电路的中间级。

对于射极跟随器:只有电流放大作用,没有电压放大作用,但有电压跟随作用。在 3 种组态中,输入电阻最高,输出电阻最小,频率特性好。可作为输入级、输出级或缓冲级。

对于共基极放大电路:只有电压放大作用,没有电流放大作用,有电流跟随作用,输入电阻小,输出电阻与集电极电阻有关。高频特性较好,常用于高频或宽频带低输入阻抗的场合,模拟集成电路中亦兼有电位移动的功能。

5.6 三极管的主要参数

三极管的参数用来表征管子性能的优劣和适用范围，是选用三极管的依据。了解这些参数的意义，对于合理使用和充分利用三极管达到设计电路的经济性和可靠性是十分必要的。

(1) 电流放大系数

三极管的电流放大系数有直流$\bar{\beta}$和交流β 2 种，在通常情况下，两者接近，故可混用，都以β表示，有时也用h_{fe}来表示。常用三极管的β值通常在 10 ~ 100。β值太小则放大作用差，但β值太大则易使三极管性能不稳定，一般放大电路采用β = 30 ~ 80 的三极管为宜。

(2) 集电极-基极反向饱和电流 I_{CBO}

表示集电极和基极之间加反向电压时的反向电流。一般I_{CBO}的值很小，小功率硅管的I_{CBO}小于 1 μA，而小功率锗管的I_{CBO}约为 10 μA，且I_{CBO}是随温度增加而增加的，因此在温度变化范围大的工作环境应选用硅管。图 5-23 为I_{CBO}的测量电路。

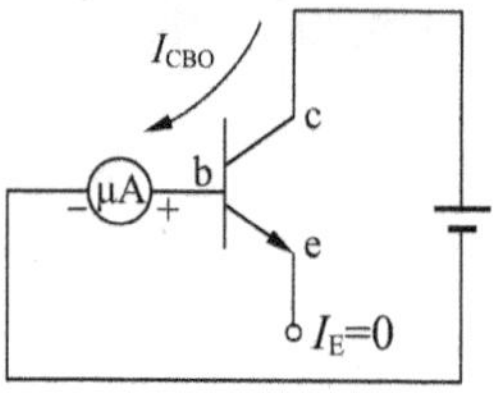

图 5-23 I_{CBO}的测量

(3) 集电极-发射极反向饱和电流 I_{CEO}

表示基极开路时，集电极和发射极加上一定反向电压时的集电极电流。I_{CEO}与I_{CBO}的关系为$I_{CEO}=(1+\beta)I_{CBO}$。I_{CEO}和I_{CBO}都是衡量三极管质量的重要参数，由于I_{CEO}比I_{CBO}大得多，测量起来比较容易，所以通常把I_{CEO}作为判断管子质量的重要依据。小功率硅管的I_{CEO}在几微安以下，而小功率锗管的I_{CEO}则大得多，约为几十微安以上，同样，I_{CEO}和I_{CBO}一样，也随温度的增加而增加。图 5-24 为I_{CEO}的测量电路。

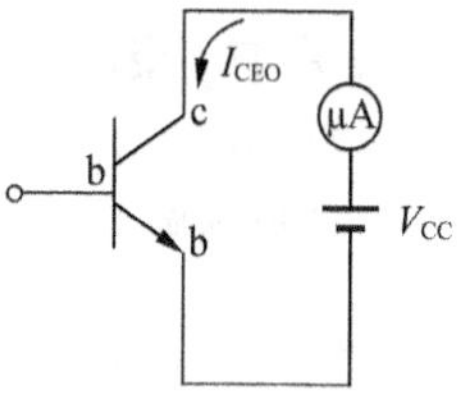

图 5-24 I_{CEO}的测量

(4) 集电极最大允许电流 I_{CM}

指三极管的集电极允许的最大电流，当电流超过I_{CM}时，三极管性能将显著下降，甚至有将其烧坏的可能。

(5) 集电极最大允许功率损耗 P_{CM}

表示集电结上允许损耗功率的最大值，超过此值就会使三极管性能变坏或烧毁。P_{CM}值与环境温度有关，温度愈高，则P_{CM}值愈小，硅管的上限温度可达 150 ℃，而锗管则低得多，约 70 ℃。故对于大功率三极管，为了提高P_{CM}，常采用加散热装置的办法。手册中提供的P_{CM}值通常是在常温(25 ℃)下测得的。

(6) 反向击穿电压

三极管的 2 个 PN 结，如反向电压超过规定值也会发生击穿，其击穿原理和二极管类似，常用的有以下几种：

① $V_{(BR)EBO}$是指集电极开路时发射极-基极之间的反向击穿电压。在放大状态下的，发射结是正偏的，而在某些场合，如工作在大信号或者开关状态下，发射极就有可能受到

较大的反向电压，$V_{(BR)EBO}$就是发射结本身的击穿电压。

② $V_{(BR)CBO}$是指发射极开路时集电极-基极间的反向击穿电压。它取决于集电结的雪崩击穿电压，通常数值较高。

③ $V_{(BR)CEO}$是指基极开路时集电极-发射极间的反向击穿电压。该电压的大小与 BJT 的穿透电流 I_{CEO}直接相联系：当三极管的 V_{CE}增加时，I_{CEO}迅速增大，导致集电结出现雪崩击穿。在实际情况下，常在三极管发射极-基极间接电阻，此时集电极-发射极间的击穿电压用 $V_{(BR)CER}$表示，一般 $V_{(BR)CER} > V_{(BR)CEO}$。

三极管发生电压击穿后，电路中的三极管就不能正常工作，但三极管并不一定损坏，只要不超过最大功率损耗 P_{CM}，并且当进入击穿的时间很短时，三极管的特性不会变坏，因为击穿过程是可逆的；但如果在击穿后继续增大 I_C，则三极管很快就会进入二次击穿而损坏。

5.7　三极管的分类及识别

5.7.1　三极管的分类

三极管的型号有好几千种，可按照如下进行分类。

(1) 按照材质分

按照材质，可将三极管分为硅管和锗管。总体上看，它们在电气特性上还是有一定差距的。首先，锗管具有较低的起始工作电压，锗三极管的基极和发射极之间只须 0.2 ~ 0.3 V 的电压即可开始工作，而硅三极管的基极和发射极之间要有 0.6 ~ 0.7 V 的工作电压才能工作；其次，锗管具有较低的饱和压降，晶体管导通时，硅管发射极和集电极之间的电压比锗管的更低；最后，硅管具有更小的漏电流和更平直的输出特性。

(2) 按照结构分

按照结构，可将三极管分为 NPN 型和 PNP 型两种类型。NPN 和 PNP 三极管区别主要是电流方向和电压正负不同，即极性不同。NPN 型三极管是用 B→E 的电流(I_B)控制 C→E 的电流(I_C)，E 极电位最低，正常放大时 C 极电位最高，即 $V_C > V_B > V_E$；而 PNP 型三极管是用 E→B 的电流(I_B)控制 E→C 的电流(I_C)，E 极电位最高，正常放大时 C 极电位最低，即 $V_C < V_B < V_E$。NPN 型和 PNP 型三极管通常外观相似，且成对匹配，如 90 系列三极管中的 9014 和 9015，80 系列三极管中的 8050 和 8550。

(3) 按照工作频率分

按照工作频率，可将三极管分为低频管和高频管。低频和高频三极管的区别主要是二者的频率响应不同。低频率三极管一般是指特征频率在 3 MHz 以下的三极管；高频率三极管一般是指特征频率大于 3 MHz 的三极管(对于三极管而言，特征频率是指其电流放大系数下降到 1 时的频率，技术手册中通常用 f_T 表示)。高频三极管一般用于移动通信、数据传输、遥控线路中实现振荡、信号放大、倍频等作用。

(4) 按照功率分

按照功率，可将三极管分为小功率、中功率和大功率管。三极管耗散功率也称为集电极最大允许耗散功率（技术手册中常用 P_{CM} 表示），是指三极管工作时，实际功耗不允许超过的值，否则会造成晶体管过载而损坏。耗散功率与三极管的最高允许结温和集电极最大电流有密切关系，硅管的结温允许值约为 150 ℃，锗管的结温允许值约为 85 ℃，要保证管子结温不超过允许值就必须将产生的热量散发出去，故中、大功率三极管多带有散热器。通常将耗散功率小于 1 W 的三极管称为小功率三极管，耗散功率大于 1 W、小于 5 W 的三极管称为中功率三极管，耗散功率大于 5 W 的晶体管称为大功率三极管。

电子制作中常用的小功率三极管有 90、80 系列，见表 5-4。它们的型号一般都标在塑壳上，其外观都是 TO-92 或者 SOT-23 标准封装，如图 5-25 所示。

表 5-4　常见 90 和 80 系列小功率三极管及其参数

三级管型号	结构	P_{CM} /mW	V_{CEO} /V	V_{CBO} /V	V_{EBO} /V	I_{CM} /mA	特征频率 f_T/MHz	h_{fe}
9011	NPN	400	30	50	5	30	370	28 ~ 198
9012	PNP	625	-30	-40	-5	500	150	64 ~ 300
9013	NPN	625	-25	-45	-5	500	150	64 ~ 300
9014	NPN	400	-45	-50	-5	100	150	60 ~ 1 000
9015	PNP	450	-45	-50	-5	100	150	60 ~ 1 000
9016	NPN	400	-20	-30	-5	25	620	28 ~ 198
9018	NPN	400	-15	-30	-5	50	620	28 ~ 198
8050	NPN	1 000	-25	-40	-5	1500	100	85 ~ 400
8550	PNP	1 000	-25	-40	-6	1500	100	40 ~ 300

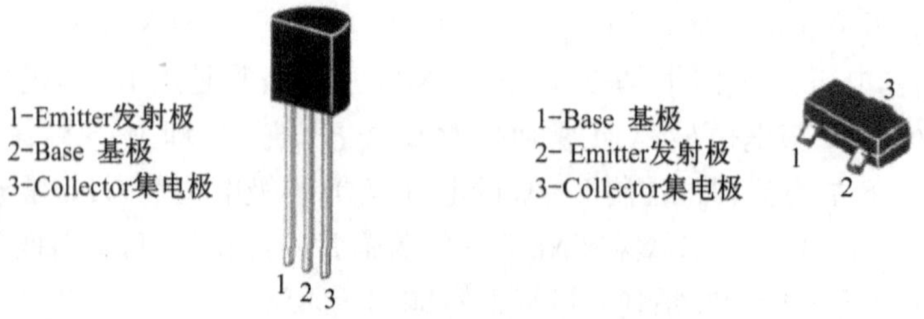

(a) T0-92　　(b) SOT-23

图 5-25　90 系列三极管 2 种封装形式

大功率三极管的特点是工作电流大，体积大，各电极的引线较粗且硬。其集电极引线与金属外壳或散热片相连，这样金属外壳就成为管子的集电极；同理，塑封三极管的自带散热片也成为集电极，如图 5-26 所示。

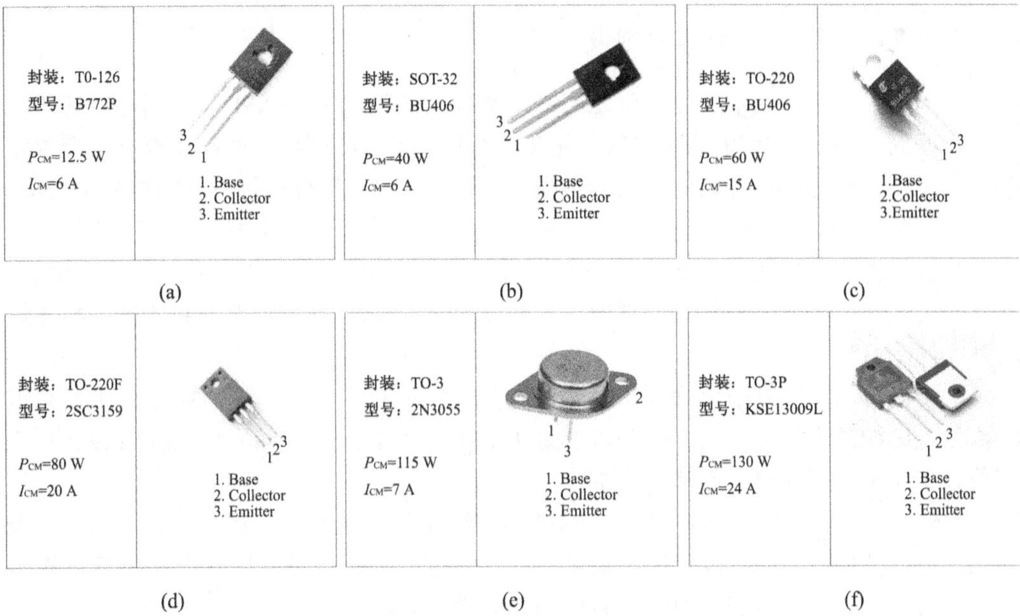

图 5-26　功率三极管

（5）按照功能分

按照功能，可将三极管分为开关管、达林顿管和充电管等。如图 5-27所示，开关三极管的外形与普通三极管外形相同，它工作于截止区和饱和区，相当于电路的切断和导通，由于能够起到断路和接通的作用，因此被广泛应用于各种开关电路中。开关三极管的开关过程需要一定的响应时间，开关响应时间的长短表示三极管开关特征的好坏。

图 5-27　开关三极管 S8550

达林顿管又称复合管，如图 5-28 所示。它是将 2 个三极管串联组成一个等效的新三极管，该等效三极管的放大倍数是这 2 个串联三极管各自放大倍数的乘积，因此它的放大倍数非常高。达林顿管一般用在高灵敏的放大电路中放大非常微小的信号。

光电三极管和普通晶体管类似，如图 5-29 所示。它也有电流放大作用，只是其集电极不仅受基极电路的电流控制，还受光的控制，具体详见本书第 10 章。

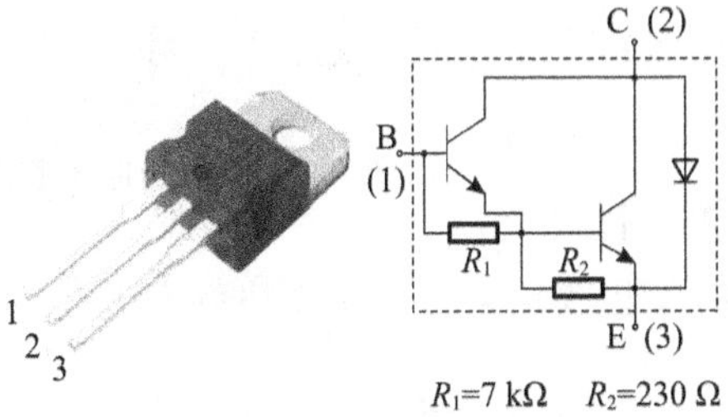

图 5-28　达林顿管 TIP110

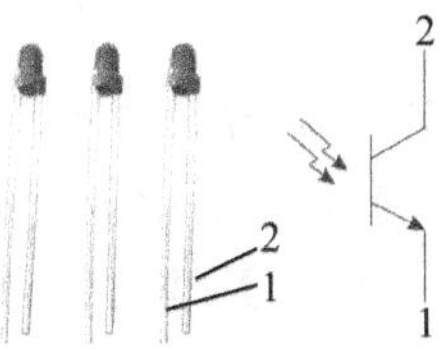

图 5-29　光电三极管 SGPT324CL

5.7.2　三极管的命名规则及管脚识别

在国产的电子产品中还能见到3DG6(低频小功率硅管)、3AX31(低频小功率锗管)等老型号的三极管,它们的型号也都印在金属的外壳上。我国生产的晶体管有一套规定的命名规则:符号的第一部分“3”表示三极管。符号的第二部分表示器件的材料和结构:A—PNP型锗材料;B—NPN型锗材料;C—PNP型硅材料;D—NPN型硅材料。符号的第三部分表示器件的功能:U—光电管;K—开关管;X—低频小功率管;G—高频小功率管;D—低频大功率管;A—高频大功率管。另外,3DJ型为场效应管,BT打头的表示半导体特殊元件。

对于进口的三极管来说,型号类别就各有不同,要在实际使用过程中注意相关知识的积累。比如常用的进口三极管有韩国的90、80系列,欧洲的2S系列(在该系列中,第三位含义同国产管的第三位基本相同)。

此外,三极管的3个引脚在使用时不能搞错,否则电路无法正常工作甚至导致三极管或其他器件烧毁。而三极管种类众多,管脚的排列也不尽相同,因此在无法确定管脚的排列时,必须查找三极管使用手册或者进行测量以确定各管脚的位置。

有些数字万用表具有三极管直流放大倍数 h_{FE} 的测量挡,如图5-30所示。直流放大倍数 h_{FE} 表示的是三极管对电流的放大能力,绝大部分三极管的直流放大倍数 h_{FE} 在50～1 000。如果把NPN或PNP三极管的C,B,E引脚正确插入对应的插孔中,万用表就会显示一个50～1 000的读数,此时插孔所标的e,b,c孔对应所插三极管的E,B,C引脚。如果读数不对,可调整三极管引脚再插入,直到得到正确的读数为止。

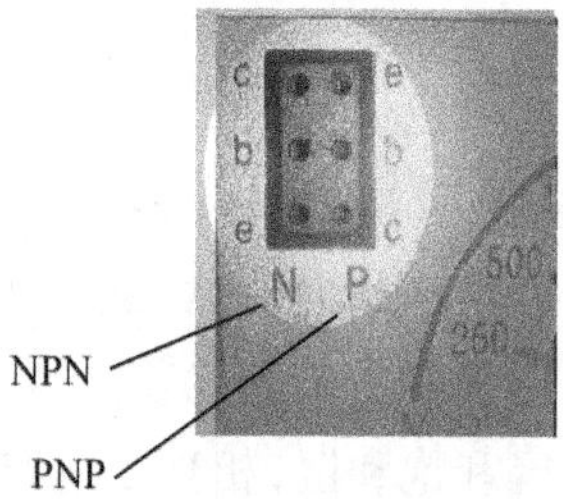

图5-30　万用表测三极管直流放大倍数

5.8　三极管电路的设计

本节着重介绍三极管共射极放大电路和射极跟随器电路的设计。经过本节的学习,力求达到能够自行设计以三极管为基础的相关电路的目的。由于共基极电路不是很常用,故本节不做介绍。

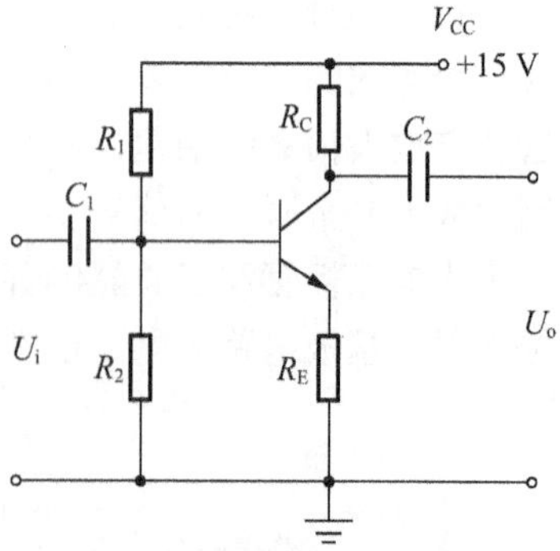

图5-31　共射极放大电路

5.8.1　共射极放大电路设计

图5-31所示为共射极放大电路原理图,在进行设计时,要明确“制作什么样性能的电路”,为简单起见,表5-5中除了电压放大倍数和最大输出电压之外,无其他特殊的规定。

表5-5　共射极放大电路的设计规格

电压增益	最大输出电压	频率特性	输入输出阻抗
5(14 dB)	$5V_{P-P}$	任意	任意

(1) 电源电压确定

首先,确定电源电压,最大输出电压是重点,为了输出 $5V_{P-P}$的输出电压,显然必须采用5 V以上的电源电压。

其次,为了使集电极电流流动,由于发射极电阻 R_e 上最低加 1 ~2 V 的电压,所以电源电压必须为 6 ~7 V。考虑到电源电压的易得性,这里采用 15 V 作为电源电压。

(2) 晶体管选择

晶体管有 NPN 和 PNP 两种类型,它们的区别仅在于电流方向不同,可以根据自己的习惯选择,这里采用的是 NPN 型晶体管。

接下来具体选择晶体管。晶体管依照其用途大致分为高频与低频,进一步还可分为小信号与大功率。由于具体型号有几千种之多,所以从中选择所需要的型号是非常困难的。

在追求最终性能(如噪声大小和高频特性)的情况下,晶体管的特性决定着电路的性能,所以必须慎重选择器件。但是由于本例中电路仅为实验所用,且仅仅规定了放大倍数和最大输出电压,所以不必拘泥于晶体管的规格型号,只要不超过晶体管的最大额定值,采用 NPN 型晶体管的任何一种都可以。

因为电源电压为 15 V,所以在集电极-基极间和集电极-发射极间有可能的最大电压为 15 V,因此选择集电极-基极间电压 V_{CBO}与集电极-发射极间电压 V_{CEO}的最大额定值为 15 V 以上的器件。

这里选择通用小型晶体管 2SC2458(东芝),在表 5-6 和表 5-7 中列出了三极管 2SC2458 的相关规格参数。

表 5-6 晶体管 2SC2458 最大额定值

项目	符号	规格	单位
集电极-基极间电压	V_{CBO}	50	V
集电极-发射极间电压	V_{CEO}	50	V
发射极-基极间电压	V_{EBO}	5	V
集电极电流	I_C	150	mA
基极电流	I_B	50	mA
集电极损耗	P_C	200	mW
结温	T_j	125	℃
保存温度	T_{stg}	-55 ~ 125	℃

表 5-7 晶体管 2SC2458 电气特性(T =25 ℃)

项目	符号	测试条件	最小	标准	最大	单位
集电极截止电流	I_{CBO}	V_{CB} =50 V, I_E =0			0.1	μA
发射极截止电流	I_{EBO}	V_{EB} =5 V, I_E =0			0.1	μA
直流放大系数	h_{FE}	V_{CE} =5 V, I_C =2 mA	70		700	

续表 5-7

项目	符号	测试条件	最小	标准	最大	单位
集电极-发射极间饱和电压	$V_{CE(sat)}$	$I_C=100$ mA，$I_B=10$ mA		0.1	0.25	V
特征频率	f_T	$V_{CE}=10$ V，$I_C=1$ mA	80			MHz
集电极输出电容	C	$V_{CB}=10$ V，$I_E=0$，$f=1$ MHz		2.0	3.5	pF
噪声指数	NF	$V_{CE}=6$ V，$I_C=0.1$ mA；$f=1$ MHz，$R=10$ kΩ		1.0	10	dB

注：直流电流放大系数 h_{FE} 按照颜色记号分为 O ~ BL 4 挡：O：70 ~ 140；Y：120 ~ 240；GR：200 ~ 400；BL：350 ~ 700。

尽管直流电流放大系数 h_{FE} 分为 4 挡，但由式(5-23)可知，A_u 与 h_{FE} 的大小无关，所以选择任一挡 h_{FE}。

(3) 发射极电流的工作点确定

晶体管的性能，特别是频率特性随着集电极电流（或者发射极电流）的变化而产生很大变化。根据 2SC2458 的器件手册可得其频率特性与集电极电流的曲线图（如图 5-32 所示）。f_T 称为晶体管的特征频率，它的值随集电极电流从 30 ~ 500 MHz 有很大的变化。由曲线可知，必须将 I_C 设定在 40 mA。对于噪声特性也一样，存在着噪声最小的集电极电流（或发射极电流）。在同一晶体管中，频率特性最好的集电极电流与噪声特性最好的集电极电流是不同的。由于本例中没有其他更详细的规定，所以 I_E 只要小于最大额定值（150 mA）均可，在这里取为 1 mA（取其他值当然也可以）。

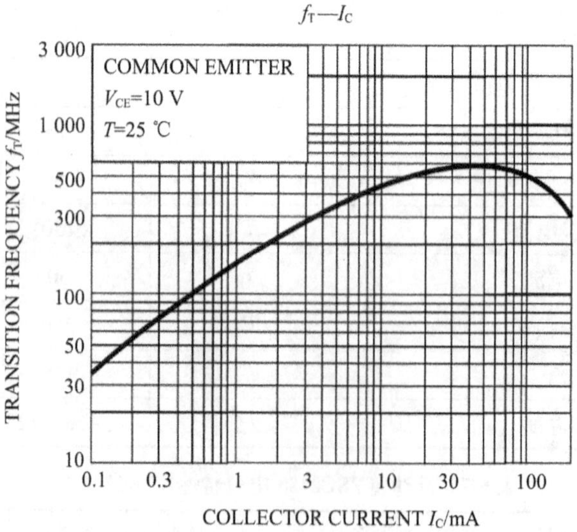

图 5-32　2SC2458 的频率特性与集电极电流的关系

(4) R_C 与 R_E 的确定方法

尽管电路的放大倍数 A_u 可以根据式(5-23)来计算，但也常用公式(5-37)来进行计算：

$$A_u = \frac{R_C}{R_E} \tag{5-37}$$

由表5-5可知,$A_u = 5$,所以$R_C : R_E = 5:1$。

由于基极-发射极间电压V_{BE}随温度变化,为使工作点(集电极电流)稳定,R_E的直流压降必须在1 V以上。这是因为V_{BE}约为0.6 V,然而它具有-2.5 mV/℃的温度特性,由于V_{BE}变化,发射极电位将随之变化,集电极电流也会发生变化。

在这里,取R_E的压降为2 V,因为$I_C = 1$ mA(设$I_C = I_E$),则

$$\begin{aligned} R_E &= \frac{V_E}{I_E} = \frac{V_E}{I_C} \\ &= \frac{2\ \text{V}}{1\ \text{mA}} = 2\ \text{k}\Omega \end{aligned} \tag{5-38}$$

则:

$$\begin{aligned} R_C &= R_E \cdot A_u \\ &= 2\ \text{k}\Omega \times 5 = 10\ \text{k}\Omega \end{aligned} \tag{5-39}$$

晶体管的集电极-发射极间电压V_{CE}为:

$$\begin{aligned} V_{CE} &= V_C - V_E = V_{CC} - I_C \cdot R_C - I_E \cdot R_E \\ &= 15\ \text{V} - 1\ \text{mA} \times 10\ \text{k}\Omega - 2\ \text{V} = 3\ \text{V} \end{aligned} \tag{5-40}$$

晶体管的集电极损耗P_C(通常转换成热量)为:

$$\begin{aligned} P_C &= V_{CE} \cdot I_C \\ &= 3\ \text{V} \times 1\ \text{mA} = 3\ \text{mW} \end{aligned} \tag{5-41}$$

查表可知P_C在最大额定值以下,满足要求。

在最大输出振幅中,为了避免输出波形顶部与底部均出现失真的情况,通常会调整V_E或者I_C的设定并重新求出R_C与R_E。当然,最好的办法是将集电极电位设定在V_{CC}与V_E的中点,但在本例中,只要满足最大输出振幅的要求,也没有必要特地将集电极电位V_C设定在中点。

(5)基极偏置电路的设计

假设发射极电阻R_E的压降为发射极电位,即$V_E = 2$ V,由于$V_{BE} = 0.6$ V,所以基极电位V_B必须是2.6 V(2 V+0.6 V)。

由于基极电位是R_1与R_2对电源电压进行分压之后的电位,所以,如果设R_2的压降为2.6 V,R_1的压降则为12.4 V。

另外,晶体管的基极电流为集电极电流的$\frac{1}{h_{FE}}$,假设$h_{FE} = 200$,则基极电流为0.005 mA。因此,有必要使流过R_1与R_2的电流比基极电流大得多,从而使基极电流能够被忽略。在这里,取流经R_1与R_2的电流为0.1 mA("大得多"通常指10倍以上)。

$$R_1 = \frac{12.4\ \text{V}}{0.1\ \text{mA}} = 124\ \text{k}\Omega \tag{5-42}$$

$$R_2 = \frac{2.6\ \text{V}}{0.1\ \text{mA}} = 26\ \text{k}\Omega \tag{5-43}$$

但是,这个R_1与R_2的值在E24系列的电阻中是没有的,在不改变R_1与R_2比值的情况下,可以从E24系列的电阻中进行挑选,取$R_1 = 100$ kΩ,$R_2 = 22$ kΩ(124:26≈100:24)。

(6) 耦合电容 C_1 与 C_2 的确定方法

C_1 与 C_2 是将基极或集电极的直流电压截去,仅让交流成分进行输入、输出的耦合电容;同时,C_1 与输入阻抗、C_2 与连接在输出端的负载电阻还分别形成高通滤波器(仅让高频通过的滤波器,第 9 章中会提到),如图 5-33 所示。

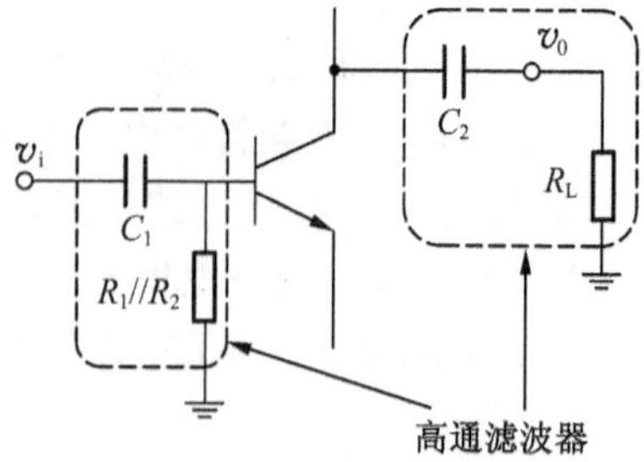

图 5-33　共射极放大电路的高通滤波器

在图 5-33 中,输入阻抗通常为 R_1 与 R_2 的并联值,因此由 C_1(此处 C_1 取 10 μF)形成的高通滤波器的截止频率 f_C(振幅特性下降 3 dB,即下降到$\frac{1}{\sqrt{2}}$的频率)为:

$$
\begin{aligned}
f_C &= \frac{1}{2\pi \cdot C_1 \cdot (R_1 // R_2)} \\
&= \frac{1}{2\pi \times 10\ \mu F \times 18\ k\Omega} \approx 0.9\ Hz
\end{aligned}
\tag{5-44}
$$

很明显,电容 C_1 的值不能取得太小。而由 C_2 形成的高通滤波器的截止频率会因输出端接有不同的负载电阻而发生变化,所以,预先考虑所接负载的特性是至关重要的。

另外,为了降低电源对 GND 的交流电阻,通常会在电源与地之间并联接入 2 个电容(称为旁路电容),一般一个是大电容(10 μF 左右),一个是小电容(0.1 μF 左右),这两个电容可以认为是电路正常工作的保障,如图 5-34 所示。

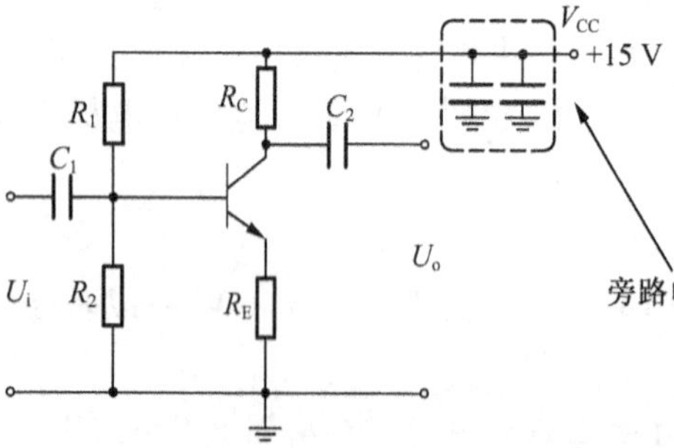

图 5-34　加入旁路电容的共射极放大电路

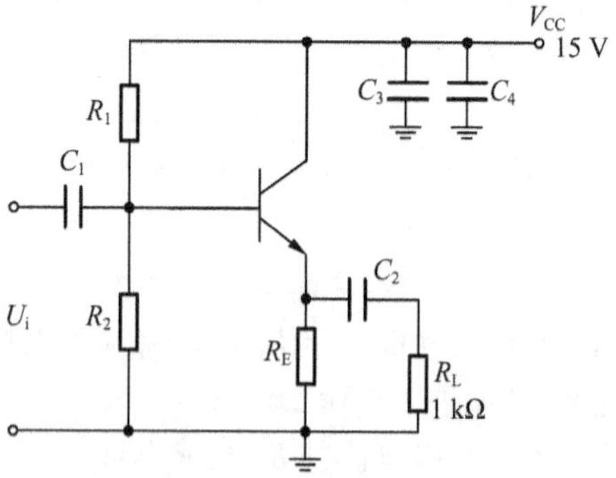

图 5-35　射极跟随器电路

5.8.2　射极跟随器电路设计

表 5-8 表示的是图 5-35 中射极跟随器电路的设计规格,这里除了最大输出电压及电流之外,没有特殊的要求。

表 5-8　共射极放大电路的设计规格

最大输出电压	最大输出电流	频率特性	输入输出阻抗
$5V_{P\text{-}P}$	±2.5 mA(1 kΩ 负载)	任意	任意

(1) 电源电压确定

为了得到 V_{P-P} 的最大输出电压,必须采用 5 V 以上的电源。

在共发射极的情况下,R_E 的电压降相对于输出电压来说是一种损耗,但在射极跟随器的情况下,由于从发射极获取输出,所以 R_E 的压降对于输出电压来说就不再成为损耗。因此,射极跟随器的电源电压取比最大输出电压稍大的值。

但是,当取出大量的输出电流(数百毫安以上)时,在晶体管的集电极-发射极间产生的饱和电压 $V_{CE(sat)}$ 就成为不可忽略的值,所以有必要提高电源电压来进行设定。

在本例中最大输出电流为 ±2.5 mA,所以电源电压采用 6 V 即可满足要求。此处,仍取电源电压为 15 V。

(2) 晶体管选择

该电路中,在使用带有发射极负载电阻 R_L 的射极跟随器的情况下,无负载时的发射极电流 I_E(空载电流)有必要比最大输出电流大一些,考虑到最大输出电流为 ±2.5 mA,可取 I_E = 10 mA。另一方面,在集电极-基极间和集电极-发射极间有可能的最大电源电压为 15 V,因此,选择晶体管的各项指标如下:I_E = 10 mA 以上,集电极-基极间电压 V_{CBO} 与集电极-发射极间电压 V_{CEO} 最大额定值为 15 V 以上。本例中仍选择 NPN 型通用小信号晶体管 2SC2458,其电气特性可参照表 5-6 和表 5-7。

(3) 晶体管集电极损耗的计算

为了计算无信号输入时晶体管的集电极损耗 P_C,需求出集电极-发射极间电压 V_{CE}。

如果将发射极的直流电位 V_E 设置在电源电压与 GND 的中点,可以得到信号的最大输出振幅。为了使偏置电路设计得简单,基极偏置电压 V_B 可取 7.5 V,故将发射极电位设定在比它低 0.6 V 的 6.9 V 上。为此,晶体管的集电极-发射极间电压 V_{CE} 为 8.1 V(15 V - 6.9 V)。

因此,无信号时的晶体管集电极损耗为:

$$P_C = V_{CE} \cdot I_C = 8.1\ \text{V} \times 10\ \text{mA} = 81\ \text{mW} \tag{5-45}$$

由于 2SC2458 的 P_C 最大额定值为 200 mW,81 mW 远远在额定值以下,故满足要求。

然而,集电极损耗随环境温度会有很大变化(如图 5-36 所示),因此必须预先对所设计电路的 P_C 加以确定。据此会联想到功率管的功耗随温度变化,但是需要注意的是,功率管通常是会安装散热器的。而射极跟随器大多用在电路的输出级,因为需要经常处理大电流,所以必须注意晶体管和电阻的发热问题。

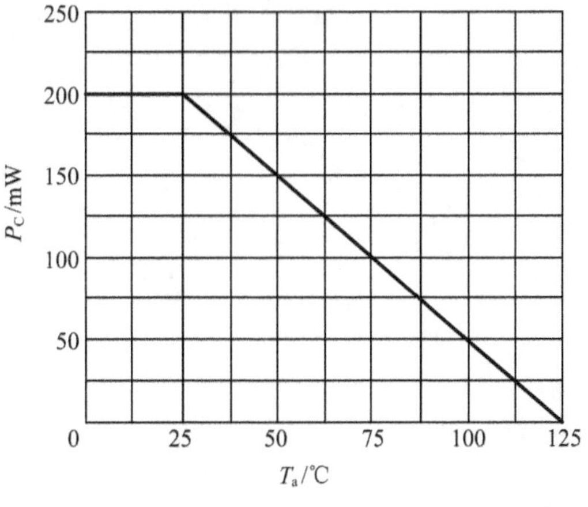

图 5-36 2SC2458 的集电极损耗与环境温度的影响

(4) 发射极电阻 R_E 的确定

如前所述,为了使发射极电位 $V_E=6.9\ \text{V}$,$I_E=10\ \text{mA}$,则 R_E 为:

$$R_E=\frac{V_E}{I_E}=\frac{6.9\ \text{V}}{10\ \text{mA}}\approx 680\ \Omega \tag{5-46}$$

(5) 偏置电路的设计

该电路将偏置电压 V_B 设定在 7.5 V,为此 $R_1=R_2$,计算起来更为方便;因发射极电流 $I_E=10\ \text{mA}$,该晶体管的电流放大系数 h_{FE} 为 200,则基极电流为 0.05 mA。

在基极偏置电路中,通常有必要预先让高于基极电流 10 倍左右的电流流动(与共射极放大 电路偏置电路的设计相同),所以 $R_1=R_2=10\ \text{k}\Omega$($R_1$ 和 R_2 上流动的电流为 0.75 mA)。

实际上,晶体管的输入阻抗是并联接在 R_2 上的,但通常射极跟随器的输入阻抗非常大,因此进行电路设计时可以不考虑这个误差。

(6) 电容的确定

与共射极放大电路相同,C_1 和 C_2 都是隔直电容,在这里设 $C_1=C_2=10\ \mu\text{F}$。因此 C_1 与偏置电路的电阻部分所形成的高通滤波器的截止频率 f_{C1} 为:

$$f_{C1}=\frac{1}{2\pi\cdot C_1\cdot R}=\frac{1}{2\pi\times 10\ \mu\text{F}\times 5\ \text{k}\Omega}\approx 3.2\ \text{Hz} \tag{5-47}$$

接有 1 kΩ 负载时,与 C_2 形成的高通滤波器的截止频率 f_{C2} 为:

$$f_{C2}=\frac{1}{2\pi\cdot C_2\cdot R}=\frac{1}{2\pi\times 10\ \mu\text{F}\times 1\ \text{k}\Omega}\approx 16\ \text{Hz} \tag{5-48}$$

C_3 和 C_4 是电源的旁路电容,同样取值为 $C_3=0.1\ \mu\text{F}$,$C_4=10\ \mu\text{F}$。

第 6 章

场效应管

6.1　场效应管简介

场效应晶体管(Field Effect Transistor,FET)简称场效应管,是利用输入电压产生的电场效应来控制输出电流的器件,所以又称为电压控制型器件,因工作时只有一种载流子(多数载流子)参与导电,故也称为单极型半导体三极管。由于场效应管具有很高的输入电阻,能满足高内阻信号源对放大电路的要求,所以是理想的前置输入级器件;同时它还具有热稳定性好、功耗低、噪声低、工艺简单、便于集成等优点,因而得到了广泛的应用。

根据结构不同,场效应管可以分为结型场效应管(Junction FET,JFET)和金属-氧化物半导体场效应管(Metal-Oxide Semiconductor FET,MOS-FET);根据场效应管制造工艺和材料的不同,又可分为 N 型沟道场效应管和 P 型沟道场效应管。

6.2　结型场效应晶体管(JFET)

6.2.1　JFET 介绍

结型场效应晶体管(JFET)是三引脚的半导体器件,通常用作电气控制开关、放大控制器等,与双极型晶体管不同,结型场效应管不需要偏置电流,仅由电压控制。结型场效应管的另一个独特之处是当它们的栅极和源极引脚之间没有电压差时,它是导通的;然而,如果这两个引脚之间形成电压差,结型场效应管就会对电流产生更大的阻碍(流过漏极和源极的电流会更小)。因此,与双极型晶体管被称为增强器件(当电流或电压加到双极型晶体管的基极时,它们对电流的阻碍变小)不同,结型场效应晶体管被称作耗损器件。

结型场效应晶体管有 N 沟道和 P 沟道 2 种结构。对于 N 沟道结型场效应晶体管,当一个负电压加在栅极时(相对于源极),流经漏极到源极的电流就会减小(此时 $V_D > V_S$);而对于 P 沟道结型场效应晶体管,加在栅极的正电压会使从源极到漏极的电流减小(此时 $V_S > V_D$)。两种场效应晶体管的符号如图 6-1 所示。

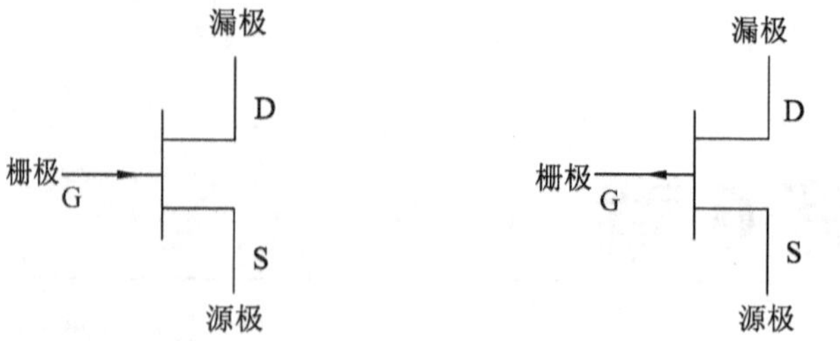

(a) N沟道结型场效应管　　(b) P沟道结型场效应管

图 6-1　结型场效应晶体管的电路符号

在实际应用中结型场效应管的一个重要特性是它的输入阻抗非常大(典型值约为 $10^{10}\ \Omega$)。高输入阻抗意味着结型场效应晶体管输入极小或者不输入电流(小于 pA 数量级),因此,对连接到栅极的外部元件或电路没有影响——没有电流从控制电路流出,也不需要电流进入控制电路。结型场效应晶体管这种通过高阻抗来维持的电流控制能力使得它在双向模拟开关电路、放大器的输入级电路、振荡器电路、电子增益控制逻辑开关电路中成为非常有用的器件。

图 6-2 是关于 N 沟道和 P 沟道结型场效应晶体管的水流模拟。在 N 沟道结型场效应管的栅极和源极不存在压力时,设备是完全打开的;水流(代表电流)可以从漏极管道直接流到源极管道;当一个相对于源极管道更负的水压加在 N 沟道结型场效应晶体管的栅极时,活塞就会被拉向左边,从而使活塞横在漏极管道和源极管道之间,因而减小水流。

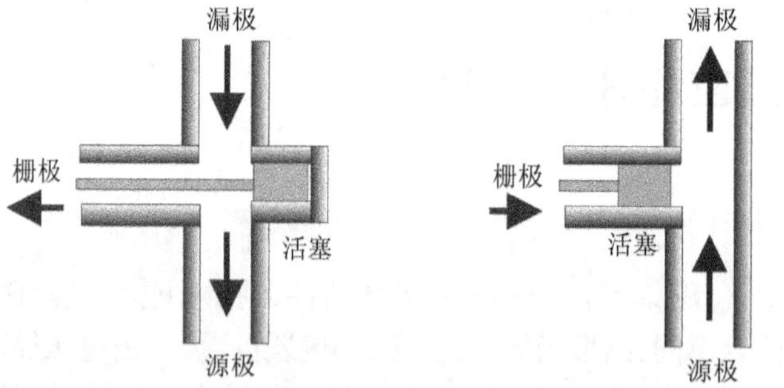

(a) N沟道结型场效应晶体管的水管模拟　　(b) P沟道结型场效应晶体管的水管模拟

图 6-2　结型场效应晶体管的水管模拟

P 沟道结型场效应晶体管和 N 沟道结型场效应晶体管相似,除了所有的水流和压力方向是相反的。P 沟道结型场效应晶体管一直是完全导通的,直到有一个相对于源极的正向压力加到栅极管道,迫使活塞横在漏源管道中,从而使水流减小。

结型场效应管的这种利用栅极 G 电压控制漏极 D 与源极 S 导通与截止的功能可以通过以下例子来进一步理解。图 6-3 为一分压式衰减电路,V 为结型 N 沟道场效应管,它与电阻 R_1 组成电阻分压式衰减电路;FET 的漏极和源极之间可看成一个由栅极和源极间电压 V_{GS} 控制的可变电阻,V_{GS} 为直流电压,且应为负值,若控制电压为交流电压,则要经过二极管整流、电容器滤波后再加到栅极上。当控制电压幅度较大,V_{GS} 在负方向上超过夹

断电压 $V_{GS,off}$时，FET 就截止，漏极与源极之间呈现很大的电阻，相当于开路，此时电路对信号就没有衰减作用，即输出等于输入；当控制电压为 0 时，V_{GS}也为 0，漏极与源极之间的电阻较小，则输出信号减小，电路的衰减作用较大。该电路和限幅电路组合在一起，可用在电视机电路上，以限制视频信号的电平。

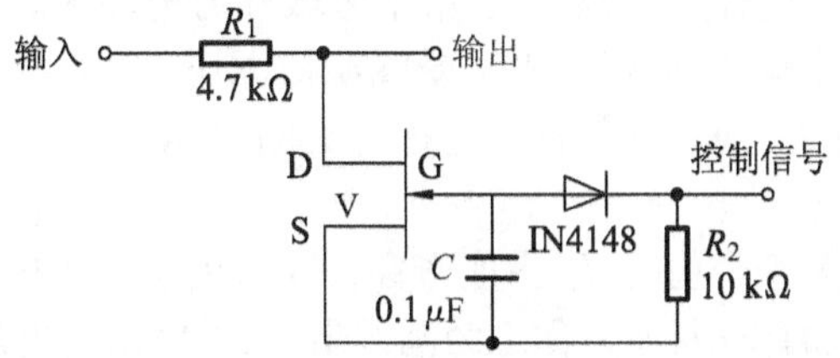

图 6-3　基于结型场效应晶体管的分压式衰减电路

6.2.2　JFET 特性曲线及参数

图 6-4 和图 6-5 描述的是 N 沟道和 P 沟道结型场效应晶体管的工作特性曲线，该特性曲线主要描述漏极电流（I_D）是如何受到栅源极电压（V_{GS}）和漏源极电压（V_{DS}）影响的。P 沟道结型场效应晶体管的特性曲线和 N 沟道结型场效应晶体管的特性曲线是相似的，除了 P 沟道结型场效应晶管的 I_D 随着 V_{GS}的增加而减小。

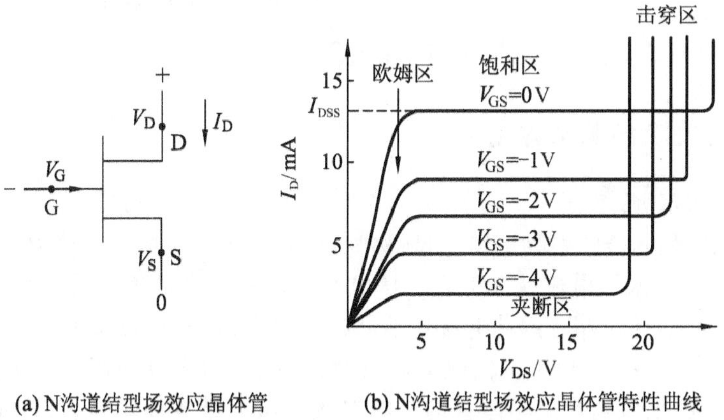

(a) N沟道结型场效应晶体管　(b) N沟道结型场效应晶体管特性曲线

图 6-4　N 沟道结型场效应晶体管的符号及特性曲线

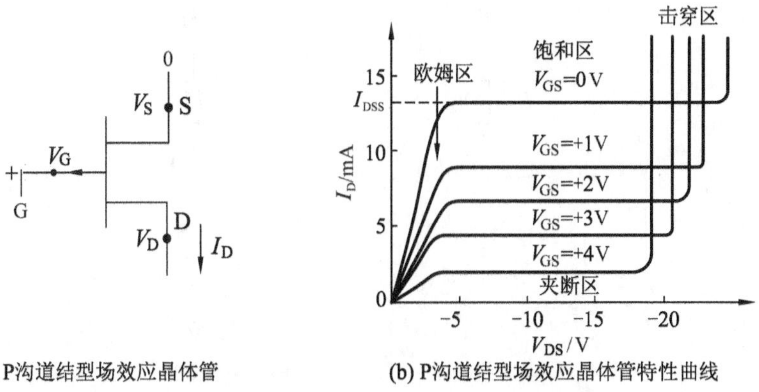

(a) P沟道结型场效应晶体管　(b) P沟道结型场效应晶体管特性曲线

图 6-5　P 沟道结型场效应晶体管的符号及特性曲线

当栅极电压 V_G 等于源极电压 V_S 时($V_{GS}=0$ V),通过结型场效应晶体管的电流最大,称之为饱和漏极电流 I_{DSS}。I_{DSS} 为一个常数,不同结型场效应晶体管的 I_{DSS} 不同。由图6-4可以看出,当 V_{DS} 很小时,I_D 随 V_{DS} 近似线性变化,图中这个区域称为欧姆区或线性区,在该区域内,结型场效应晶体管的特性如同一个受电压控制的电阻。

随着电压的增大,曲线开始变得平坦,这个区域称为饱和区。在该区域,漏极电流 I_D 受栅极源极电压 V_{GS} 的影响强烈,但几乎不受漏源极电压 V_{DS} 影响。其中,V_{GS} 使结型场效应晶体管关断的值被称为关断电压,有时也称为夹断电压,记为 $V_{GS,off}$。N 沟道结型场效应晶体管的 $V_{GS,off}$ 是负的。

当 V_{DS} 继续增加到某一个值时,I_D 雪崩击穿,此时,由于漏源极电压太大,结型场效应晶体管失去了阻碍电流的作用,通常称之为漏源击穿,并将击穿电压记为 BV_{DSS}。

结型场效应晶体管的另一个重要参数是导通电阻($R_{DS,on}$),该电阻为当处于饱和状态($V_{GS}=0$ V)时,结型场效应晶体管的电阻,电阻阻值通常在 10 ~ 100 Ω。

此外,还有一个参数是跨导(g_m),指的是漏极电压为特定值 V_{DS} 时漏极电流随栅源极电压 V_{GS} 变化的比率,单位为西门子(S)。

$$g_m = \frac{\partial I_D}{\partial V_{GS}} \Big| V_{DS} = \frac{1}{R_{DS}}$$

$$= g_{m0}\left(1 - \frac{V_{GS}}{V_{GS.off}}\right) = g_{m0}\sqrt{\frac{I_D}{I_{DSS}}} \tag{6-1}$$

其中

$$g_{m0} = -\frac{2I_{DSS}}{V_{GS.off}} \tag{6-2}$$

6.2.3 JFET 的基本应用

(1) 基本电流源

通过将源极和栅极的引脚接到一起(称为自偏压)可以构成一个简单的电流源,此时 $V_{GS}=V_G-V_S=0$ V,漏极电流就等于 I_{DSS},该电路明显的缺点是每个结型场效应晶体管在制造时就确定了各自的 I_{DSS},因此电流是不可调节的,如图6-6(a)所示。但如果在源极和地之间连接一个电阻 R_S,则可以使电流源可调,通过增加 R_S 可减小 I_D,如图6-6(b)所示,反之亦然。由结型场效应晶体管构成的电流源虽然结构简单,但其稳定性不及双极型晶体管电流源或运放电流源。

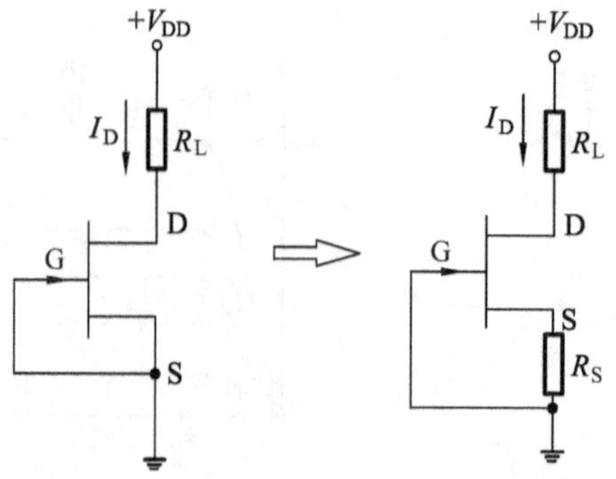

(a) 不可调电流源　　(b) 可调电流源

图6-6 基本电流源

（2）源极跟随器

图 6-7（a）所示的结型场效应晶体管电路称为源极跟随器，类似于双极型晶体管的射极跟随器电路，它提供电流增益但不提供电压增益。由于这种源极跟随器电路线性较差，并且会有一个不可预测的直流偏置，因此通常有 2 种改进方式：① 用双极型电流源代替源极电阻（如图 6-7（b）所示）；② 用结型场效应晶体管电流源代替双极型电流源（如图 6-7（c）所示）。结型场效应晶体管跟随器常用于放大器、测试仪器或其他连接到高阻抗信号源的输入级。

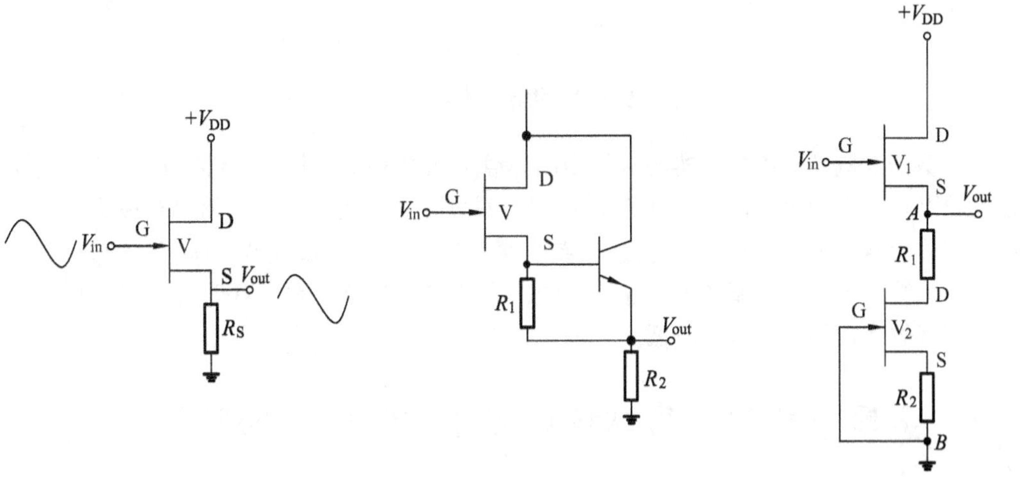

(a) 源极跟随器　　(b) 源极跟随器改进方案1　　(c) 源极跟随器改进方案2

图 6-7　源极跟随器

图 6-7（c）也可以作为放大器的有源负载，当电压 V_{AB} 增大时，漏极电流 I_D 随之增大，R_2 上的压降也增大，该电压反向加在 V_2 场效应管的栅、源极之间，使得 I_D 减小，即当 A，B 间的电压在较大范围内变化时，其漏极电流基本无变化，这种恒流作用相当于一个很大的动态电阻 $R_L\left(\dfrac{\Delta V_D}{\Delta I_D}\right)$，把它作为放大电路的负载就称为有源负载。由于等效负载电阻 R_L 较大，故放大器的放大系数也很大，如果采用无源负载，即一般电阻负载，那么当电阻较大时，将使放大器的直流工作点偏向饱和区，动态范围减小，电路不能正常工作。在集成电路中，由于集成工艺制造的电阻值范围有限，并且阻值的精度不易控制，因此在需要高阻值情况下常用 FET 恒流源等有源元件代替。

（3）结型场效应晶体管放大器

与共射极结型场效应晶体管放大器相对应的是共源极结型场效应晶体管放大器，如图 6-8 所示，这类放大器的增益为：

$$A = \frac{V_{out}}{V_{in}} = g_m \frac{R_D R_1}{R_D + R_1} \tag{6-3}$$

其中跨导

$$g_m = g_{m0}\frac{I_D}{I_{DSS}}, \tag{6-4}$$

$$g_{m0} = -\frac{2I_{DSS}}{V_{GS,off}} \tag{6-5}$$

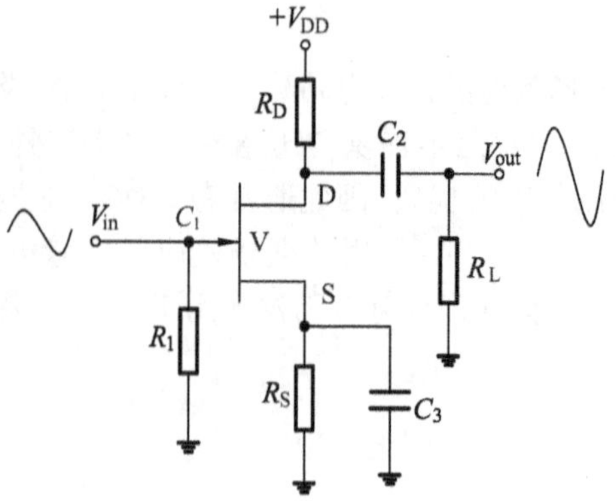

图 6-8　共源极放大电路

结型场效应晶体管放大器与双极型晶体管放大器相比，具有输入阻抗高、输入电流低的特点。但是如果不需要太高的输入阻抗，最好采用有更高增益的简单双极型放大器或运算放大器。因为在相同的电流下，结型场效应晶体管比双极型晶体管的跨导低，双极型晶体管的跨导和结型场效应晶体管的跨导之间的差异系数达 100，意味着结型场效应晶体管放大器的增益效应较低。

6.3　金属氧化物半导体场效应晶体管（MOSFET）

6.3.1　MOSFET 介绍

金属氧化物半导体场效应晶体管（MOSFET）也是应用非常广泛的晶体管，它在一些方面类似于结型场效应晶体管。例如，当 MOSFET 的栅极加小电压时，通过其漏极、源极的电流就被改变。与结型场效应晶体管不同，MOSFET 有更大的栅极输入阻抗（$\geqslant 10^{14}\ \Omega$，相比之下结型场效应晶体管约为 $10^9\ \Omega$），这意味着栅极几乎没有电流流入。通过在栅极和源漏极之间加入金属氧化物绝缘层可以增加输入阻抗，而增加输入阻抗的代价是栅极与通道间的电容非常小（pF 量级）。某些类型的 MOSFET 在操作过程中，若在栅极感应到太强的静电，聚集的电荷将可能击穿栅极，从而损坏 MOSFET（为了防止击穿，一些 MOSFET 设计有防护措施，但不是所有 MOSFET 都有）。

MOSFET 的两种类型为增强型 MOSFET 和耗尽型 MOSFET。当 $V_{GS}=0$ V 时，耗尽型 MOSFET 通常导通（从漏极到源极流过的电流最大），但如果加一电压到栅极，漏源通道的阻碍作用就变大；在 $V_{GS}=0$ V 时，增强型 MOSFET 关断（从漏极到源极流过的电流最小），但如果在其栅极加一电压，漏源通道的阻碍作用就变小。

增强型和耗尽型 MOSFET 都有 N 沟道和 P 沟道 2 种形式，如图 6-9 所示。对于 N 沟道耗尽型 MOSFET，一个负的栅源电压（$V_G<V_S$）会使漏源通道电阻增大；而对于 P 沟道耗尽型 MOSFET，一个正的栅源电压（$V_G>V_S$）会使漏源通道的电阻增大。对于 N 沟道增强型 MOSFET，一个正的栅源电压（$V_G>V_S$）会减小漏源通道电阻；而对于 P 沟道增强型 MOSFET，一个负的栅源电压（$V_G<V_S$）会减小漏源通道的电阻。

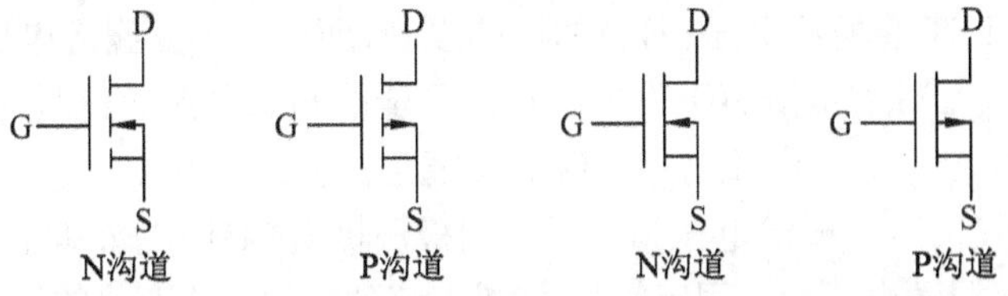

(a) 增强型MOSFET (b) 耗尽型MOSFET

图 6-9 MOSFET 的电路符号

MOSFET 是当今最为流行的晶体管,其输入电流非常小、易于制造(结构简单),且体积可以做得非常小,功耗也极低。就应用而言,MOSFET 常用于超高输入阻抗放大电路、开关电路和大规模的数字集成电路。

像结型场效应晶体管一样,与双极型晶体管相比 MOSFET 跨导值更小,用于放大器时,将导致增益值降低。因此,除非要求超高输入阻抗或低电流输入特性,否则很少将 MOSFET 应用在简单的放大电路中。

6.3.2 MOSFET 特性曲线及参数

除了输入阻抗更大以外,可以采用与处理结型场效应晶体管相同的方法来分析耗尽型和增强型 MOSFET,如图 6-10 与图 6-11 所示。

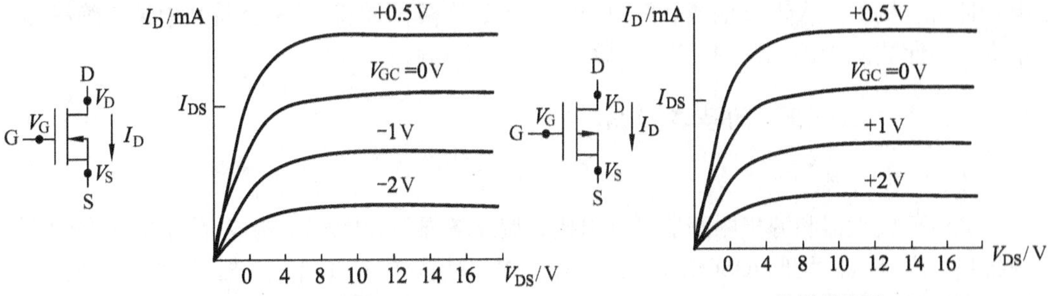

(a) N沟道耗尽型MOSFET (b) P沟道耗尽型MOSFET

图 6-10 耗尽型 MOSFET 的特性曲线

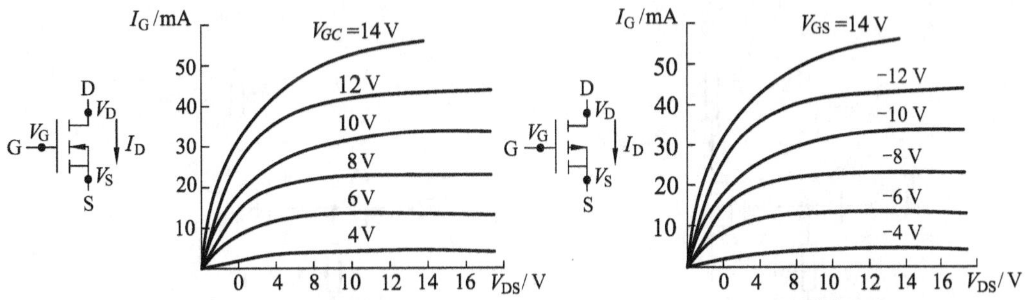

(a) N沟道增强型MOSFET (b) P沟道增强型MOSFET

图 6-11 增强型 MOSFET 的特性曲线

相关参数为:

欧姆区:MOSFET 开始呈现电阻特性,类似于一个可变电阻器。

饱和区:MOSFET 受栅源电压(V_{GS})的影响强烈,而几乎不受漏源电压(V_{DS})的影响。

关断电压($V_{GS,off}$);表示使 MOSFET 阻止几乎全部漏源电流通过时的特定栅源电压。

击穿电压(BV_{DSS}):致使电流击穿 MOSFET 通道的漏源电压。

饱和漏电流(I_{DSS}):当栅源电压为 0V(或栅极源极短接)时的漏极电流。

跨导(g_m):当漏源电压为一固定值时,漏极电流随栅源电压变化的比率。公式与(6-1)相同。

MOSFET 可能还提供第四端子,称为衬底,如图 6-12 所示。衬底与漏源极通道之间形成了一个 PN 结,此端必须保持一个非导通电压,即衬底电压小于源极电压(N 沟道器件)或者大于源极电压(P 沟道器件)。增大加在栅极上的交流信号时,MOSFET 的衬底常常用来决定 MOSFET 的工作点。

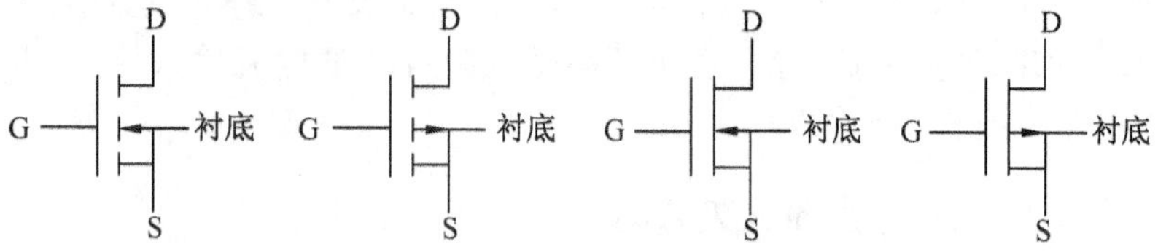

图 6-12 具有衬底的 MOSFET 元件

MOSFET 是极其脆弱的,栅极与沟道间的薄氧化物绝缘体会受到来自带静电物体的电子冲击。例如当人走过地毯后触摸 MOSFET 的栅极,可能轻易地就将其中某个绝缘体击穿。因此装配 MOSFET 时,应该消除工作区域中的所有静电。

6.3.3 MOSFET 的基本应用

(1) 放大器

共源极放大器和源极跟随器可以用耗尽型或增强型 MOSFET 构成,除了电路的输入阻抗更高之外,耗尽型 MOSFET 放大器类似于结型场效应晶体管放大器,如图 6-13 所示。增强型 MOSFET 放大器的工作过程与耗尽型的 MOSFET 基本相同,但是二者的偏置电路是不同的。

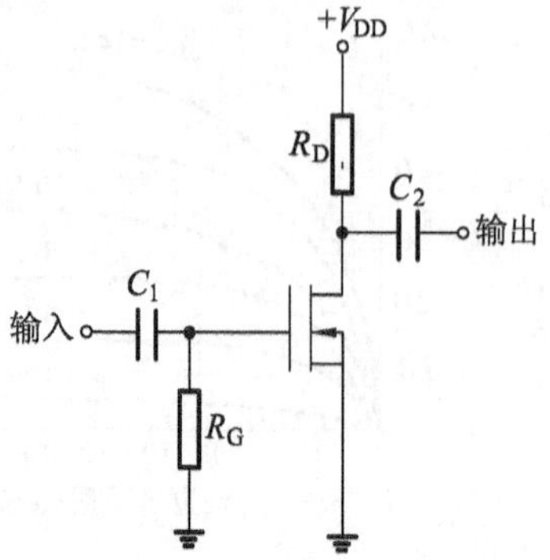

(a) 耗尽型MOSFET共源极放大器

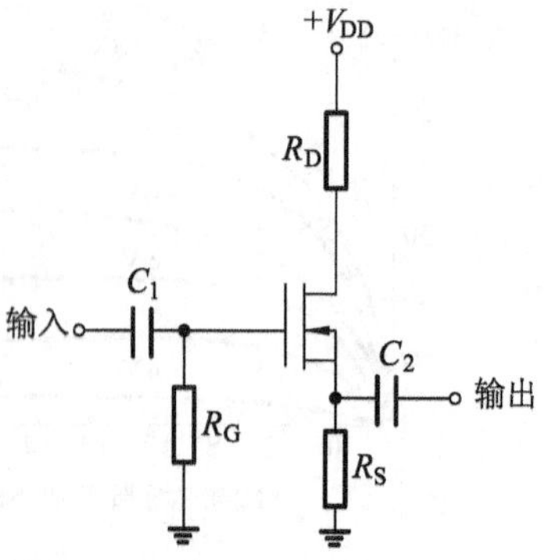

(b) 耗尽型MOSFET源极跟随放大器

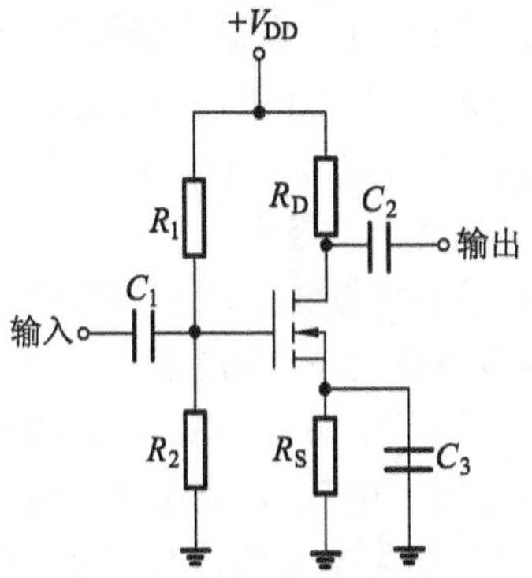

(c) 增强型MOSFET共源极放大器

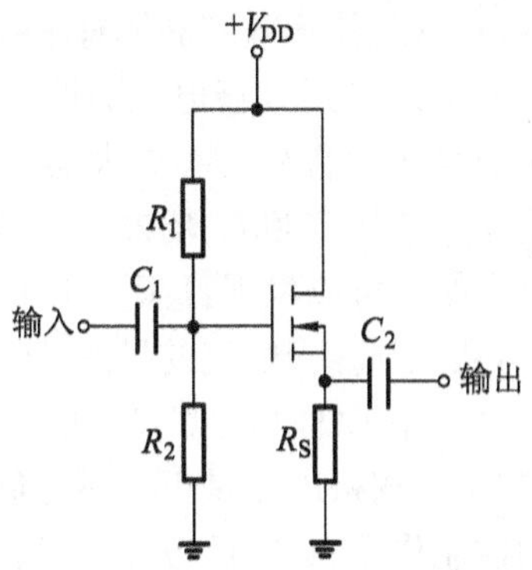

(d) 增强型MOSFET源极跟随放大器

图 6-13 各种 MOSFET 放大器

由于耗尽型 MOSFET 在 $V_{GS}=0$ V 时也能产生 D 极电流 I_D，所以即使把栅极进行零偏置也可以对输入信号进行放大。而增强型 MOSFET 需要一个分压电路给 G 极施加偏置电压，以保证 V_{GS}大于或等于 V_{GS}的阈值电压。

(2) 数字-模拟开关

图 6-14 所示电路用一个 N 沟道耗尽型 MOSFET 作为逻辑电路和开关电路的接口。在图中，与门被用来驱动 MOSFET 导通，从而使继电器工作，控制开关打向 1 或者 2。MOSFET 作为数字电路和开关电路的接口，其优势在于 MOSFET 有极高的输入阻抗和较低的输入电流，特别是在驱动高压或大电流模拟电路时，不用考虑其从驱动逻辑电路中吸取的电流。

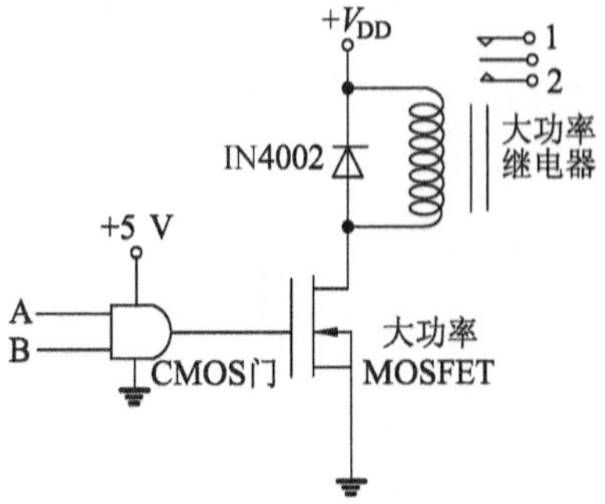

图 **6-14** 继电器的驱动

此外，MOSFET 还经常用于音频放大器和直流电动机的转向控制电路。

6.4 场效应管总结

通过三极管和场效应管的学习，发现两者之间有许多相似之处，同时也存在一些差别。

总的来说，三极管和场效应管(含 JFET 和 MOSFET)是相似的半导体电子元器件，它们都有 3 个极，其中 2 个极之间的电流受到第三个极上电压的控制。

不同之处在于，三极管(NPN 型)的 C-B 极之间是反向偏置的，没有电流产生。当在 B-E 极之间施加约 0.7 V 的电压，并且 C-E 极之间是正向偏置时，三极管导通，电流从 C 极流向 E 极，该电流的大小受到 B 极电流的控制。

而对场效应管可以先从字面意思来理解，即“具有电场效应的晶体管”，它在 G 极电压所产生的电场控制下工作，G 极实际上与 S 极、D 极是隔离的，所以 G 极输入电流可以忽略不计，这样就让场效应晶体管具有非常高的输入阻抗，这一点是三极管望尘莫及的。而S-D极的电流受到G极电压的控制，所以场效应管是一个电压控制型器件。

在小信号放大器和功率放大器领域，场效应晶体管可以非常轻松地取代三极管电路。但是在某些特定领域，场效应晶体管并不一定总是优于三极管。

通过介绍还可以发现：JFET与MOSFET相似，都是利用栅源电压控制导电沟道的宽度，从而达到控制漏极电流的目的，区别仅仅在于沟道形成的原理和控制的方式不同。

JFET的工作原理与耗尽型MOSFET相同，但由于耗尽型MOSFET栅极、源极之间存在绝缘层，不管栅极电压是正压还是负压，都不会出现栅极电流，均能保证栅极电压对漏极电流的控制作用，只需栅极、源极间电压极性保证PN结处于反偏状态即可。而正常工作时，N沟道JFET的栅源电压V_{GS}应加负压，P沟道JFET的栅源电压V_{GS}应加正压，在这一点上，它不如MOSFET灵活。

由于JFET的栅、源极间PN结反向偏置，其输入电阻比晶体管大得多，却比MOSFET的输入电阻要低，所以，现在最常用的场效应管是MOSFET，而JFET的应用呈现逐渐减少的趋势。

第 7 章

半导体晶闸管

7.1　晶闸管简介

晶体闸流管简称晶闸管(Thyristor),传统上称之为可控硅(SCR)器件。晶闸管是一类半导体功率控制器件,具有硅整流器件的特性,能在高电压、大电流条件下工作,且其工作过程可以被控制,被广泛应用于可控整流、交流调压、无触点电子开关、逆变及变频等电子电路中。

晶闸管在生活中也有许多应用,比如应急灯、调光灯、自然风电风扇等。

晶闸管内部基本是由 3 个以上的 PN 结组成,其具有 2 种稳定的工作状态:一是导通;二是关断,故也称为半导体开关器件。晶闸管的电路图形符号见表 7-1。

表 7-1　晶闸管的电路图形符号

图形符号	文字说明	图形符号	文字说明
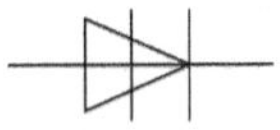	反向阻断二极晶闸管	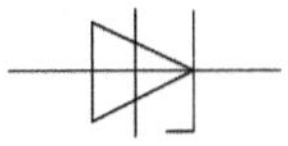	反向导通二极晶闸管
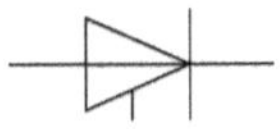	三极晶闸管	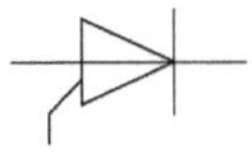	反向阻断三极晶闸管,N 型控制极(阳极受控)
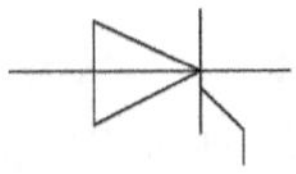	反向阻断三极晶闸管,P 型控制极(阴极受控)	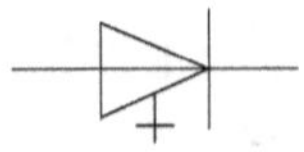	可关断三极晶闸管(无控制极)
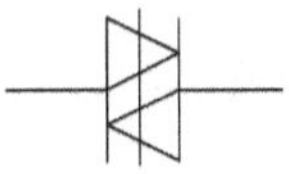	双向二极晶闸管	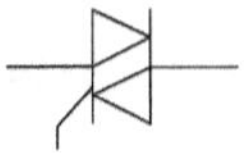	双向三极晶闸管
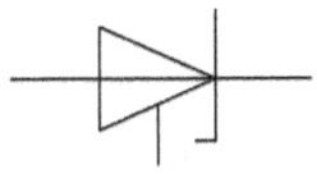	反向导通三极晶闸管(无控制极)	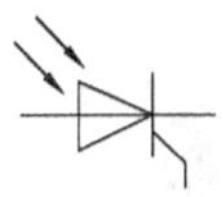	光控晶闸管

晶闸管的种类较多,有单向晶闸管、双向晶闸管、光控晶闸管、直流开关晶闸管(即门极可关断晶闸管)、寄生晶闸管、无控制极晶闸管等。

晶闸管按其封装形式可分为金属封装晶闸管、塑封晶闸管和陶瓷封装晶闸管 3 种类型。其中,金属封装晶闸管又分为螺栓形、平板形、圆壳形等多种;塑封晶闸管又分为带散热片型和不带散热片型 2 种。晶闸管的封装形式主要有陶瓷封装、塑封、金属壳封装、螺栓式封装及平板式封装。中、小电流晶闸管多采用陶瓷封装、塑封及金属外壳封装，它们的外形与半导体三极管相应的封装外形相同；大电流晶闸管多采用螺栓式及平板式封装，有的大电流晶闸管还带有散热、冷却装置。

国产单向晶闸管的型号主要有 3CT×××和 KP×××，如 3CT101～107，3CT021～064，KP20 等；双向晶闸管型号主要有 3CTS×××和 KS×××，如 3CTS1，3CTS3，KS5，KS20 等；国产快速晶闸管的型号为 KK×××，如 KK5A，KK10A。

国外晶闸管的型号很多，大多是按各公司自己的命名方式定型号，较常见的单向晶闸管有 SFOR1，CR2AM，SF5 等，双向晶闸管有 BTA06，BCR6AM，MAC97A6 等。

7.2 单向晶闸管

7.2.1 单向晶闸管的结构和工作原理

单向晶闸管的结构、电路符号和等效电路如图 7-1(a)、(b)、(c)所示。

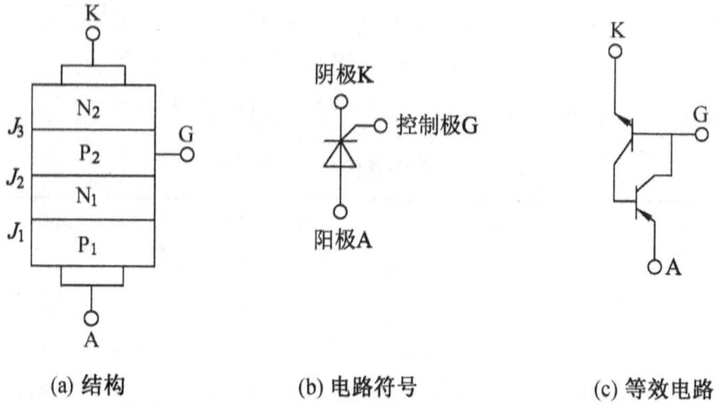

图 7-1　单向晶闸管的结构及电路符号

由图 7-1(a)可知，单向晶闸管由 P-N-P-N 4 层半导体硅片构成，形成 3 个 PN 结，有阳极、阴极和控制极。它可看成是由一个 PNP 型晶体三极管和一个 NPN 型晶体三极管的等效互联，如图 7-1(c)所示。

图 7-2 所示是单向晶闸管常见的封装，它与三极管相似，也有 3 个引脚，对应电路符号中的控制极 G、阳极 A、阴极 K。

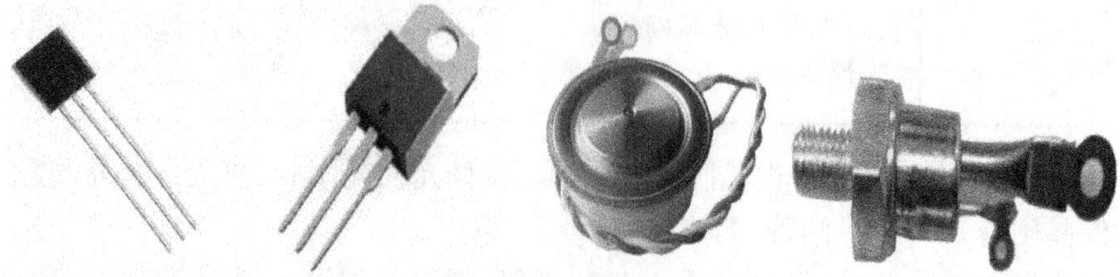

图 7-2　几种常见单向晶闸管的封装

单向晶闸管无论加正向电压还是加反向电压，都不导通，通常称此状态为晶闸管的"关断"。在单向晶闸管由阳极到阴极加正向电压的情况下，当在控制极到阴极加一很小的正向控制电压时，单向晶闸管会立刻变为正向导通状态，正向导通后，阳极和阴极之间的电阻接近零，相当于一个开关在正向电压下的闭合状态，通常将此状态称为晶闸管的"导通"。在此情况下，若加在单向晶闸管上的正向电压继续或永远存在，该晶闸管便继续或永远导通下去，此时控制极失去控制作用，即使将控制极的控制电压降至0 V或改变控制电压的极性、去掉控制极的控制线，都将无效，晶闸管仍会稳定地导通。在这种情况下，若想要使其关断，只能采取以下4种办法：

① 断开所加正向电源电压。

② 使通过单向晶闸管的电流旁路。

③ 降低加在单向晶闸管上的正向电压，使其导通电流减小或低于其自身的最小维持电流。

④ 施加反向电压，即在所加正向电压不变的情况下，由阴极到阳极加一值等于或大于正向电压的瞬时反向电压脉冲，致使单向晶闸管被瞬时反向偏置而关断。

单向晶闸管与普通二极管大同小异，相同的是它们都是半导体整流器件，其整流电流均从阳极流入，从阴极流出。单向晶闸管与具有一个PN结的二极管相比，单向晶闸管正向导通受控制极电流控制；与具有两个PN结的三极管相比，单向晶闸管对控制极电流没有放大作用。

7.2.2　单向晶闸管的 *U-I* 特性

单向晶闸管的 *U-I* 特性如图7-3所示。

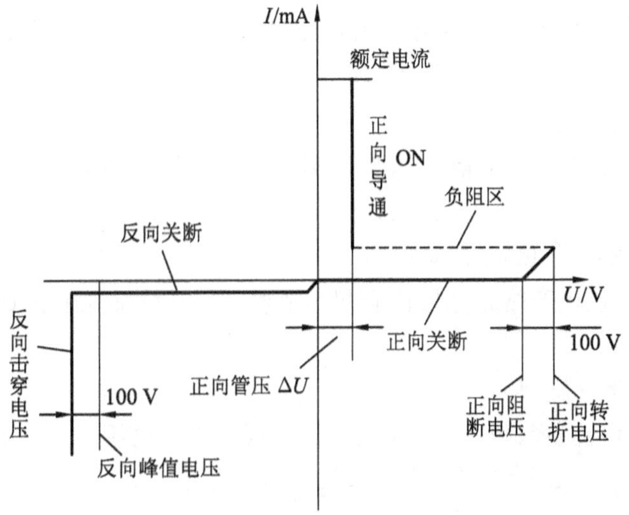

图7-3　单向晶闸管的 *U-I* 特性

正向特性为阳极和阴极间加正向电压的情况，当不加控制电压时基本与反向特性相似，同样只是有很小的正向漏电流，晶闸管处于正向关断状态；当电压增加到正向转折电压时，晶闸管突然导通，此时晶闸管可通过较大的电流，而管压降很小。此时，伏安特性会出现负阻效应，表明晶闸管这种无触点开关具有很快的开关速度，通常，由关断到导通所用时间仅6 ~ 10 μs，由导通到关断所用的时间为50 ~ 80 μs。在晶闸管导通后，若减小正向电压，则正向电流逐渐减小。当电流小到某一数值时，晶闸管又从导通状态转为阻断状态，这时所对应的最小电流称为维持电流。当阳极正向电压高于转折电压时，元件将导通。但是这种导通方法很容易造成晶闸管不可恢复性的击穿而使元件损坏，在正常工作时是不采用的。晶闸管的正常导通受控制极电流的控制，为了正确使用晶闸管，必须了解其控制极特性。当控制极加正向电压时，控制极电路就有电流，晶闸管容易导通，其正向转折电压降低；控制极电流越大，正向转折电压越低。由于制造工艺上的问题，同一型号的晶闸管的触发电压和触发电流也不尽相同。如果触发电压太低，则晶闸管容易受干扰电压的作用而造成误触发；如果触发电压太高，又会造成触发电路设计上的困难。因此，规定了在常温下各种规格的晶闸管的触发电压和触发电流的范围。例如，对KP50型的晶闸管，触发电压和触发电流分别为不大于3.5 V和8 ~ 150 mA。

7.2.3 单向晶闸管的主要参数

(1) 额定正向平均电流 I_F

指晶闸管在环境温度、规定标准散热、器件正向导通的条件下，阳极与阴极间可连续通过的工频正弦半波电流平均值。

(2) 反向击穿电压 U_P

指晶闸管在控制极开路的情况下，当在阴极与阳极之间施加反向电压使晶间管反向漏电流急剧增加时的反向电压值。

(3) 反向峰值电压 U_R

或称反向峰值工作电压，是指在晶闸管控制极开路的情况下，阴极与阳极之间连续反复施加 $U_P + 100\ V = U_R$ 的安全反向电压值。

(4) 正向转折电压 U_B

指在晶闸管控制极开路的情况下，增加阳极与阴极之间正向电压至晶闸管导通时的正向电压值。

(5) 正向阻断峰值电压 U_Z

指在晶闸管控制极开路的情况下，阳极与阴极之间连续反复施加 $U_B - 100\ V = U_Z$ 的不导通安全电压值。

(6) 控制极触发电压 U_G

指晶闸管在环境温度、阳极与阴极之间施加规定正向电压的条件下，使其从正向关断状态转为正向导通状态所需要的最小直流控制电压值。

(7) 控制极触发电流 I_G

指晶闸管在环境温度、阳极与阴极之间施加规定正向电压的条件下，使其从正向关断状态转为正向导通状态所需要的最小直流控制电流值。

(8) 控制极反向峰值电压 U_{GR}

指防止晶闸管控制极PN结反向击穿的最大允许电压值。

7.2.4　单向晶闸管的极性判别

对于螺栓型和平板型晶闸管，其 3 个电极的形状区别很大，无须进行任何测量便可区分出来。有时为了便于和触发电路连接，在其阴极上会另外引出一根较细的引线。至于塑封型普通晶闸管，可用数字万用表判断晶闸管的极性。正常的晶闸管，阳极、阴极之间的正、反向电阻均为无穷大；控制极与阴极之间的正、反向电阻均为 40 ~ 200 Ω。所以，判别极性时，可以用万用表 R × 100 或 1K 挡测任两脚的正反向电阻，两者若都接近无穷大，则该两脚为阳极和阴极，另一脚即为栅极；然后用负表笔接栅极用正表笔分别碰另外两脚，电阻小的一脚即为阴极，电阻大的那一脚即为阳极。

7.2.5　单向晶闸管使用的注意事项

虽然晶闸管是一种在大功率下使用的功率器件，但是若在晶闸管电路设计中稍微有疏忽，使它两端的电压或流过的电流超过额定值，就会频频出现晶闸管损坏的现象。因此在进行较大型功率电气系统的设计时，应对晶闸管电压、电流的额定值进行确认并考虑一定的安全保险系数。如当单个晶闸管的电压额定值低于使用电压值，或稍高于使用电压的临界值时，必须两个以上同型号规格的晶闸串联使用，以增加电路工作的可靠性。

图 7-4 所示是单向晶闸管的串联电路，SCR_1，SCR_2，SCR_3同型号、同规格，但它们的正向压降、结电容、正/反向漏电流、反向恢复时间等性能不可能一致，这些差异必然造成它们在串联时分压不均。若在此时草率地直接将它们串联使用，必然会使其中分压较大者很快被击穿，其他的也随即被击穿。因此，在晶闸管串联时必须考虑分压问题，并采取行之有效的均压措施。通常采用同时接入均压电阻 R 并联支路和均压电容 c、阻尼电阻 r 并联支路实现均压。

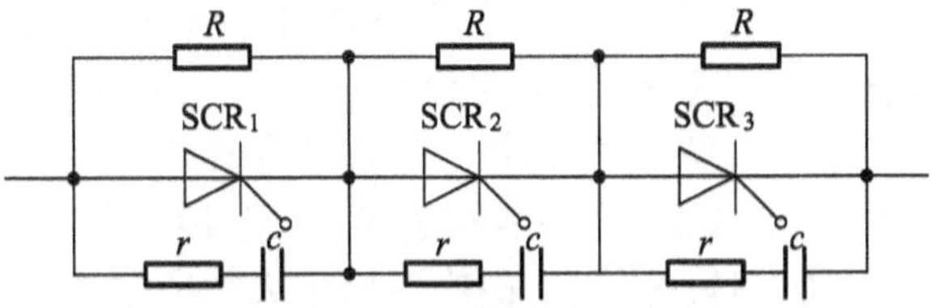

图 7-4　是单向晶闸管的串联电路

均压电阻 R 的选择应使流过它的电流远大于晶闸管的漏电流，从而达到其强制均压的目的。通常取值应不大于晶闸管最小反向电阻 R_R的 1/4 ~ 1/3。

均压电阻 R 的计算公式为：

$$R = \frac{U_R \times 10^3}{K_1 I_R} \tag{7-1}$$

式中，U_R 为晶闸管额定反向峰值工作电压（V），I_R 为晶闸管最大反向漏电流（mA），K_1 为系数，取值 2 ~ 5。

均压电阻 R 除选择合适的电阻值外，还要选择高质量的电阻元件，如正规的绕线电阻、金属膜电阻等，并且要有足够的耗散功率，否则在长时间通电运行中会因均压电阻的超前损坏而导致串联晶闸管依次损坏。

均压电阻额定功率 P 的计算表达式为：

$$P = K_2 \frac{U_R^2}{R}(\mathrm{W}) \tag{7-2}$$

式中，U_R 为晶闸管额定反向峰值工作电压（V），R 为均压电阻（Ω），K_2 为系数，单相电路取值 0.25，三相电路取值 0.4，直流电路取值 1。

均压电容 c 的取值一般采用下述经验公式估算：

$$c = (2.5 \sim 5) \times 10^{-3} I_F (\mu\mathrm{F}) \tag{7-3}$$

式中，I_F 为晶闸管额定平均电流（A）。

通常按经验，均压电容的取值范围为 0.1 ~ 1 μF。

均压电容 c、均压电阻 R 并联支路中串联阻尼电阻 r，是因为回路中的电感$\frac{\mathrm{d}i}{\mathrm{d}t}$会与均压电容 c 构成 LC 谐振回路，串入 r 后就会对高的振荡电压施以阻尼作用并吸收，防止振荡的产生。另外，由于 r 的串入，已充电的均压电容 c 上的电量会随时通过 r 和已导通的晶闸管放电，有效地减小了放电时电流上升的变化率$\frac{\mathrm{d}i}{\mathrm{d}t}$，保护了晶闸管不致损坏。阻尼电阻 r 的值也要合理选择，选得大一些，对抑制$\frac{\mathrm{d}i}{\mathrm{d}t}$效果就更有效些，但是对 LC 谐振回路的阻尼就差一些；反过来也有利有弊，所以宜适中选择，通常选择范围为 10 ~ 50 Ω。

7.2.6 单向晶闸管的过流保护

一般产生晶闸管过流的原因大致有 3 种：过负载、直流侧短路、晶闸管本身短路。其中以直流侧短路最为严重。其中“直流侧”是指单相和三相整流电路中晶闸管阴极之后的电路网络；“交流侧”则指单相和三相整流电路中晶闸管阳极之前的电路网络。

在晶闸管过电流时，其结温急剧上升，性能变劣，特性恶化，最后失去控制能力而完全丧失整流作用。要使晶闸管免受这种过电流袭击，最有效的方法就是采用快速动作的保护电器，如快速熔断器、快速敏感开关、快速过流继电器、快速传感短路器等。在晶闸管单相和三相整流系统中，通常在交流侧各相进线端串联接入半导体快速熔断器。该快速熔断器具有快速、熔断时间短等优点，被广泛用于大功率整流装置中作为内部短路保护。

国产快速熔断器有 RLS 和 RSO 两种系列。其中 RLS 系列适用于额定电压小于 500 V、额定电流小于 100 A 的晶闸管交、直流电路；RSO 系列快速熔断器是一种低压填料封闭式快速熔断器，适用于大功率额定值的晶闸管交、直流电路。RLS 系列快速熔断器的参数见表 7-2。

表 7-2　RLS 系列快速熔断器的参数

熔断器型号	熔断器额定电压/V	熔断器额定电流/A	熔断体额定电流/A
RLS-10	500	10	3,5,10
RLS-50	500	50	15,20,25,30,40,50
RLS-100	500	100	60,80,100

使用快速熔断器时需注意以下两点：

① 快速熔断器的标称电流与熔断体的标称电流并不一定相等，设计时需要查阅有关资料或产品目录来确定。

② 晶闸管的容量是以电流的平均值标称的，而快速熔断器所标称的电流却为有效值，二者不可混淆。在晶闸管与快速熔断器串联使用时，熔断体额定电流应等于晶闸管额定平均电流 I_F 的 1.5 倍。

7.2.7　单向晶闸管的过电压保护

(1) 引起晶闸管过电压的主要原因

① 感性负载的开闭动作所造成的过电压，属于直流侧引起的过电压。

② 快速熔断器熔断瞬间所产生的过电压，属于交流侧引起的过电压。

③ 由雷电而引起的浪涌过电压，属于交流侧引起的过电压。

④ 强大的电磁辐射和静电干扰而引起的浪涌过电压，属于交流侧引起的过电压。

(2) 过电压保护措施

① 接入 RC 阻容吸收网络。在单相和三相可控整流电路中，给晶闸管两端、电路的交流侧、直流侧、负载侧等接入 RC 阻容吸收网络是晶闸管过电压保护的行之有效的主要方法之一。

RC 阻容吸收网络是利用电容 C 两端电压不能突变，电阻 R 可吸收并耗散能量的特性，将 R,C 串联起来置于晶闸管两端或晶闸管电路中的简单网络。

② 压敏电阻过压保护法。此方法是一种简单、有效的过压保护，既可单独使用，又可与 RC 阻容吸收网络一起使用。在晶闸管电路的直流侧和负载侧，可直接并联压敏电阻。在晶闸管电路的交流侧，若电源变压器的原边或是副边绕组为△形接法时，压敏电阻网络也采用△形接法，即在进线或出线的线与线之间各跨接一个压敏电阻；若电源变压器的原边或是副边绕组为 Y 型接法时，压敏电阻网络也采用 Y 形接法，即在进线或出线的每根线上接出一个压敏电阻，压敏电阻的另一端短路后与绕组的公共端相连。

压敏电阻是一种对外加电压的变化产生敏感效应的特种电阻。其阻值的变化与外加电压的变化成反比关系，即当外加电压增加，达到压敏电阻的压敏电压时，其电阻值突然减小，电流会产生一个较大的冲击；待外加电压减小后，压敏电阻的阻值又回到高阻状态。

用于交流侧时，压敏电阻的标称电压应选择不小于 1.86 倍的工作电压；在直流工作状态，标称电压应不小于 1.33 倍的工作电压。通常压敏电阻所能承受通流量的极限要大于过压能量的 2 倍。

7.3　双向晶闸管

双向晶闸管的内部结构和电路符号如图 7-5 所示。

双向晶闸管分为两端双向可控硅和三端双向可控硅 2 种，是一种具有 N-P-N-P-N 5 层硅片结构的半导体整流器件，如图 7-5(a)所示。其控制极的引出方法与单向晶闸管不同，差别在于控制极既与 P 型硅片相连，又与 N 型硅片相通，其突出特点是两个电极没有阳极和阴极之分，只有一个控制极。只要控制极送来触发脉冲，两个电极之间两个方向都能导电。一个双向晶闸管就可以代替两个反向并联的单向晶闸管工作，因此，不但大大地简化了主回路电路结构，而且将其控制触发电路的设计变得更加容易。

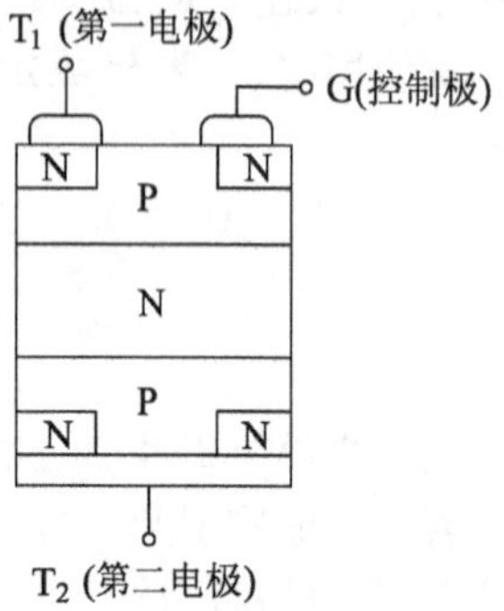

(a) 内部结构

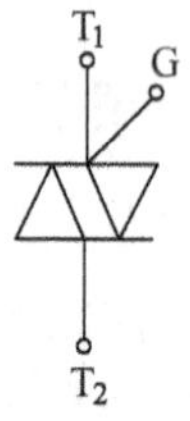

(b) 电路符号

图 7-5　双向晶闸管的内部结构和电路符号

图 7-5(b)是双向晶闸管的电路符号，双向晶闸管除控制极 G 外，其余两个电极因无阴、阳之分，称为第一电极 T_1 和第二电极 T_2，电路符号用法不统一，如 BTA，BCR，TCR 等，但从原理上讲用符号 BTA 更合理些。一个双向晶闸管等于两个单向晶闸管反向并联，当在一个方向导通结束，各层硅片中的载流子还没有充分回复到关断状态的位置时，若在另一个方向施加电压上升率稍大的反向电压就容易造成误导通，虽然可采取相应的保护措施，但使其应用的范围变窄，因此双向晶闸管不能用于高频，仅适用于在工频正弦波电压下工作。

双向晶闸管的 *U-I* 特性具有对称性。同样，在无控制触发信号的情况下，当正向(负向)电压升至转折电压值时，双向晶闸管就会产生负阻效应而进入导通状态；当导通电流小于双向晶闸管的最小维持电流时，双向晶闸管就要返回原来的关断状态；当控制极送来正或负的触发信号时，即使双向晶闸管所加电压小于其转折电压值，其也会立即导通。

7.4　单、双向晶闸管实例

本节分别通过由单向和双向晶闸管组成的调光灯电路说明这两种器件在进行功率控制时的不同。

由单向晶闸管组成的调光电路 1 如图 7-6 所示，调节电位器 R_2 就会看到灯泡亮度的改变。电源是 120 V 交流电，单向晶闸管 SCR 只有在交流信号每个周期的正半周时，SCR 的阳极和阴极之间才是正向偏置，此时加上控制极的触发，SCR 才会导通，灯泡才能点亮。通过电阻 R_1 和电位器 R_2 分压后，SCR 的控制极获得所需电流 I_G，开始导通，直到电源的正半周期结束。当调节电位器 R_2，使接入电路的电阻变小时，

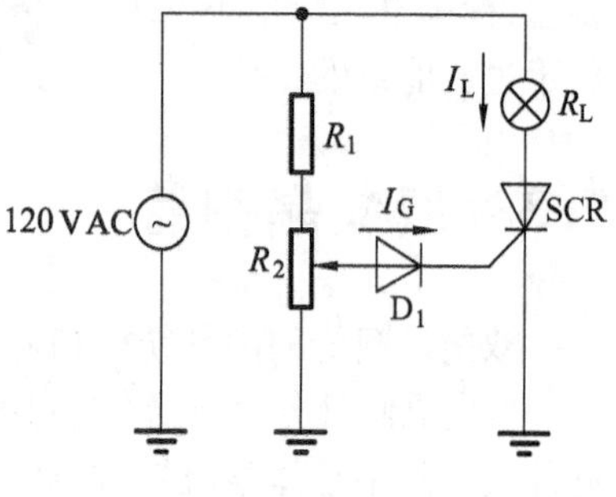

图 7-6　调光电路 1

可使 I_G 增大，每个正半周期内就可提前使 SCR 导通而得到更长的导通时间，这样灯泡 R_L 获得工作电流的时间也就更长。灯泡获得工作电流的时间决定了它所获得的平均功率，所以电位器 R_2 滑片向上移动后，灯泡 R_L 因平均功率变大而更亮。

由双向晶闸管和双向触发二极管组成的调光电路 2 如图 7-7 所示。电路中当电容 C_1 两端电压达到双向触发二极管 DB_3 的触发电压时，DB_3 导通，双向晶闸管 BTA 的控制极获得触发信号而导通，灯泡 R_L 点亮。增加电位器 R_1 的阻值，C_1 充电变慢，在每个周期内导通的时间就变晚，灯泡就越暗。

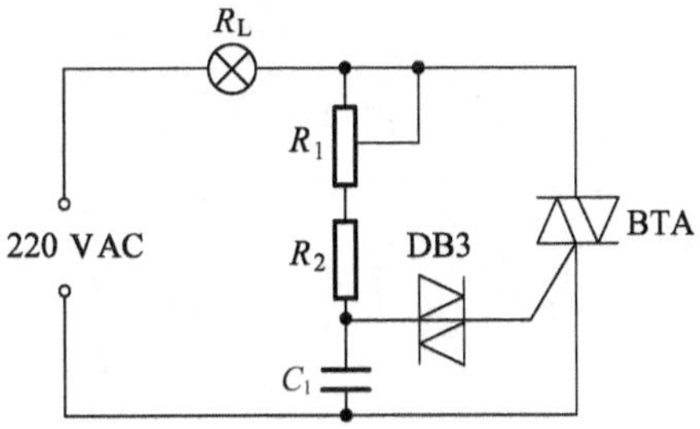

图 7-7　调光电路 2

第三篇

集成元器件及电路

第 8 章

运算放大器

8.1 运算放大器简介

运算放大器是一种特殊类型的放大器，它经由恰当选取的外部元件，可实现各种运算，如放大、加、减、微分和积分。早期的运算放大器是用真空管实现的，因此笨重、耗电大并且价格昂贵。运算放大器第一次显著的小型化缘于双极型晶体管（BJT）的出现，然而真正的突破出现在集成电路（IC）运算放大器的开发。1968 年，美国仙童（Fairchild）公司推出了运算放大器从而成为工业标准，这就是普遍流行的 uA741，从此运算放大器的各种系列和制造商纷纷出现。无论竞争如何激烈，从价格上看，741 仍然是最为流行的一种。目前运算放大器已经渗透到模拟和混合模拟-电子学的每个领域，如此广泛的应用得益于运算放大器的价格急剧下降。

741 运算放大器的内部电路图如图 8-1 所示，不论其内部如何复杂，在应用时往往将运算放大器的输出和输入之间用一个“黑匣子”表示，大多数情况下，仅须利用这个简化的“黑匣子”而无须详细了解运算放大器的内部工作机理。为了提升他们的产品，运算放

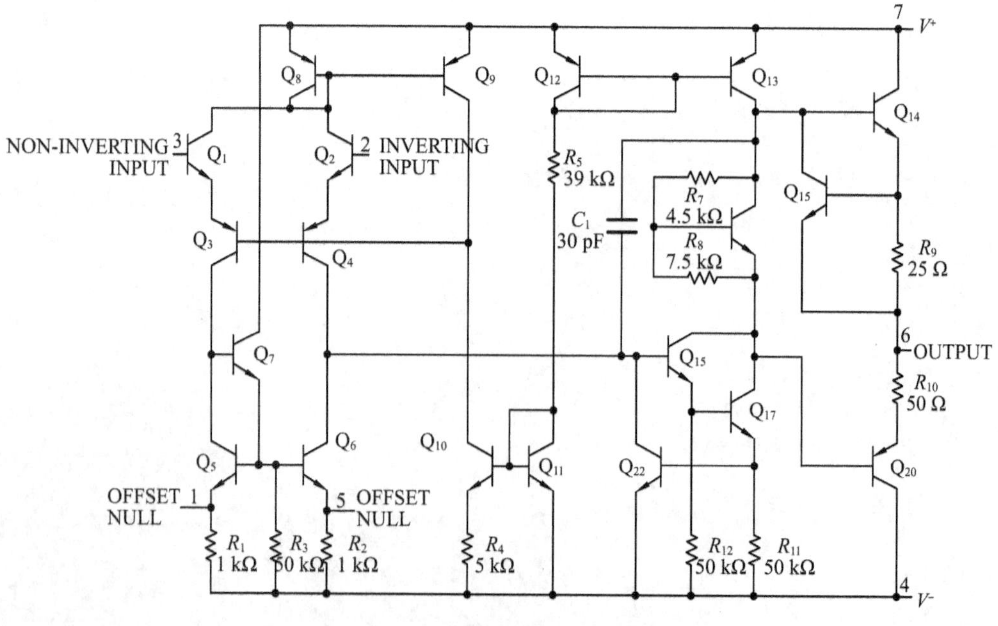

图 8-1 741 系列运算放大器内部电路图

大器的制造商们一直重视其产品在相关领域的应用效果，并且会定期在技术期刊上将其产品公布出来，例如通过访问网站 http://www.mhhe.com/franco 便可获得大部分运算放大器的制造商名录。

同时运算放大器的学习应该和实验联系在一起，可以通过在面包板上组装电路并对其进行调试，或用各种 CAD/CAE 软件包对它们进行仿真。

8.2　运算放大器基础

运算放大器由直流电压供电，大部分使用的是双电源。如图 8-2 所示，+V 和 -V 分别为正、负电源端，使用双极型电源供电。运算放大器有两个输入端，一个为反相输入端，用符号"-"来表示；另一个为同相输入端，用符号"+"来表示。运算放大器还有一个输出端。只要给运算放大器供电，它就可以对输入信号进行放大，并在输出端输出。

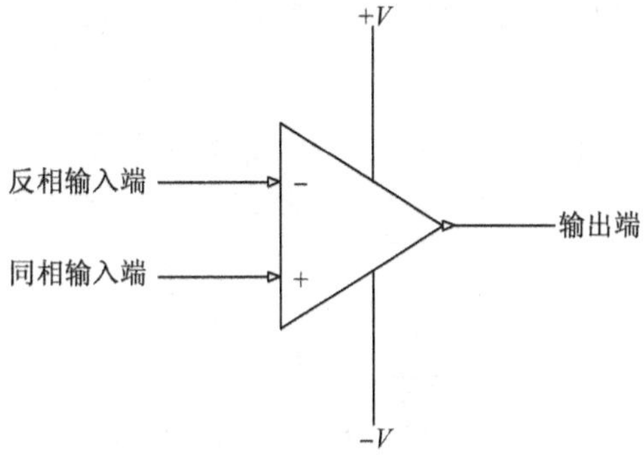

图 8-2　运算放大器结构示意图

运算放大器目前大概有 4 000 多种型号，常用的运算放大器有 8 引脚、14 引脚和 16 引脚等几种；同一种型号又具有一种或多种不同的封装，如双列直插型（DIP）和表面贴型（SOIC、TTSOP 等）。有些运算放大器内部只有一个放大器，这种器件称为单运放，此外还有双运放，甚至还有四运放，如 LM324。

无论是双运放还是四运放，都可以一次使用所有运放，也可以使用其中一部分，并且这些运算放大器内部电路都是精心设计的（其实还是一些以三极管为核心的放大器，且这些器件的参数和电路连接都是精心设计好的且无法修改），所以在应用这些运放时，根本不需要考虑类似于三极管放大器的静态工作点等问题，省去了调试电路的麻烦。

8.2.1　运算放大器的基本概念

（1）输出电压

运算放大器的输出电压和输入电压有如下关系：

$$V_{out} = A_o(V_+ - V_-) \tag{8-1}$$

式中，V_+ 为同相输入端电压，V_- 为反相输入端电压，A_o 为开环放大倍数。

根据式 8-1，一个理想的运算放大器可以看成一个理想的电压源，输出的电压等于 $A_o(V_+ - V_-)$。一个实际的运算放大器可用图 8-3 所示的等效电路来表示，其中 R_{in} 和 R_{out} 分别为运算放大器的输入电阻和输出电阻。

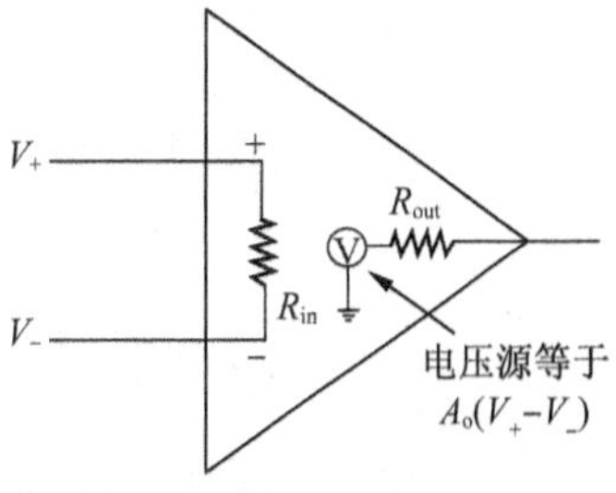

图 8-3　运算放大器等效示意图

A_o，R_{in} 和 R_{out} 的定义规则分别是：

A_o，对于理想运算放大器，开环电压放大倍数是无穷大($A_o=\infty$),而实际运算放大器,放大倍数是有限的,通常为 $10^4\sim10^6$。

R_{in},对于理想运算放大器,输入阻抗是无穷大($R_{in}=\infty$),而实际运算放大器的输入阻抗是有限的,通常为 $10^6\sim10^{12}\ \Omega$。因此理想运算放大器输入端电流为零,实际运算放大器的输入电流一般可以忽略,通常在 pA 到 nA 之间。

R_{out} 理想运算放大器的输出电阻为 0($R_{out}=0$),实际运算放大器的输出电阻通常为 $10\sim1\ 000\ \Omega$。

(2) 单端输入

单端输入是指只给同相输入端或反相输入端中的一端输入信号,放大某一个信号源的信号采用的即是单端输入。图 8-4 所示是单端输入的两种情况。

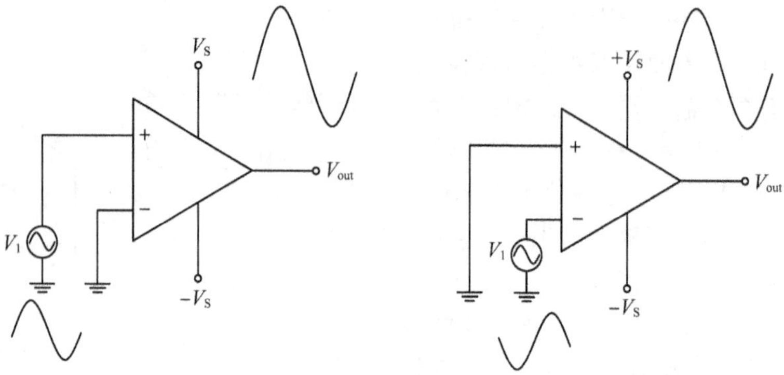

(a) 单端同相输入　　(b) 单端反相输入

图 8-4　单端输入

(3) 差分信号输入

差分信号是指两个不共模的信号同时从差分放大器的两个输入端输入,此时,可以从单端输入的角度来理解差分放大原理。同相输入端的信号 V_1 被同相放大,反相输入端的信号 V_2 被反相放大,最后的结果是两个放大信号叠加。如果输入信号 V_1 和输入信号 V_2 频率、幅度相同,相位相差 180°,那么会使得输出信号增强,如图 8-5(a)所示;而如果两个输入信号 V_1 和 V_2 频率相同,相位相差 180°,但幅度不同,那么差分放大器就可以对信号 V_1 和 V_2 的幅度差别部分进行放大,如图 8-5(b)所示。

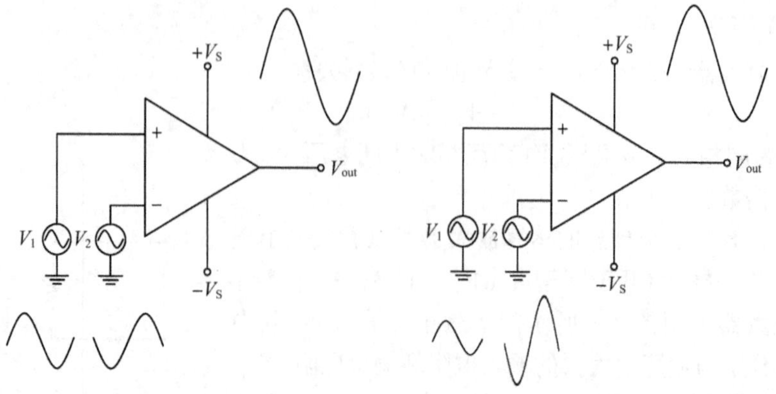

(a) 相位相差180°,幅度相等的差分信号　　(b) 相位相差180°,幅度不等的差分信号

图 8-5　差分信号

(4) 共模信号输入

共模信号就是两个幅度、频率、相位等参数完全相同的信号，如图 8-6 所示。由于输入信号 V_1 和 V_2 之间没有差别，所以差分放大器对这两个输入信号的差别部分放大效果为 0。共模的概念还包括直流，如果输入信号中包含相同的直流成分，信号有偏置，经过差分放大器之后，直流成分就会被抵消，图 8-6 所示即为共模信号输入电路。

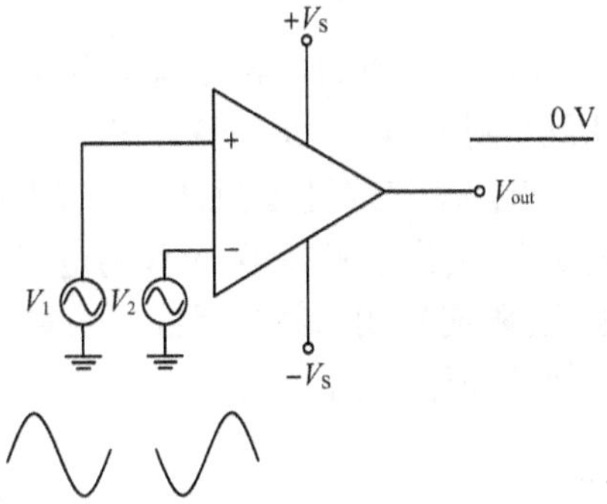

图 8-6　共模信号

(5) 负反馈

负反馈是指放大器输出端的信号通过反馈网络连接到其反相输入端，如图 8-7 所示。反馈网络可以是一根导线，也可以是电阻、电容或其他复杂电路。此时，运算放大器的输出信号和输入信号仍为 $V_{out}=A_o(V_+-V_-)$，只是在负反馈电路中，V_- 取自放大器的输出信号，即 $V_-=fV_{out}$，f 代表反馈系数。

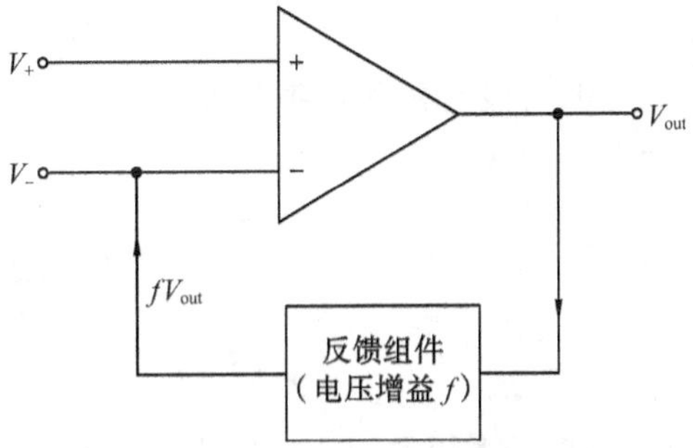

图 8-7　运算放大器负反馈示意图

在实际解决问题的过程中，反馈系数 f 是多少并不重要，只须掌握如下规则即可：当运算放大器的同相输入电压和反相输入电压存在差异时，反馈电路将起作用，使两端的电压差为 0($V_+-V_-=0$)。

(6) 双极型电源运算放大器和单极型电源运算放大器

运算放大器常常使用双极型电源供电，这样才能保证输入信号的正半周和负半周都得到有效的增益，大部分需要放大信号的地方都对双极型电源有需求。以电子血压计为例，它先向袖袋里打气，之后再放气，通过与胶管相连的压力传感器对血压脉冲波进行检测，从而计算出收缩压(高压)和舒张压(低压)的数值。此外，压力传感器采集到的血压脉冲比较弱，需要用放大器对信号进行放大才能进行后期处理。

而单电源供电的运算放大器不可能输出负信号，因此不能用于处理注入是交流耦合的信号，单电源运算放大器常用于电池供电的装置，但是像电子血压计之类的便携设备就不适合使用单电源供电的运算放大器。

8.2.2 运算放大器基本应用

（1）跟随器

根据以上规则，从输出端反馈到反相端的电压，总是使 $V_+ - V_- = 0$，而由于输出端和反相端直接连接，如图 8-8 所示，则 $V_{in} = V_+$，$V_- = V_{out}$，即 $V_{in} - V_{out} = 0$，因此跟随器放大倍数为 1，运算放大器的输出等于输入。表面上看反馈回路没有起作用，但实际上反馈回路使得运算放大器的输入电阻增大，输出电阻减小，可作为电路隔离使用。在实际应用中，可在反馈回路中增加一个电阻（限流），用以减少因输入偏置电流产生的误差（漏电流）。关于偏置电流将在本章后面部分进行介绍。

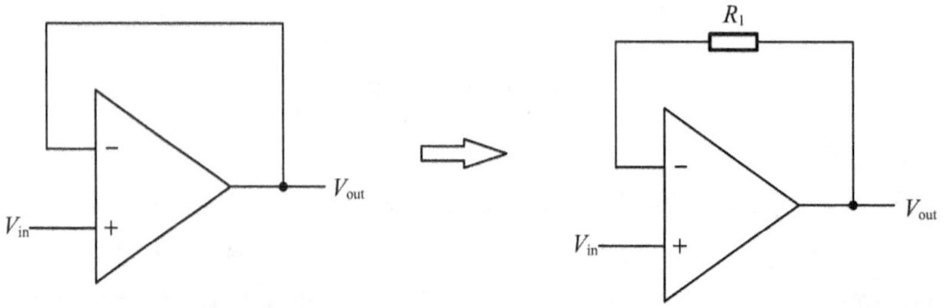

图 8-8　运算放大器构成跟随器

（2）反相放大器

由于 V_+ 接地，则 V_- 也为 0 V，根据欧姆定律，图 8-9 中电流 I_1 和 I_2 可分别表示为：

$$I_1 = \frac{V_{in} - V_-}{R_1} = \frac{V_{in}}{R_1} \tag{8-2}$$

$$I_2 = \frac{V_{out} - V_-}{R_2} = \frac{V_{out}}{R_2} \tag{8-3}$$

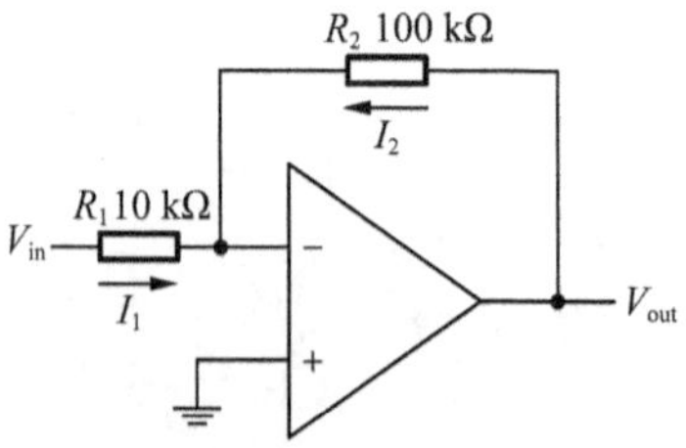

图 8-9　反相放大器

由于运算放大器的输入阻抗是无穷大的，因此可以认为反相输入端电流为 0，则可得到 $I_2 = -I_1$，电路的增益为：

$$A = \frac{V_{out}}{V_{in}} = -\frac{R_2}{R_1} \tag{8-4}$$

负号说明输出信号和输入信号相位差 180°。如果 $R_2 = R_1$，放大倍数为 -1，此时可以得到单位反相增益。但在实际应用中，由于存在比较大的输入偏置电流，应该在同相输入端与地之间连接一个阻值为 $R_1 \parallel R_2$ 的电阻，以减少电压偏移（本章后续部分会提到）。

（3）同相放大器

图 8-10 所示为同相放大器，由于 $V_+ = V_{in}$，同时 $V_- = V_+$，即 $V_- = V_{in}$，根据分压关系：

$$V_- = \frac{R_1}{R_1 + R_2} V_{out} = V_{in} \tag{8-5}$$

可得电压增益为：

$$A = \frac{V_{out}}{V_{in}} = \frac{R_1 + R_2}{R_1} = 1 + \frac{R_2}{R_1} \tag{8-6}$$

与反相放大器不同，该电路的输出和输入同相。

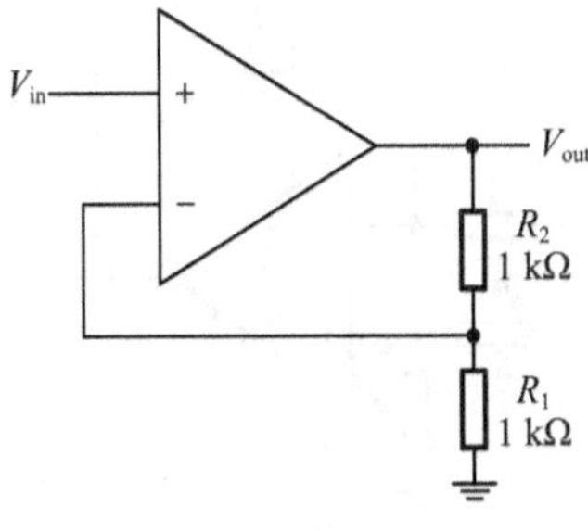

图 8-10 同相放大器

（4）加法放大器

图 8-11 所示为加法放大器，因为 $V_+ = V_- = 0$ V，根据欧姆定律，可以得到 I_1，I_2 和 I_3 的表达式：

$$I_1 = \frac{V_1 - V_-}{R_1} = \frac{V_1}{R_1} \tag{8-7}$$

$$I_2 = \frac{V_2 - V_-}{R_2} = \frac{V_2}{R_2} \tag{8-8}$$

$$I_3 = \frac{V_{out} - V_-}{R_3} = \frac{V_{out}}{R_3} \tag{8-9}$$

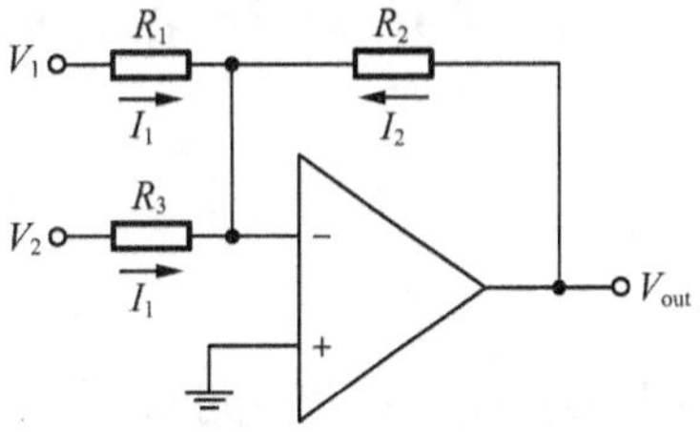

图 8-11 加法电路

由于运算放大器的输入电阻非常大，因此可认为没有电流流入运算放大器的输入端，因此：

$$I_1 + I_2 + I_3 = 0 \tag{8-10}$$

将式(8-10)代入式(8-7)、(8-8)、(8-9)可得：

$$V_{out} = -\left(\frac{R_3}{R_1}V_1 + \frac{R_3}{R_2}V_2\right) \tag{8-11}$$

当 $R_1 = R_2 = R_3$ 时，$V_{out} = -(V_1 + V_2)$。负号代表输出与输入反相，如要得到同相的结果，可加上一个反相器。同理，输出信号可以扩展到 3 个输入信号的相加。在实际应用中，需要在同相端和地之间接一个电阻，以避免由输入偏置电流产生的误差，该电阻大小应该等于所有输入电阻的并联值。

（5）减法电路

图 8-12 所示为减法电路，根据分压关系，得到同相端的电压：

$$V_+ = \frac{R_2}{R_1 + R_2} V_2 \tag{8-12}$$

其次，根据 $I_2 = -I_1$，得到：

$$\frac{V_1 - V_-}{R_1} = \frac{V_- V_{out}}{R_2} \tag{8-13}$$

同时，根据 $V_+ = V_-$，将 V_+ 代入式(8-13)可得：

$$V_{out} = \frac{R_2}{R_1}(V_2 - V_1) \tag{8-14}$$

当 $R_2 = R_1$ 时，$V_{out} = V_2 - V_1$。

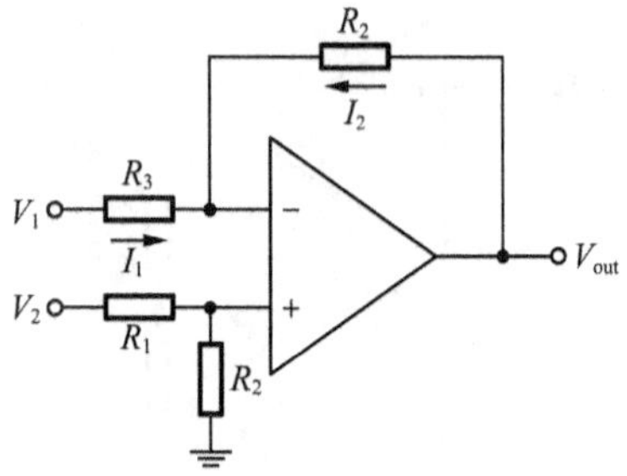

图 8-12　减法电路

(6) 积分器

如图 8-13(a)所示电路，因为 $V_+ = 0$ V，可认为 $V_- = 0$ V，从而可以求出 I_R 和 I_C：

$$I_R = \frac{V_{in} - V_-}{R} = \frac{V_{in}}{R} \tag{8-15}$$

$$I_C = C\frac{dV}{dt} = C\frac{d(V_{out} - V_-)}{dt} = C\frac{dV_{out}}{dt} \tag{8-16}$$

因为 $I_C + I_R = 0$，因此可得：

$$dV_{out} = -\frac{1}{RC}V_{in}dt \tag{8-17}$$

此电路称为积分器，输出端是输入信号的积分。该电路通常采用一个大电阻并联在电容两端，为直流负反馈提供稳定的偏置电压；同样也可以在同相输入端和地之间接一个补偿电阻，以减少因输入偏置电流引起的电压偏移误差，如图 8-13(b)所示。如图 8-14 所示为积为器的输入、输出信号波形。

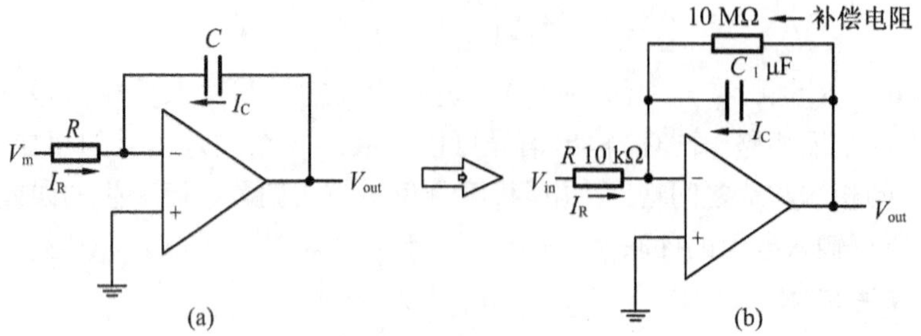

图 8-13　积分器

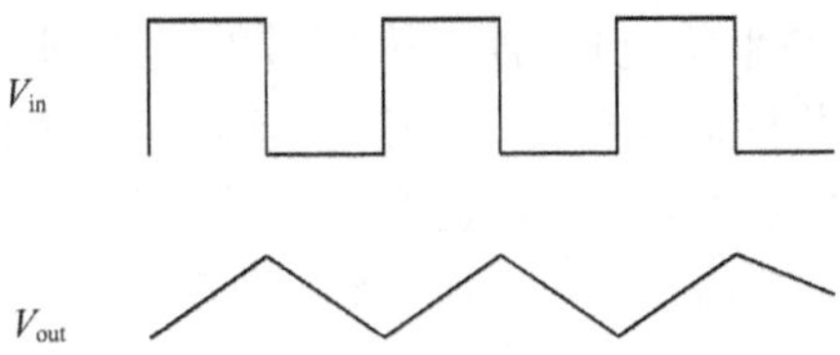

图 8-14　积分器输入、输出信号

(7) 微分器

图 8-14(a)所示电路,因为 $V_+ = V_- = 0$ V,可以得到 I_R 和 I_C 的表达式:

$$I_C = C\frac{dV}{dt} = C\frac{d(V_{in} - V_-)}{dt} = C\frac{dV_{in}}{dt} \tag{8-18}$$

$$I_R = \frac{V_{out} - V_-}{R} = \frac{V_{out}}{R} \tag{8-19}$$

同样,由于 $I_C + I_R = 0$,可得:

$$V_{out} = -RC\frac{dV_{in}}{dt} \tag{8-20}$$

这样的电路称为微分电路,实际电路中往往会加入反馈电容和输入电阻,如图 8-15(b)所示,从而解决电路的稳定性和噪声问题;同样可以在同相输入端和地之间接一个补偿电阻,以减少因输入偏置电流引起的电压偏移误差。如图 8-16 所示为微分器的输入、输出信号波形。

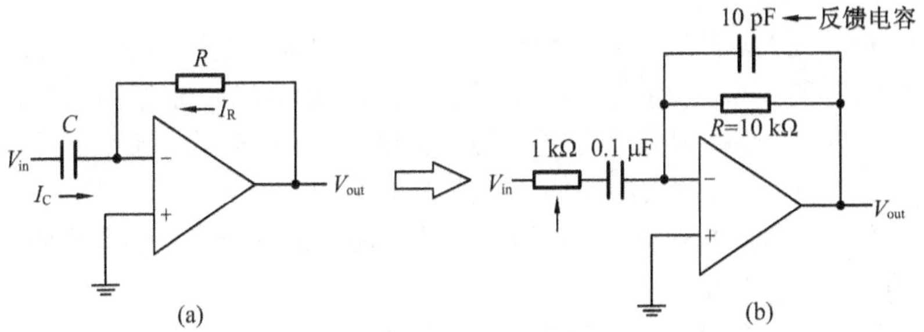

图 8-15　微分器

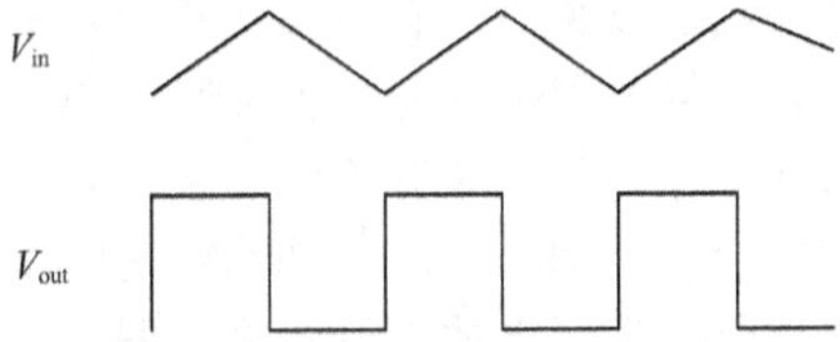

图 8-16　微分器输入、输出信号

8.3　运算放大器的主要参数

(1) 共模抑制比(CMRR)

输入到差分放大器的信号,一般包括 2 种信号:共模信号和差模信号。共模信号的电压是指 2 个输入端电压的平均电压，而差模信号的电压则是指 2 个输入端电压的差值。理想放大器应该只对差模信号有放大作用，但实际上共模信号在某种程度上也会被放大。共模抑制比（CMRR）是差分信号电压放大倍数与共模电压放大倍数的比值，单位为 dB，计算方法为：

$$\mathrm{CMRR}=20\log\left(\frac{A_{v差模}}{A_{v共模}}\right) \tag{8-21}$$

它表明对加在 2 个输入端信号的共模抑制能力，CMRR 的值越大，放大器的工作性能越好。

（2）最大差模输入电压

指放大器同相和反相放大端所能承受的最大电压值。两端电压如果超过这个范围，容易导致运算放大器的性能变差。

（3）差分输入阻抗

表示同相端和反相端的阻抗大小。

（4）输入补偿电压

理论上，当输入为 0 时，运算放大器的输出电压也应为 0，而实际上，内部电路的微小差异，都会产生一个输出电压（典型值在 μV ~ mV 量级）。输入补偿电压的作用就是使输入电压为 0 时，放大器的输出电压也为 0。为了使输入偏移电压为 0，厂家经常外加两个偏移调整端（OFFSET 端），在这两个端口之间添加一个电位器，并且滑动端接到电源负极，当输入为 0 时，可调节电位器使输出也为 0。

（5）输入偏置电流

理论上，运算放大器的输入阻抗是无穷大的，因此其输入电流为 0，但实际上，输入端总有电流流入，一般在 pA ~ nA 量级。两个输入端的平均电流称为输入偏置电流，该电流通过反馈网络产生电压降，从而产生错误的输出电压，输入偏置电流和运算放大器输入电路有关。对于 FET 运算放大器，由于该电流足够小，不至于产生严重的补偿电压；而对于双极型运算放大器而言，该电流会导致严重的问题，此时需要一个补偿电阻。

（6）输入补偿电流

指当输出为零时，运算放大器两输入端输入电流的差。由于在制造过程中两输入端的输入电阻总会有一些误差，所以，如果运算放大器的两端加上同一输入电压将得到不同的输入电流值，从而导致输出出现偏置。在前面反相放大电路中，同相端和地之间接入了一个电阻，它的作用就是补偿由于输入偏置电流在 R_1 和 R_2 上的电压降所产生的输出电压误差。之前讨论过，双极型运算放大器的输入偏置电流比 FET 运算放大器的大。FET 运算放大器的输入偏置误差一般很小（在 pA 量级），引起的输出电压误差可忽略，没有必要用到补偿电阻；一些 MOSFET 运算放大器的输入偏置电流更低，经常不到十分之一的 pA，但 FET 运算放大器可能反转，即当输入 JFET 的共模电压非常接近电源电压时，反相端和同相端可能反转方向，此时负反馈变为正反馈，导致运算放大器无法正常工作。但是对于双极型运算放大器，由于输入偏置电流比较大（在 nA 量级），补偿电阻常常是必须的。在反相放大器中，如果没有补偿电阻，偏置电流产生输入压降 $V_{in}=I_{bias}(R_1 \parallel R_2)$，这个值将被放大 $-\frac{R_1}{R_2}$ 倍后输出。为了修正这个偏差，在同相输入端和地之间接入一阻值

为 $R_1 \parallel R_2$ 的补偿电阻。图 8-17 所示为具有补偿的运算放大器电路。

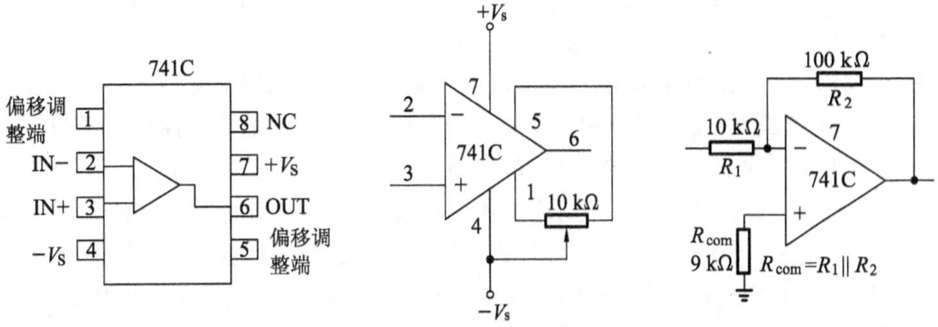

(a) 741运算放大器引脚　(b) 输入偏移电压调节　(c) 输入偏移电流调节

图 8-17　运算放大器电路的补偿

(7) 转换速率

指当输入信号出现一个跳变时，运放输出对这个跳变的响应速度。通常在高频下，运算放大器的转换速率的大小会显得很重要。

(8) 频率补偿

对于一个典型运算放大器，开环放大倍数在 $10^4 \sim 10^6$（80 ~ 120 dB），随着信号频率的增大，放大倍数也随之下降，当放大倍数下降 3 dB，即下降达 70.7% 的开环放大倍数（最大放大倍数）时，所对应的频率称为开环截止频率 f_C。随着频率的继续增大，放大倍数将进一步下降，当接近 1 dB（或 0 dB）时，所对应的频率称为单位增益频率 f_T，如图 8-18 所示。运算放大器的单位增益频率一般为 1 MHz，具体参照厂家技术手册。

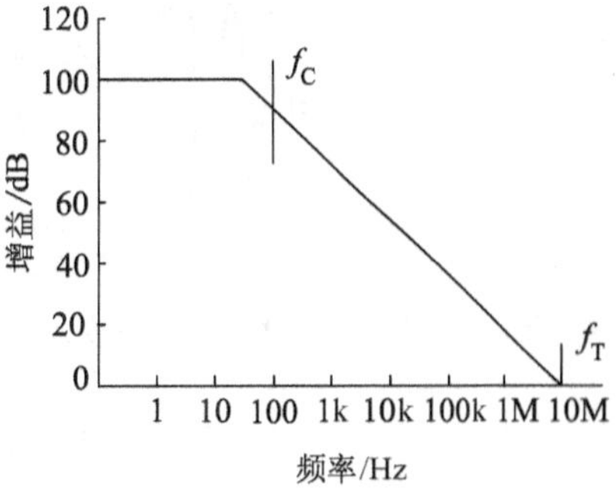

图 8-18　运算放大器的频率补偿

由于运算放大器内部电路本身具有低通滤波的作用，当频率上升时，放大倍数会下降。如果引入负反馈，可增加频带宽度，相应曲线平坦部分更宽；另外，由于内部电路中近似滤波部分的相位漂移作用，在相位漂移达到 180°时，负反馈变为正反馈，会产生不必要的振荡。为防止振荡，需要进行频率补偿，可以通过将 RC 网络连接到运算放大器来实现。一般厂家都会提供运算放大器的响应曲线，同时也会给出用于特定频率响应的补偿网络及其参数，但最简单的方法是使用内部自带补偿的运算放大器。

8.4　运算放大器的类型

(1) 仪表放大器

运算放大器可以分为通用型运算放大器和仪表放大器（精密型）两类。仪表放大器可以认为是一种高精度的差分放大器，它使用了输入缓冲而使输入阻抗变得非常大，几乎可以与任何信号源匹配，这使其非常适合用于测量类电路；此外，它还具有很低的直流偏置电压、低漂移、低噪声、高开环增益、高共模抑制比、高输入阻抗等优点。当设计要求具有高精度和高稳定性时，常常用仪表放大器取代普通运算放大器。

图 8-19 所示为人体生物电信号前置放大电路。在医疗仪器中常需要测量人体的生物电信号，如心电图、脑电图等。由于生物电信号很微弱，故对放大电路的要求很高。该电路选用了低功耗仪表集成运放 INA102，如图 8-20 所示。该芯片的特点是：静态电流小（最大为 750 μA）；内部增益可通过管脚的不同连接而变化，可选择的增益有 1，10，100 和 1 000，图中引脚 4，7 相连及 5，6 引脚相连可得最大增益；增益精度高，且漂移小（最大为 5×10^{-6} V/℃）；共模抑制比高（最小值为 90 dB）；失调电压小（最大值为 100 μV）；非线性失真小（最大为 0.01%）；失调电压的漂移小（最大值为 2 μV/℃）；输入电阻高（$10^{10}\Omega$）。本电路的电压放大倍数为 1 000，其输出电压峰峰值可达 1 V。

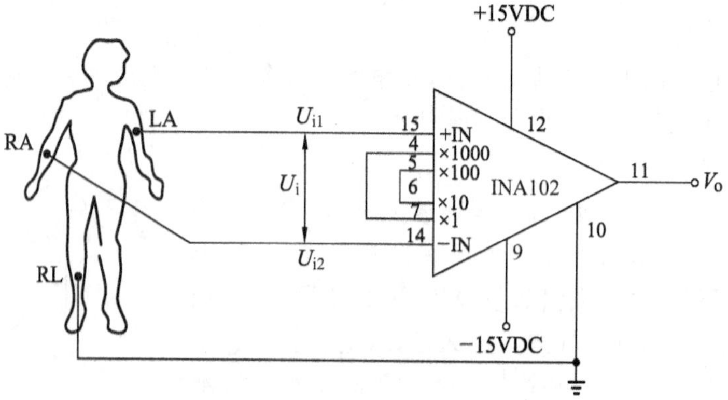

图 8-19 人体生物电信号前置放大电路

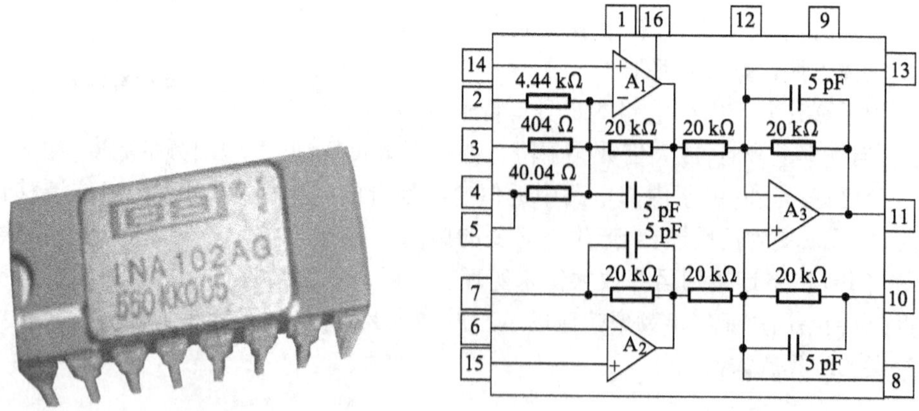

(a) 外观图 (b) 内部结构图

图 8-20 仪表放大器 INA102

（2）增益可编程运算放大器

图 8-21 所示为增益可编程放大器 OPA676，OPA676 内部包含有两路放大电路，分别记为 A 通道和 B 通道（如图 8-21 中的 A 和 B），这两个通道的状态（畅通或截止）由引脚

12(称为 TTL 端)的电平高、低来控制:当加在 TTL 端的电压为高电平时,A 通道(电路上部分)工作,B 通道(电路下部分)截止;反之,当加在 TTL 端为低电平时,A 通道截止,B 通道工作。A 通道的电压放大倍数 $A_{VA}=1+R_1/R_2$,B 通道的电压放大倍数 $A_{VB}=1+R_4/R_3$,故只要选择不同的 R_1,R_2 或 R_3,R_4,A 和 B 通道就可具有不同的增益;通过加于 A 和 B TTL 端(引脚 12)电平的高、低即可方便地实现增益编程控制。

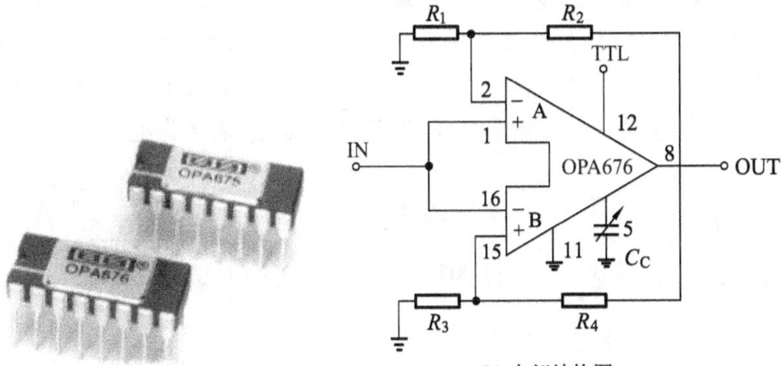

(a) 外观图　　(b) 内部结构图

图 8-21　增益可编程放大器 OPA676

(3) 音频放大器

音频放大器设计之初即被设定为用于放大 20 ~ 20 000 Hz 的音频信号,其噪声和失真度都很低,主要用于音频系统的前置放大。和通用运算放大器不同,音频放大器多出许多其他特点。如低电压音频放大器 LM386(如图 8-22 所示),内部设置放大倍数为 20 倍,但如果在其增益脚上外接电阻和电容,放大倍数可达到 200 倍。此外 LM383 还可用作功率放大,驱动 4 Ω 的负载。

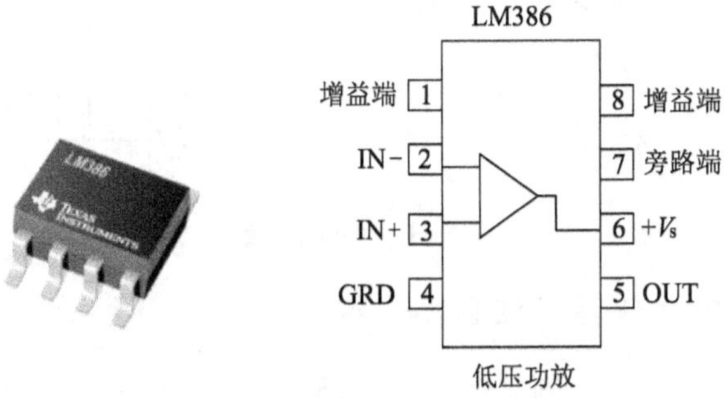

(a) 外观图　　(b) 引脚图

图 8-22　音频放大器 LM386

8.5　比较器

比较器主要用于两个输入信号的比较或者一个输入信号和另一个标准信号进行比较,当同相输入端信号 V_+ 大于反相输入端信号 V_- 时,比较器输出与正电源接近的高电平;当同相输入端信号 V_+ 小于反相输入端信号 V_- 时,比较器输出与负电源接近的低电平。图 8-23、图 8-24 分别为同相比较器和反相比较器。

在负电源接地的条件下，并非所有的运算放大器都能正常工作，因而选用专用的比较器是一个好方法。专用的比较器与运放一样，具有同相输入端、反相输入端、输出端和电源端，其原理图也与运算放大器类似；与运算放大器不同的是，专用的比较器没有频率补偿，因此不能作为线性放大，实际上，专用的比较器从来不使用负反馈。

运算放大器与比较器的区别主要在于输出电路。运算放大器输出级采用推挽输出，而比较器输出级采用双极性晶体管的集电极开路结构，同时外接一个从正电源端到输出端的上拉电阻。当比较器同相端的输入电压低于反相端输入电压时，输出晶体管导通，输出接地；当同相端电压高于反相端时，输出晶体管截止，输出为电源电压。

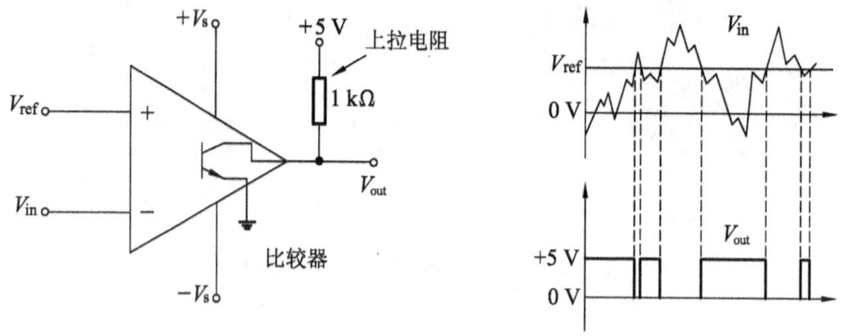

图 8-23　同相比较器

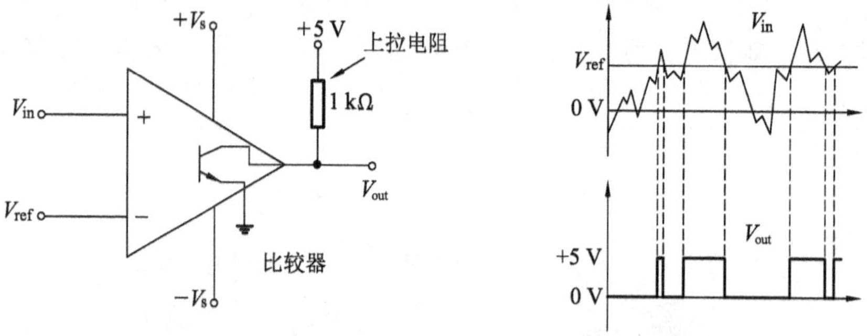

图 8-24　反相比较器

8.5.1　非过零比较器与过零比较器

有时候比较器参考电压控制在一个由 R_1, R_2 构成的分压器上，这样通过改变电阻 R_1, R_2 的比值就可以控制参考电压 V_{ref}，计算式为：

$$V_{ref}=\frac{R_1}{R_1+R_2}(+V_{CC}) \tag{8-22}$$

这种比较器称为非过零比较器，如图 8-25 所示。

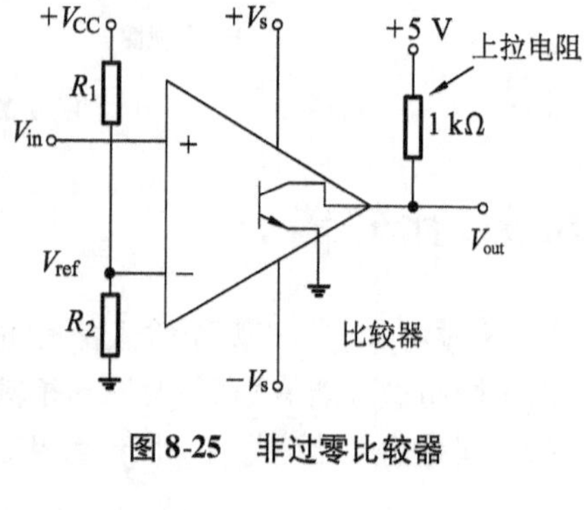

图 8-25　非过零比较器

而与之对应的过零比较器是指让同相输入端接地，反相输入端输入，主要用于检测一个输入信号是否超过 0。如图 8-26 所示，当输入信号

V_{in}为高电平时，输出 V_{out}为低电平；当输入信号 V_{in}为低电平时，输出 V_{out}为高电平。

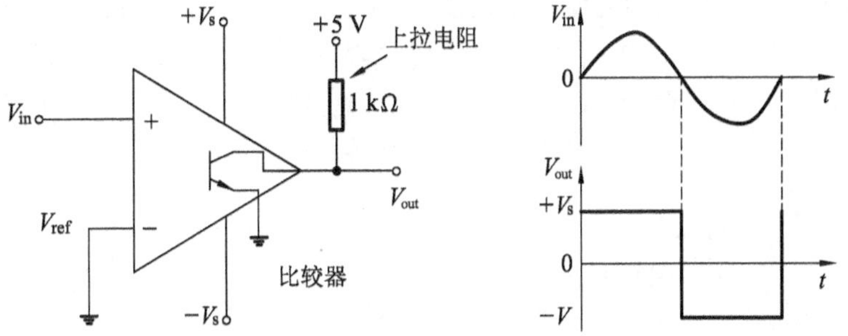

图 8-26　过零比较器

8.5.2　迟滞比较器

无论是过零比较器还是非过零比较器都存在一个问题：当有一个靠近参考电压且变化很缓慢的信号出现时，输出端将在高、低电平间频繁跳跃，而这并非电路原本想要的效果，这时常常利用迟滞比较器的电路对跳变点进行控制。

迟滞比较器有上、下两个参考电压 $V_{ref(H)}$ 和 $V_{ref(L)}$，如图 8-27 所示，当信号 V_{in}上升超过上参考电压 $V_{ref(H)}$时，迟滞比较器跳变（A 点）；当 V_{in}下降小于上参考电压 $V_{ref(H)}$时迟滞比较器不跳变，直到 V_{in}下降到下参考电压 $V_{ref(L)}$时，迟滞比较器才跳变（C 点）。可见，迟滞比较器在输入信号上升段和下降段的跳变时机不相同：当输入信号上升时，超过 $V_{ref(H)}$之后迟滞比较器跳变；当输入信号下降时，小于 $V_{ref(L)}$之后迟滞比较器跳变，这种迟滞比较器有时也称为施密特触发器。

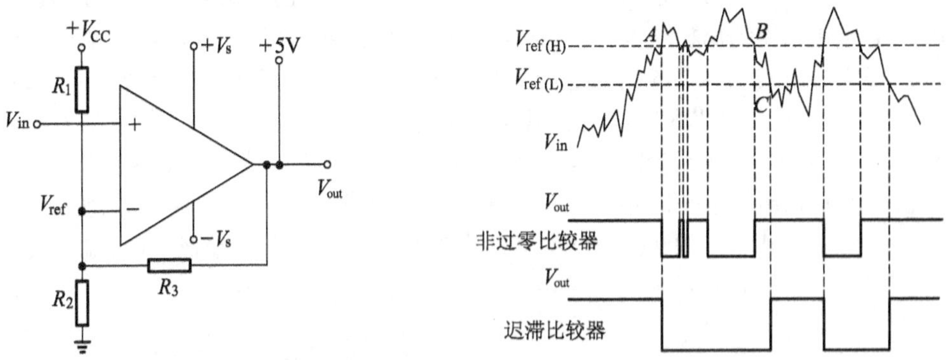

图 8-27　迟滞比较器

对于图 8-27 所示的迟滞比较器电路，上、下参考电压可由式(8-23)、(8-24)确定：

$$V_{ref(H)}=\frac{R_2}{R_1 \parallel R_3+R_2}(+V_{CC}) \tag{8-23}$$

$$V_{ref(L)}=\frac{R_2 \parallel R_3}{R_2 \parallel R_3+R_1}(+V_{CC}) \tag{8-24}$$

8.5.3　窗口比较器

窗口比较器同样具有 2 个参考电压，分别称为上限值 V_U、下限值 V_L。V_U 和 V_L 就如同一个窗口，只要输入信号 V_{in}不在这个窗口内，比较器的输出 V_{out}就能翻转。

图 8-28 是一种比较典型的窗口比较器，其中，V_U 和 V_L 端用来设置上、下限，可用分压器、参考电压源等设置。当 V_{in}在上、下限之间时，输出 V_{out}为低电平；当 V_{in}超出上限或下限时，输出 V_{out}为高电平。

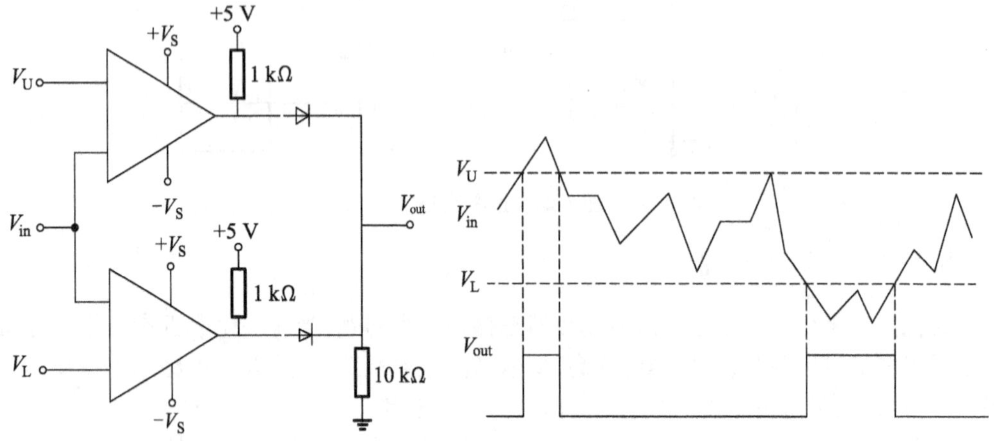

图 8-28　窗口比较器

8.5.4　实例——电容充放电

图 8-29 所示电路可以生动、形象、直观地演示电容器充电、放电的物理过程。电路的核心是点/柱状显示驱动器集成电路 LM3914，其内部由输入缓冲器、10 级电压比较器、1.25 V 基准电源电路等组成。模拟信号从 5 引脚输入 IC，经内部输入缓冲器放大后，送至 10 级电压比较器的反相输入端，与各电压比较器正相输入端的分压器上基准电压进行比较，每级分压器上逐级的比较电压为 0.125 V，0.25 V，0.375 V，0.5 V，…，1.25 V。当输入信号电压高于 0.125 V 时，电压比较器 1 输出低电平(引脚 1)；当输入信号电压高于 0.25 V 时，电压比较器 2 输出低电平(引脚 18)……当输入信号电压高于 1.25 V 时，电压比较器 10 输出低电平(引脚 10)。各输出端接上发光二极管，即可线性地显示出模拟信号的大小。LM3914 的 9 脚为显示模式转换段，将该管脚接地或悬空时，显示模式为

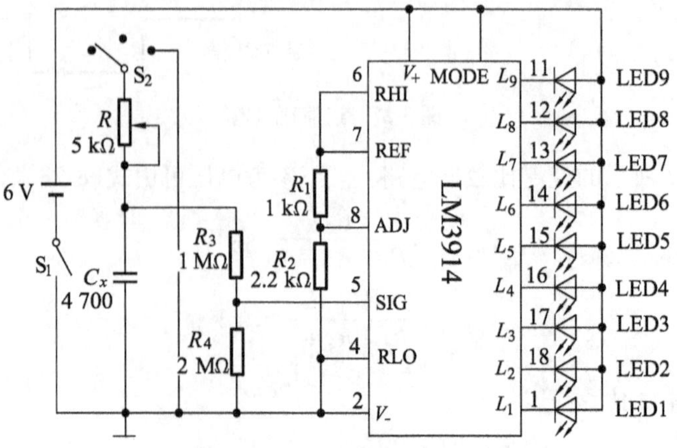

图 8-29　电容充放电原理图

点状;将该脚接 V_{CC}时,显示模式为线状。

将开关 S_2 拨至位置“1”,6 V 电压通过 R 对电容器 C_x 充电,LM3914 引脚 5 的电位不断升高,输出端 $L_1 \sim L_9$ 依次输出并保持低电平,LED1 ~ LED9 依次被点亮;开关 S_2 拨至位置“2”时,由于无放电回路,LED1 ~ LED9 状态维持不变;开关 S_2 拨至位置“3”时,C_x 经过 R 对地放电,引脚 5 的电位不断降低,其输出端 $L_1 \sim L_9$ 依次输出并保持高电平,LED1 ~ LED9 逐渐熄灭。电阻 R 为电容 C_x 充电、放电速度控制电位器。图 8-30 所示为 LM3914 的外观图和内部结构图。

(a) 外观图

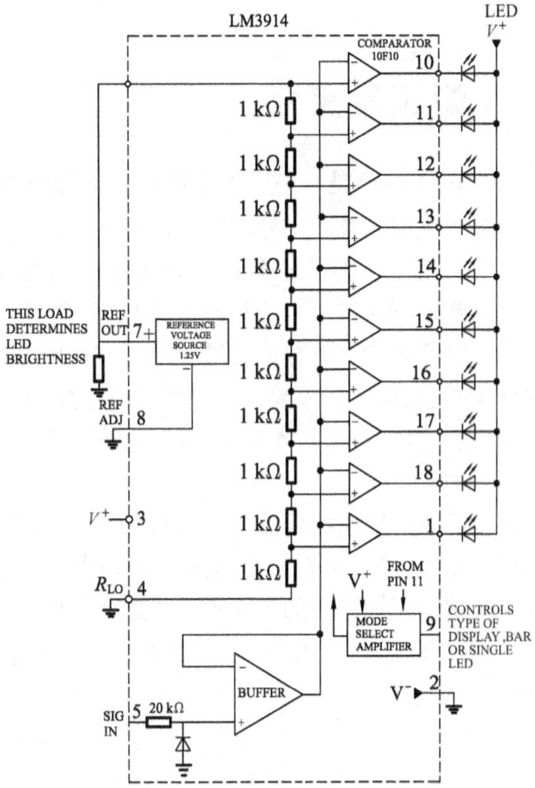

(b) 低压功放

图 8-30 点/柱状显示驱动器 LM3914

第9章

滤 波 器

9.1　滤波器简介

滤波器(Filter)是一种用来消除干扰杂讯的器件,或者说是对输入或输出的信号中特定频率的频点或该频点以外的频率进行有效滤除的电路。

滤波器按所处理的信号分为模拟滤波器和数字滤波器2种。

滤波器按所通过信号的频段分为低通、高通、带通和带阻4种。其中低通滤波器允许信号中的低频或直流分量通过,抑制高频分量或干扰、噪声;高通滤波器允许信号中的高频分量通过,抑制低频或直流分量;带通滤波器允许一定频段的信号通过,抑制低于或高于该频段的信号、干扰和噪声;带阻滤波器抑制一定频段内的信号,允许该频段以外的信号通过。

滤波器按所采用的元器件又可分为无源滤波器和有源滤波器2种。其中无源滤波器为仅由无源元件(R,L和C)组成的滤波器,它是利用电容和电感元件的电抗随频率的变化而变化的原理构成的。这类滤波器的优点是电路比较简单,不需要直流电源供电,可靠性高;缺点是通带内的信号有能量损耗,负载效应比较明显,使用电感元件时容易引起电磁感应,当电感L较大时滤波器的体积和重量都比较大,在低频域不适用。而有源滤波器由无源元件(一般用R和C)和有源器件(如集成运算放大器)组成。这类滤波器的优点是通带内的信号不仅没有能量损耗,而且可以放大,负载效应不明显,多级相联时相互影响很小,利用级联的简单方法很容易构成高阶滤波器,并且滤波器的体积小、重量轻,不需要磁屏蔽(不使用电感元件);缺点是通带范围受有源器件(如集成运算放大器)的带宽限制,需要直流电源供电,可靠性不如无源滤波器高,在高压、高频、大功率的场合不适用。

滤波器在电子学上有很多实际应用。例如在直流供电情况下,滤波器可用于消除由交流电路带来的高频信号,并且能使整流器输出的直流电压更平滑。在无线通信中,滤波器使收音机只提供听众所需要的信号;在声学中,滤波器网络又称为分频网络,分离出低频信号到低音扬声器,中频信号到中频扬声器,高频信号到高频扬声器。

9.2　滤波器的基本概念

(1) 频率响应

在时域中,设输入为$x(t)$,输出为$y(t)$,滤波器的脉冲响应函数为$h(t)$。转换到频域，激励信号为 $X(j\omega)$，经过一个线性网络得到的响应信号为 $Y(j\omega)$。

则该网络传递函数为：

$$H(j\omega)=\frac{Y(j\omega)}{X(j\omega)}=|H(j\omega)|e^{j\phi(\omega)}=\frac{A_y e^{j\phi_y}}{A_x e^{j\phi_x}} \tag{9-1}$$

式中，幅度增益 $\frac{A_y}{A_x}=|H(j\omega)|$，与 ω 构成幅频特性曲线，描述的是增益 $\left(\frac{V_{out}}{V_{in}}\right)$ 相对于频率的衰减，相位变化 $\varphi_y-\varphi_x=\varphi(\omega)$ 与 ω 构成相频特性曲线。一个网络的传递函数包含了网络的全部属性。

（2）分贝

分贝是用对数的方式描述相对值，无量纲。

B：贝尔，A/B（贝尔）= lg(A/B) = lg(A) − lg(B)

dB：分贝，A/B（分贝）= 10 lg(A/B)

对于幅频响应：

$$|H(j\omega)|(dB)=20\lg(|H(j\omega)|) \tag{9-2}$$

（3）−3 dB 频率（f_{3dB}）

−3 dB 也叫截止频率，表示导致输出信号相对于输入信号下降了 3 dB 时的输入信号频率。−3 dB 频率等于截止频率。此时，输出功率相对于输入功率减少了 1/2，而输出电压相对于输入电压减小到 $\frac{1}{\sqrt{2}}$（因为功率为 2^{-1} 倍，即 $10\times\lg(2^{-1})=-3.01$）。对于低通和高通滤波器而言，只有 1 个 −3 dB 频率；而对于带通和带阻滤波器，有 2 个 −3 dB 频率，通常用 f_1 和 f_2 来表示。

（4）通频带

它表示那些输出衰减量不超过 −3 dB 的信号频率。

（5）阻带频率（f_s）

它是一个特定的频率，对于低通和高通滤波器，超过阻带频率的频率范围称为阻带；对于带通和带阻滤波器，有 2 个阻带频率，且介于 2 个阻带频率之间的频率也被称为阻带。

（6）带宽

对于低通或带通滤波器，带宽是指其通频带宽度；对于高通或带阻滤波器，带宽是指其阻带宽度。带宽决定着滤波器分离信号中相邻频率成分的能力。

（7）品质因数（Q）

品质因数表示带通滤波器中心频率和 −3 dB 带宽（在 −3 dB 的两点 f_1 和 f_2 之间的距离）的比率：

$$Q=\frac{f_0}{f_2-f_1} \tag{9-3}$$

对于带阻滤波器，品质因数用 $Q=\frac{f_2-f_1}{f_0}$ 计算，f_0 常称为截止频率。

图 9-1 所示为常见的 4 种滤波器的频率特性。

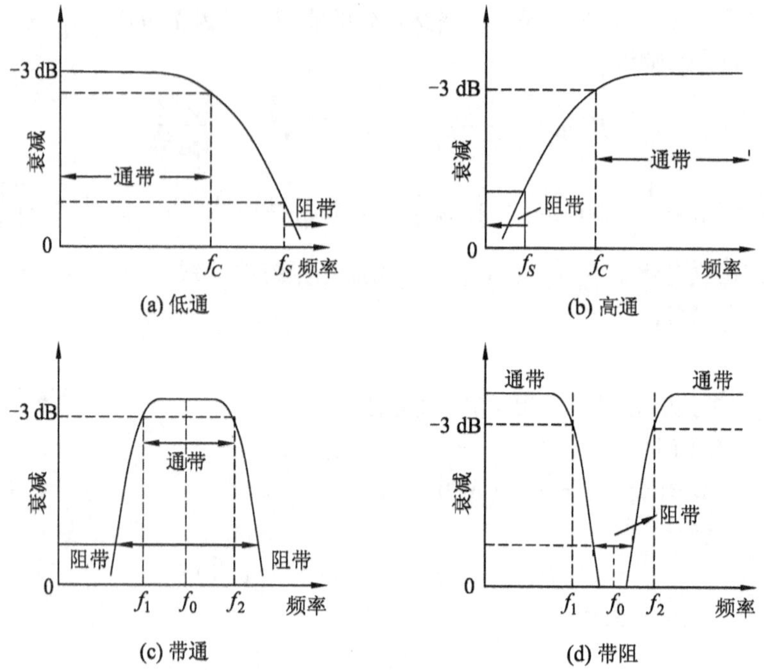

图 9-1　滤波器频率特性

(8) 基本滤波器

图9-2为常见滤波器的原理图。在学习电容和电感时，曾接触过如图9-2至9-5所示的滤波器，它们都有一个共同的特性，在衰减响应值超过 -3 dB 点后，每倍频程(上限频率为下限频率的2倍)都有6 dB的衰减。在某些非特殊的应用中，每倍频程6 dB的衰减作用已很好，然而在某些特殊场合(如更陡峭的衰减和更平坦的通频带)，每倍频程6 dB的衰减滤波器仍将无法工作，此时需要设计超过每倍频程6 dB的不同程度的衰减。本章将分别讨论无源滤波器和有源滤波器的设计。

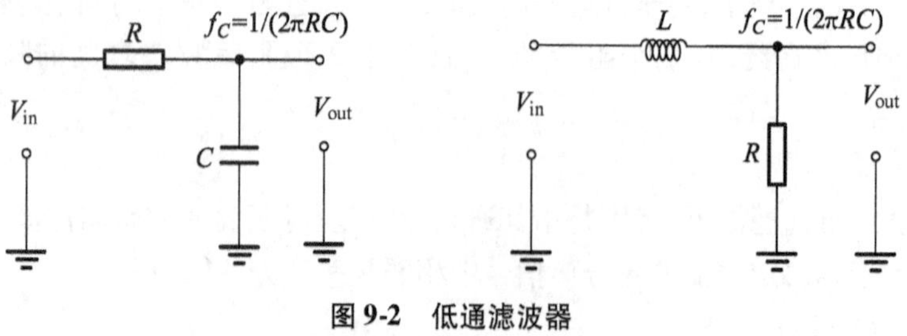

图 9-2　低通滤波器

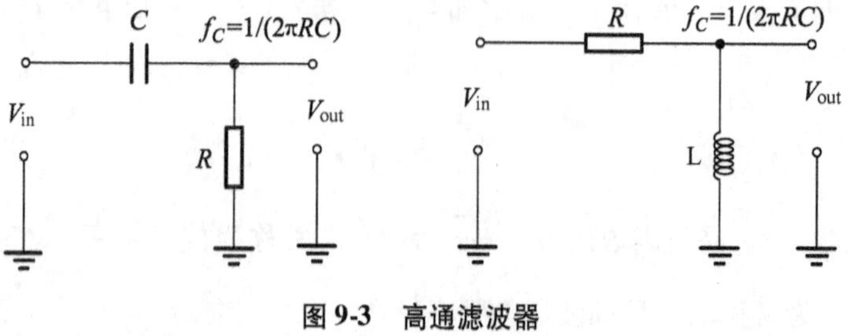

图 9-3　高通滤波器

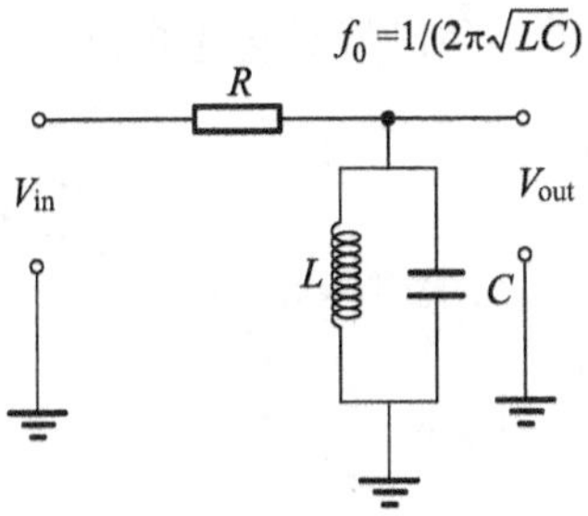

图 9-4 带通滤波器

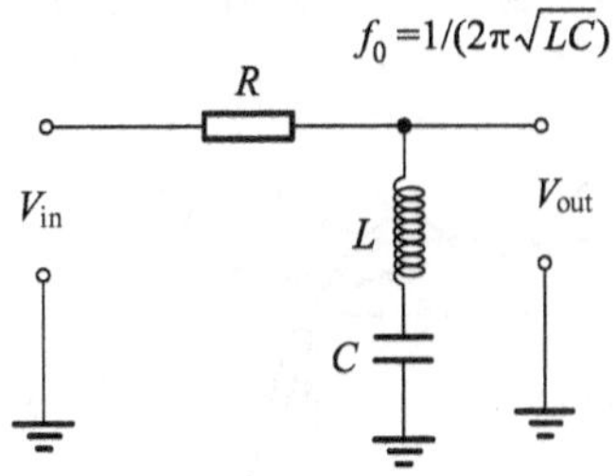

图 9-5 带阻滤波器

9.3 无源滤波器的设计

9.3.1 无源低通滤波器的设计

假设滤波器参数为:低通滤波器,$f_{3\ dB}=3\ 000$ Hz(在 3 000 Hz 处衰减是 -3 dB),在频率为 9 000 Hz 时有 -25 dB 衰减(截止频率 f_S),假设信号源阻抗 R_S 和负载阻抗 R_L 都为 50 Ω。步骤为:

(1) 归一化

设置 -3 dB 频率 $f_{3\ dB}$ 为 1,则归一化的截止频率 A_S 为:

$$A_S=\frac{f_S}{f_{3\ dB}}=\frac{9\ 000\ \text{Hz}}{3\ 000\ \text{Hz}}=3 \tag{9-4}$$

可以看出归一化的截止频率是归一化的 -3 dB 频率的 3 倍,如图 9-6 所示。

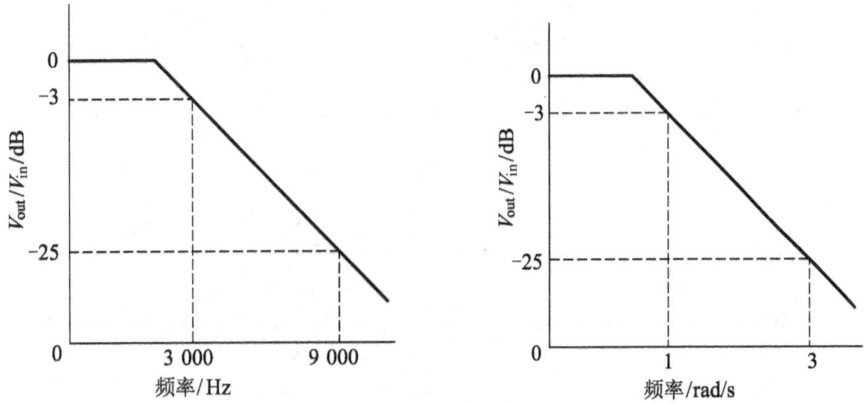

图 9-6 低通滤波器的归一化

(2) 确定滤波器类型

滤波器有 3 种类型可供选择,分别是巴特沃斯滤波器(Butterworth)、切比雪夫滤波器(Chebyshev)和贝塞尔滤波器(Bessel)(如图 9-7 所示),均以人名命名,3 种滤波器均有各自的优缺点。巴特沃斯滤波器通带内响应最为平坦;切比雪夫滤波器截止特性特别好,但群延时特性却不太好,通带内有等波纹起伏;贝塞尔滤波器具有最大平坦的群延迟特性，即线性相位响应。本书不做详细介绍，在此主要关注巴特沃斯滤波器。

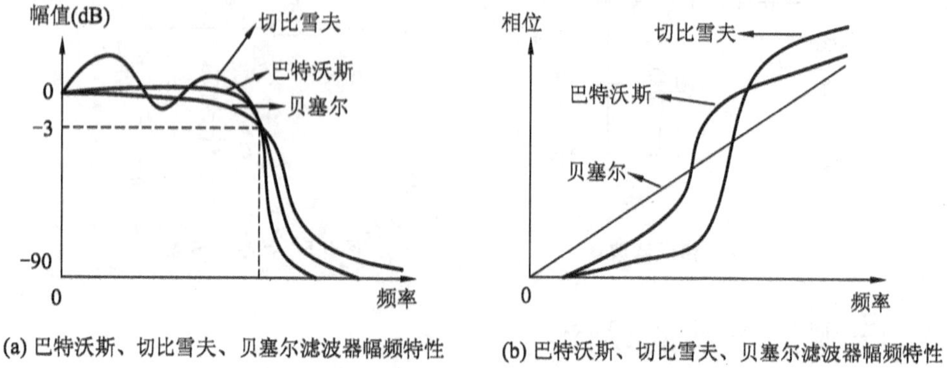

图 9-7　三种滤波器特性

（3）确定所需要的极点数目

图 9-8 是一张巴特沃斯低通滤波器的归一化频率衰减图（通常这种响应曲线图由滤波器技术手册提供）。按题目要求在归一化频率为 3 处产生 -25 dB 衰减的趋向，此时会发现 $n=3$ 处提供了足够的衰减，因此现在需要一个三阶的低通滤波器。对于无源滤波器而言，需要有 3 个极点；如果采用 LC 回路的话，该滤波器需要 3 个 LC 回路。

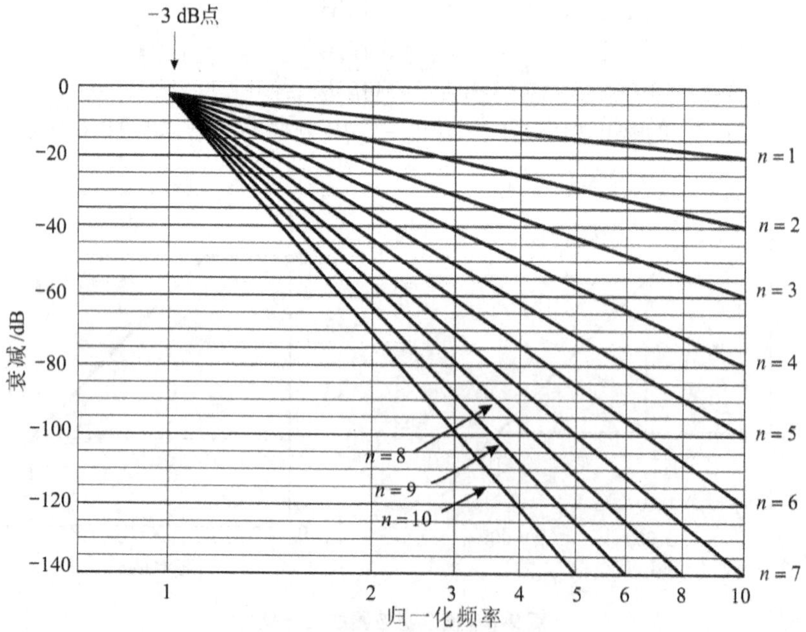

图 9-8　归一化频率衰减图

（4）归一化滤波器的制作

多阶 LC 滤波器的构成有 T 形和 π 形 2 种，T 形的特点是在阻值频率下的输入阻抗大，而 π 形的特点是输入阻抗小。如果负载阻抗比信号源阻抗大，可以采用 T 形网络；如果负载阻抗比信号源阻抗小，最好采用 π 形网络；如果二者匹配，2 种网络均可使用。这

里选择 π 形网络(如图 9-9 所示),从而可以得到归一化的滤波电路(如图 9-10 所示)。表 9-1 是 π 形网络巴特沃斯低通滤波器的各参数取值。

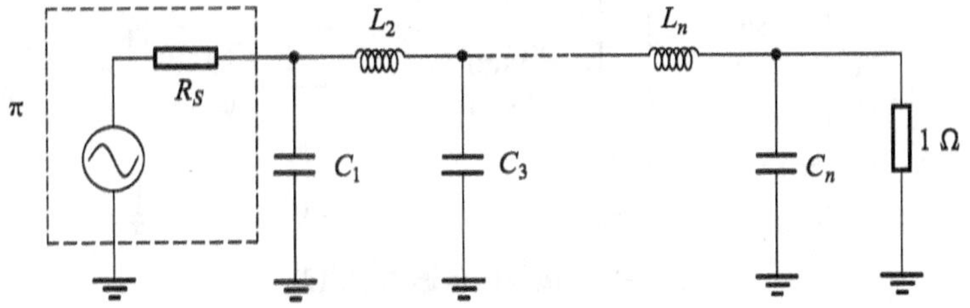

图 9-9 π 形网络

表 9-1 π 形网络巴特沃斯低通滤波器的值

n	R_S	C_1	L_2	C_3	L_4	C_5	L_6	C_7
2	1.000	1.414 2	1.414 2					
3	1.000	1.000 0	2.000 0	1.000 0				
4	1.000	0.765 4	1.847 8	1.847 8	0.765 4			
5	1.000	0.618 0	1.618 0	2.000 0	1.618 0	0.618 0		
6	1.000	0.517 6	1.414 2	1.931 9	1.414 2	1.414 2	0.517 6	
7	1.000	0.445 0	1.247 0	1.801 9	1.801 9	1.801 9	1.247 0	0.445 0

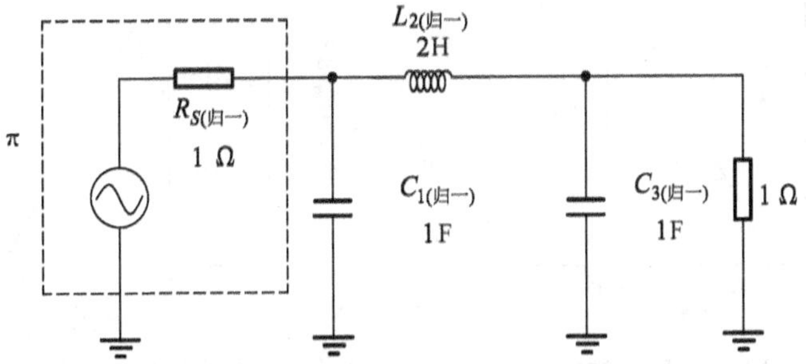

图 9-10 归一化后的滤波器电路

然而,图 9-10 的元器件参数值不是最终想要的参数,还必须考虑信号源和负载阻值的影响。

(5) 频率和阻抗值的变换

对于频率的转换,将归一化得到的电容值和电感值除以 $2\pi f_C$;对于阻抗的变换,将电阻值和电感值乘以负载阻抗,将电容值除以负载阻抗:

$$L_{n(实)}=\frac{R_L L_{n(归一)}}{2\pi f_{3\ \mathrm{dB}}} \tag{9-4}$$

$$C_{n(实)}=\frac{C_{n(归一)}}{2\pi f_{3\ \mathrm{dB}} R_L} \tag{9-5}$$

计算可得:$L_{2(实)}=5.3$ mH,$C_{1(实)}=1.06$ μF,$C_{3(实)}=1.06$ μF,电路如图 9-11 所示。

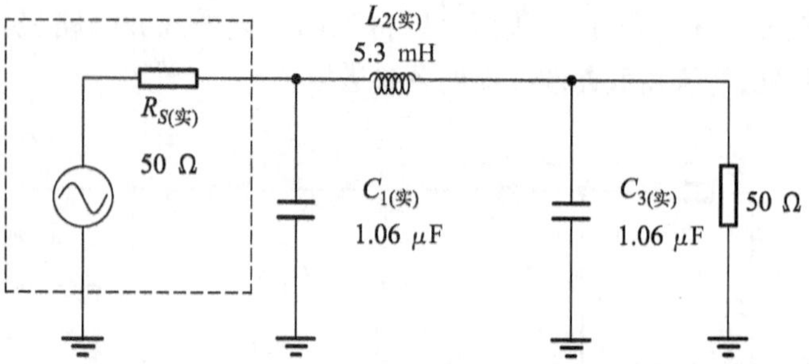

图 9-11　最终的低通滤波电路

9.3.2　无源高通滤波器的设计

滤波器参数：$f_{3\ \mathrm{dB}}=1\ 000$ Hz，在 300 Hz 处至少要有 −45 dB 的衰减（即 $f_S=300$ Hz）。假设信号源和负载都为 50 Ω，且滤波器是巴特沃斯类型。

高通滤波器可以采用把高通响应看成是低通响应转化的方法：设计一个归一化的低通滤波器；在该低通滤波器的元件上运用换算技巧得到一个归一化的高通滤波器；利用频率和阻抗变换该归一化的高通滤波器。

将高通滤波器响应曲线（如图 9-12 所示）在水平方向上翻转得到一个低通滤波器响应曲线，将该低通滤波器响应曲线归一化之后，得到图 9-13。

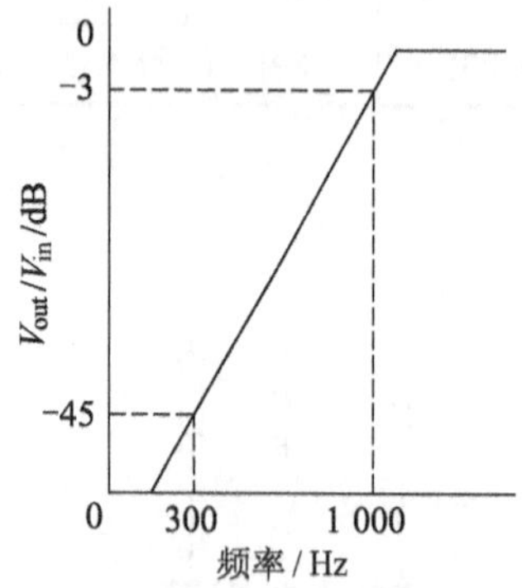

图 9-12　频率响应曲线

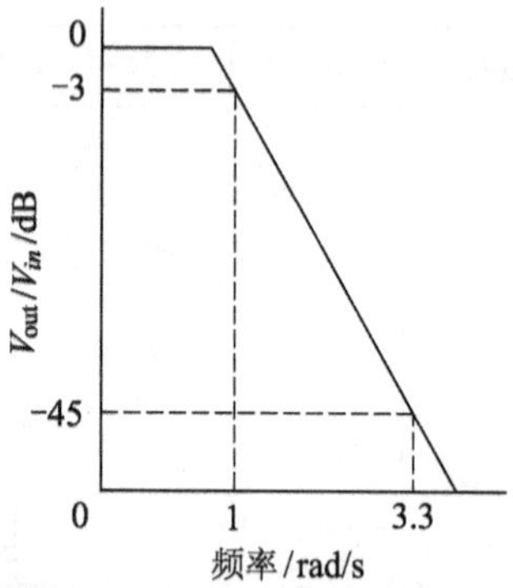

图 9-13　转换为归一化低通滤波器

根据图 9-8，$n=5$ 的曲线符合要求，因此可以搭建一个五阶的 LC 网络，下面考虑是用 π 形网络还是 T 形网络。由于 T 形网络需要较少的电感，因此采用 T 形网络，如图 9-14 所示。

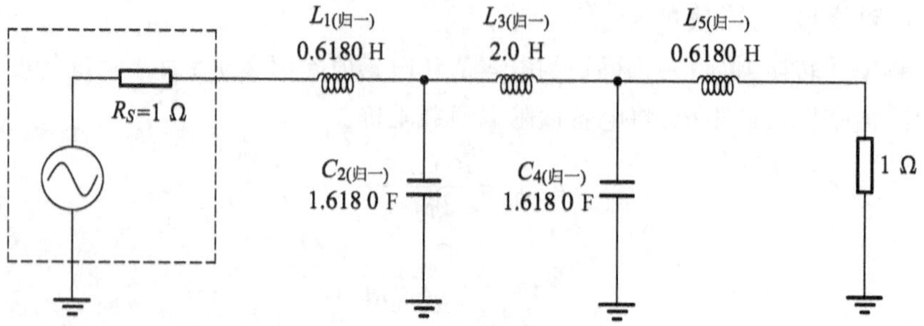

图 9-14　T 形低通滤波器

为了将低通滤波器变为高通滤波器，用具有$\frac{1}{L}$值的电容置换电感，用具有$\frac{1}{C}$值的电感置换电容。即：

$$C_{1(转)}=1/L_{1(归一)}=1/0.6180=1.6180\ \text{F} \tag{9-6}$$

$$C_{3(转)}=1/L_{3(归一)}=1/2.0=0.5\ \text{F} \tag{9-7}$$

$$C_{5(转)}=1/L_{5(归一)}=1/0.6180=1.6180\ \text{F} \tag{9-8}$$

$$L_{2(转)}=1/C_{2(归一)}=1/1.6180=0.6180\ \text{H} \tag{9-9}$$

$$L_{4(转)}=1/C_{4(归一)}=1/1.6180=0.6180\ \text{H} \tag{9-10}$$

由此，得到如图 9-15 所示电路。

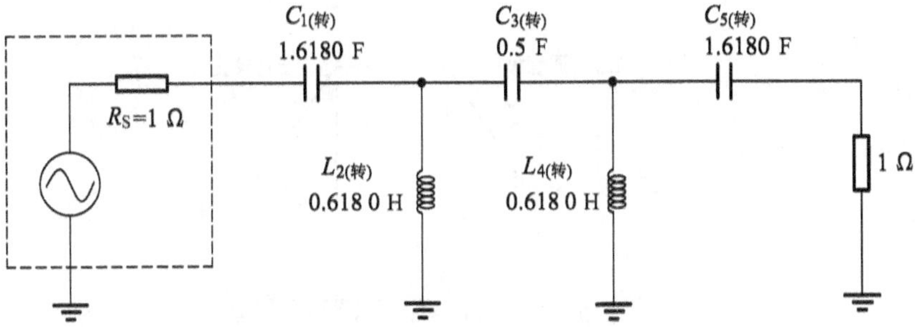

图 9-15　低通滤波器转为高通滤波器

然后，变换频率和阻抗得到实际的元件参数：

$$C_{1(实)}=\frac{C_{1(转)}}{2\pi f_{3\ \text{dB}}R_{\text{L}}}=5.1\ \mu\text{F} \tag{9-11}$$

$$C_{3(实)}=\frac{C_{3(转)}}{2\pi f_{3\ \text{dB}}R_{\text{L}}}=1.6\ \mu\text{F} \tag{9-12}$$

$$C_{5(实)}=\frac{C_{5(转)}}{2\pi f_{3\ \text{dB}}R_{\text{L}}}=5.1\ \mu\text{F} \tag{9-13}$$

$$L_{2(实)}=\frac{L_{2(转)}R_{\text{L}}}{2\pi f_{3\ \text{dB}}}=4.9\ \text{mH} \tag{9-14}$$

$$L_{4(实)}=\frac{L_{4(转)}R_{\text{L}}}{2\pi f_{3\ \text{dB}}}=4.9\ \text{mH} \tag{9-15}$$

由此，得到如图 9-16 所示最终高通滤波电路。

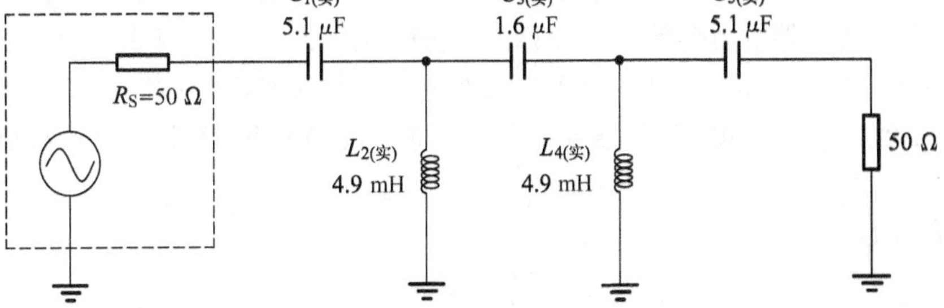

图 9-16　最终高通滤波器电路

9.3.3 无源带通滤波器的设计

带通滤波器分为窄带和宽带 2 种，两者区别在于高通 -3 dB 频率f_1 和低通 -3 dB 频率f_2 之间的比率。若$\frac{f_2}{f_1}$大于 1.5，属于宽带类型；若低于 1.5，则属于窄带类型。

设计宽带带通滤波器简单来讲，就是低通和高通滤波器设计的结合。假设带通滤波器参数为：要求在 -3 dB 点有截止频率f_1 =1 000 Hz 和f_2 =3 000 Hz，并且在 300 Hz 处至少有 -45 dB 的衰减，在 9 000 Hz 处衰减超过 -25 dB，信号源和负载的阻抗都是50 Ω，用巴特沃斯滤波器设计，则有如图 9-17 所示为带通滤波器响应曲线。

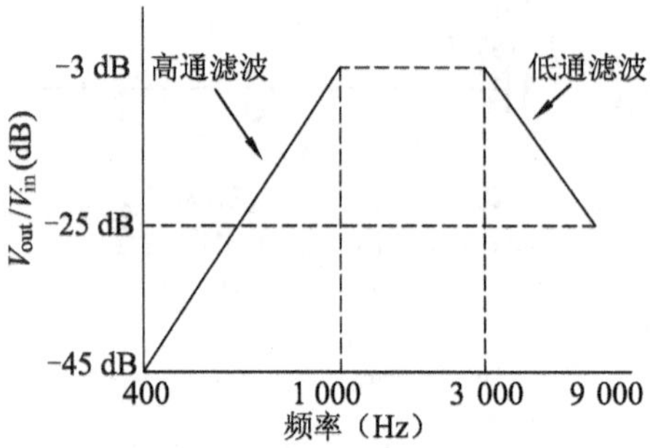

图 9-17 带通滤波器响应曲线

根据前面的方法可以得到滤波器电路图如图 9-18 所示。

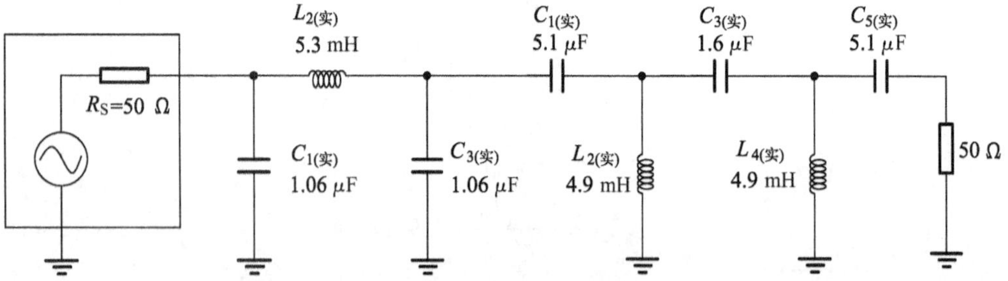

图 9-18 宽带滤波器电路图

窄带带通滤波器不能简单地把低通和高通滤波器级联来完成，具体方法为：把带通滤波器的 -3 dB 带宽变换为低通滤波器的 -3 dB 频率$f_{3\,dB}$；把带通滤波器的阻带带宽变为响应的低通滤波器的阻带频率；用特殊的方法对滤波器频率进行标定。

假设一个在f_1 =900 Hz 和f_2 =1 100 Hz 处有 -3 dB 的带通滤波器，并且在 800 Hz 和 1 200 Hz处至少有 -20 dB 衰减，信号源和负载的阻抗都是 50 Ω，且用巴特沃斯滤波器设计。

中心频率

$$f_0 = \sqrt{f_1 f_2} = 995\ \text{Hz} \tag{9-16}$$

阻带频率f_a 和f_b 满足$f_a f_b = f_0^2$，则

$$f_a = 800\ \text{Hz},\ f_b = \frac{f_0^2}{f_a} = 1\ 237\ \text{Hz},\ f_b - f_a = 437\ \text{Hz} \tag{9-17}$$

$$f_b = 1\ 200\ \text{Hz},\ f_a = \frac{f_0^2}{f_b} = 825\ \text{Hz},\ f_b - f_a = 375\ \text{Hz} \tag{9-18}$$

对于 2 对新的阻带频率,选择间隔较小的一个,即 375 Hz。则根据$\frac{\text{阻带带宽}}{3\ \text{dB 带宽}} = \frac{375\ \text{Hz}}{200\ \text{Hz}} = 1.88$ 可得到归一化的低通巴特沃斯滤波器,由于要在归一化频率 1.88 处至少有 -20 dB 的衰减,选择 $n=3$ 的曲线符合要求,如图 9-19 所示。

因此可以构建一个三阶的归一化低通滤波器,如图 9-20 所示。

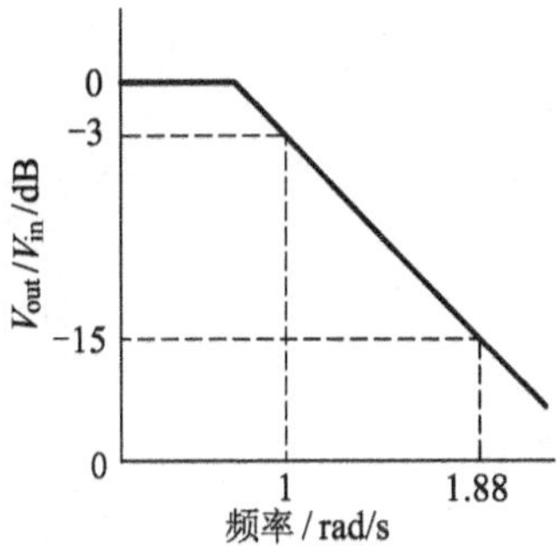

图 9-19　归一化低通响应

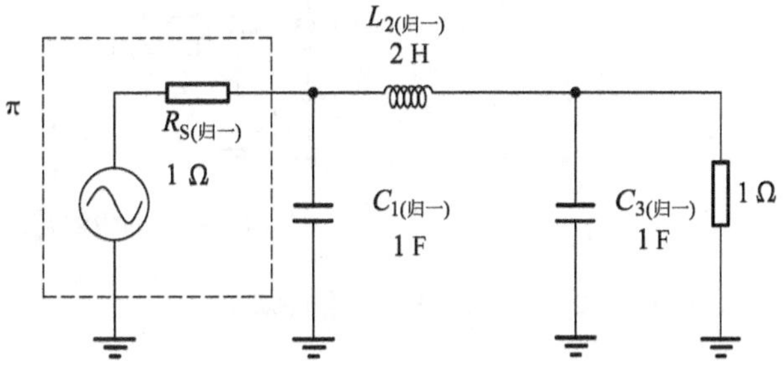

图 9-20　归一化低通滤波电路

然后,标定归一化低通滤波器的阻抗和频率,公式和结果如下:

$$C_{1(实)} = \frac{C_{1(归一)}}{2\pi(\Delta f_{BW})R_L} = 15.92\ \mu\text{F} \tag{9-19}$$

$$C_{3(实)} = \frac{C_{3(归一)}}{2\pi(\Delta f_{BW})R_L} = 15.92\ \mu\text{F} \tag{9-20}$$

$$L_{2(实)} = \frac{L_{2(归一)}R_L}{2\pi(\Delta f_{BW})} = 79.6\ \text{mH} \tag{9-21}$$

式中,$\Delta f_{BW} = f_2 - f_1 = 200$ Hz。

由此可得如图 9-21 所示电路图。

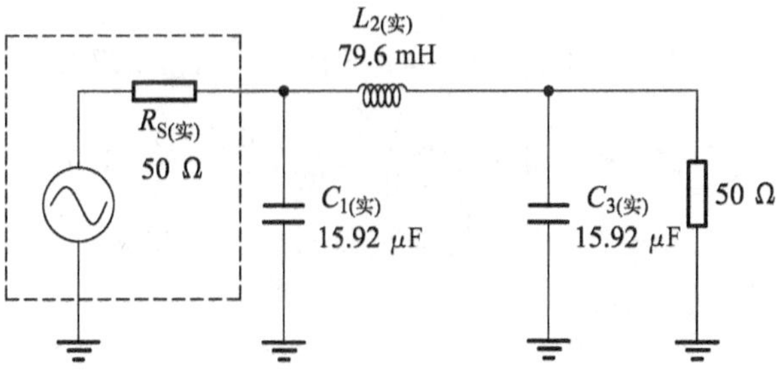

图 9-21　阻抗和频率标定后的低通滤波器

接下来,对电感增加串联电容和对电容增加并联电感,使该低通滤波器的各个支路都在频率 f_0 处发生谐振,根据 $f_0 = \frac{1}{2\pi\sqrt{LC}}$ 可得:

$$L_{(\text{并}C_1)}=\frac{1}{(2\pi f_0)^2 C_{1(\text{实})}}=1.61\ \text{mH} \tag{9-22}$$

$$L_{(\text{并}C_3)}=\frac{1}{(2\pi f_0)^2 C_{3(\text{实})}}=1.61\ \text{mH} \tag{9-23}$$

$$C_{(\text{串}L_2)}=\frac{1}{(2\pi f_0)^2 L_{2(\text{实})}}=0.32\ \mu\text{F} \tag{9-24}$$

由此,可得如图 9-22 所示最终的带通滤波器电路图。

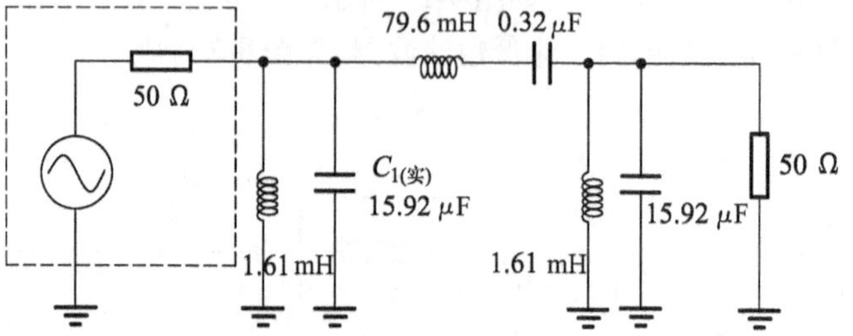

图 9-22　最终的带通滤波器

9.3.4　无源带阻滤波器的设计

设计带阻(陷波)滤波器可以采用类似于窄带带通滤波器的方法,只是需要高通滤波器来代替低通滤波器作为基本部件。

带阻滤波器的参数:在 −3 dB 点处的频率为 $f_1=800$ Hz 和 $f_2=1\ 200$ Hz,在 900 Hz 和 1 100 Hz 处至少有 −20 dB 的衰减,信号源和负载的阻抗都是 600 Ω,要求按巴特沃斯滤波器设计。

中心频率

$$f_0=\sqrt{f_1 f_2}=980\ \text{Hz} \tag{9-25}$$

阻带频率 f_a 和 f_b 满足 $f_a f_b=f_0^2$。

则

$$f_a=900\ \text{Hz},\ f_b=\frac{f_0^2}{f_a}=1\ 067\ \text{Hz},\ f_b-f_a=167\ \text{Hz} \tag{9-26}$$

$$f_b=1\ 100\ \text{Hz},\ f_a=\frac{f_0^2}{f_b}=873\ \text{Hz},\ f_b-f_a=227\ \text{Hz} \tag{9-27}$$

选择间隔较大的一个,即 227 Hz。则根据$\frac{\text{阻带带宽}}{3\ \text{dB 带宽}}=\frac{400\ \text{Hz}}{227\ \text{Hz}}=1.7$,得到归一化的高通巴特沃斯滤波器(实际上是先得到一个低通滤波器),如图 9-23 所示,然后对其进行翻转得到高通滤波器,如图 9-24 所示。

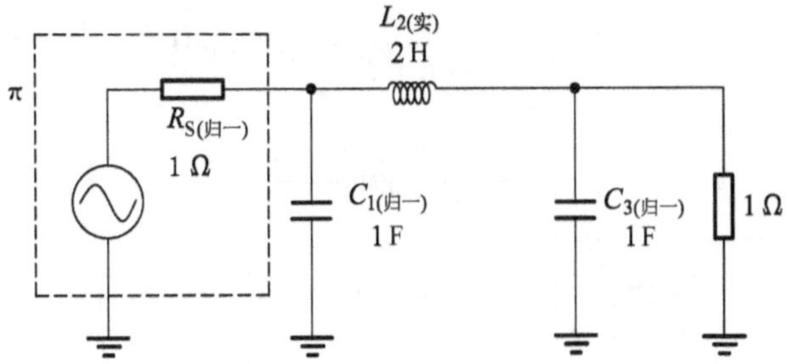

图 9-23 归一化低通滤波器

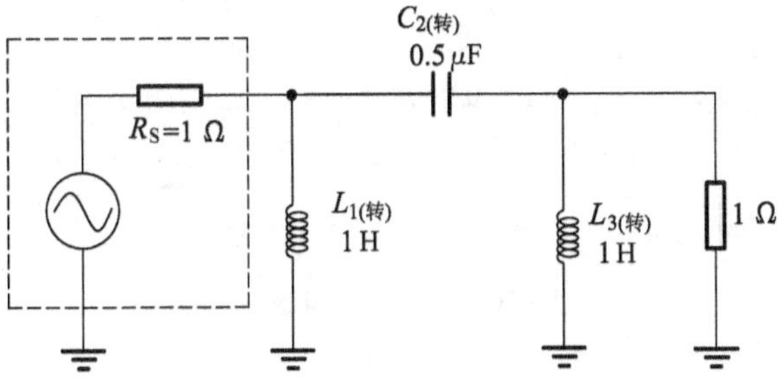

图 9-24 归一化高通滤波器

进行阻抗和频率标定：

$$L_{1(实)}=\frac{L_{1(转)}R_L}{2\pi(\Delta f_{BW})}=0.24\ \text{H} \tag{9-28}$$

$$L_{3(实)}=\frac{L_{3(转)}R_L}{2\pi(\Delta f_{BW})}=0.24\ \text{H} \tag{9-29}$$

$$C_{2(实)}=\frac{C_{2(转)}}{2\pi(\Delta f_{BW})R_L}=0.33\ \mu\text{F} \tag{9-30}$$

式中，$\Delta f_{BW}=f_2-f_1=400$ Hz。 (9-31)

由此，可得如图 9-25 所示的实际高通滤波器。

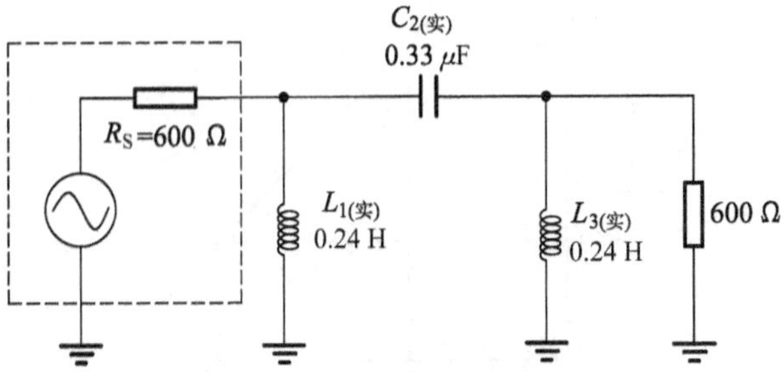

图 9-25 实际高通滤波器

最后对各个电感增加串联电容，对各个电容增加并联电感，使各支路谐振于该带阻滤波器的中心频率 f_0，得到最终的带阻滤波器（如图 9-26 所示），各附加元件的取值为：

$$C_{(串L_1)}=\frac{1}{(2\pi f_0)^2L_{1(实)}}=0.11\ \mu\text{F} \tag{9-32}$$

$$C_{(串L_3)}=\frac{1}{(2\pi f_0)^2L_{3(实)}}=0.11\ \mu\text{F} \tag{9-33}$$

$$L_{(并C_2)}=\frac{1}{(2\pi f_0)^2C_{2(实)}}=80\ \text{mH} \tag{9-34}$$

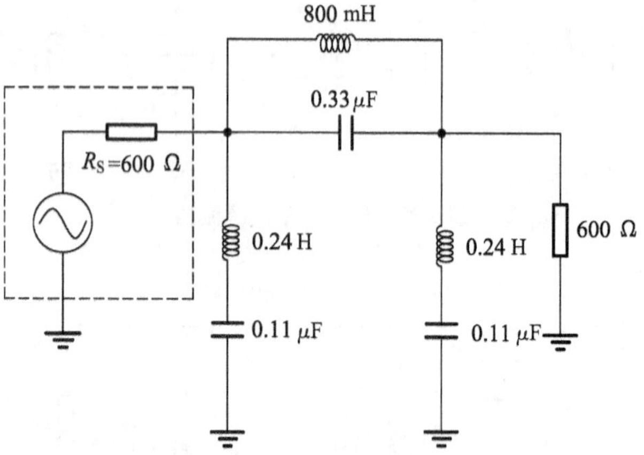

图 9-26　最终的带阻滤波器

9.4　有源滤波器的设计

9.4.1　有源低通滤波器的设计

假设欲设计一有源低通滤波器，要求在 100 Hz 处有 3 dB 的衰减，在 400 Hz（即截止频率 f_S）处至少有 60 dB 的衰减。

首先归一化该低通滤波器，利用图 9-6 中的巴特沃斯低通滤波器响应曲线决定所需的滤波器阶数，此例中，需要一个五阶的滤波器，归一化低通滤波响应如图 9-27 所示。

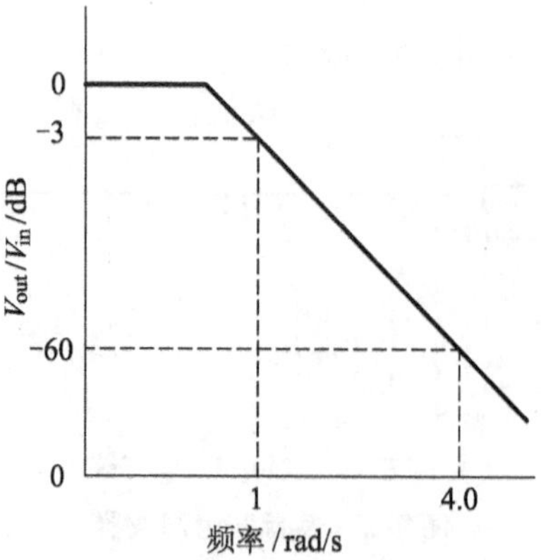

图 9-27　归一化低通滤波响应

与无源滤波器设计不同，有源滤波器设计需要使用多个不同的基本归一化滤波器，使用表 9-2，可以看出五阶低通滤波器需要一个二阶组件（见图 9-28）和一个三阶组件（见图 9-29），对应的元件值也列于表 9-2 中，据此得到归一化的低通滤波器，如图 9-30 所示。

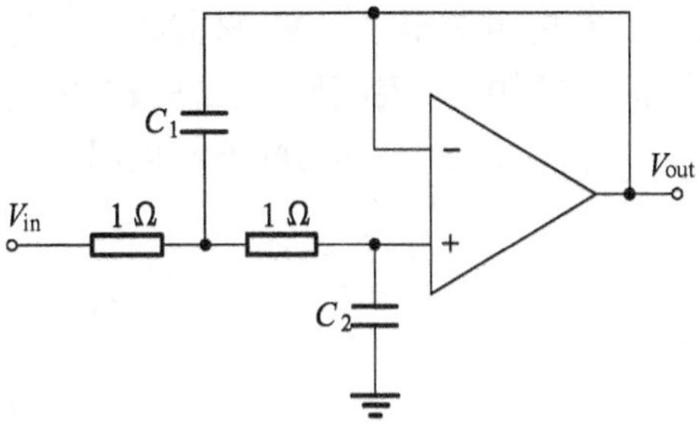

图 9-28　二阶低通组件

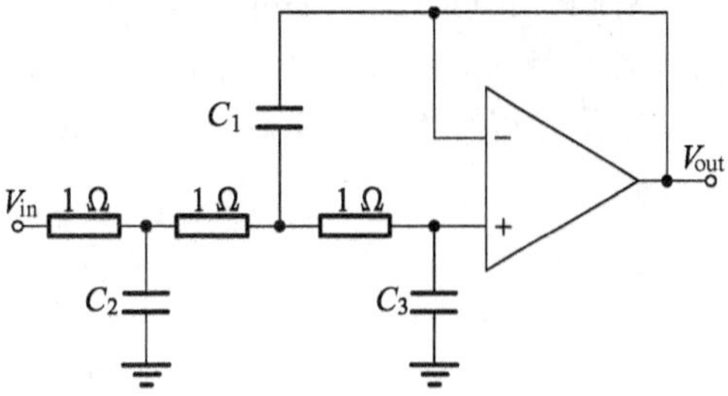

图 9-29　三阶低通组件

表 9-2　巴特沃斯归一化有源低通滤波器的值

阶数(n)	组件数	组件	C_1	C_2	C_3
2	1	二阶	1.414	0.707 1	
3	1	三阶	3.546	1.392 0	0.202 4
4	2	二阶	1.082	0.924 1	
		二阶	2.613	0.382 5	
5	2	三阶	1.753	1.354 0	0.421 4
		二阶	3.235	0.309 0	
6	3	二阶	1.035	0.966 0	
		二阶	1.414	0.707 1	
		二阶	3.863	0.258 8	
7	3	三阶	1.531	1.336 0	0.488 5
		二阶	1.604	0.623 5	
		二阶	4.493	0.222 5	
8	4	二阶	1.020	0.980 9	
		二阶	1.202	0.831 3	
		二阶	2.000	0.555 7	
		二阶	5.758	0.195 0	

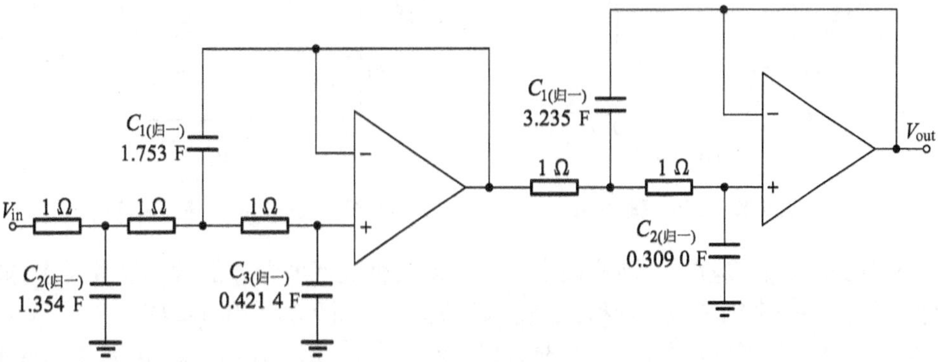

图 9-30　归一化的低通滤波电路

对归一化低通滤波器电路进行电容和电阻标定。在电阻标定过程中，只需将归一化滤波器电路的电阻值乘以一个因数 Z；对电容进行标定过程中，只需将归一化滤波器电路的电容值除以因数 Z 和 $2\pi f_{3dB}$ 即可。Z 的典型值是 10 000 Ω，最终低通滤波器电路如图 9-31 所示。

$$C_{(实)} = \frac{C_{(归一)}}{Z \cdot 2\pi f_{3\ dB}} \tag{9-35}$$

$$R_{(实)} = Z \cdot R_{(归一)} \tag{9-36}$$

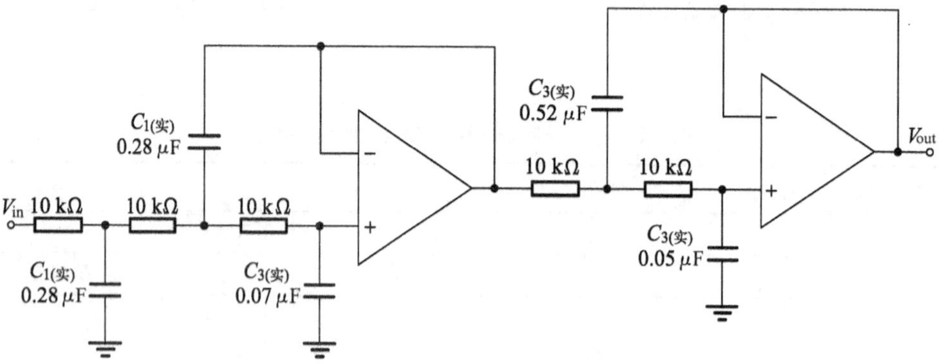

图 9-31　最终的低通滤波电路

9.4.2　有源高通滤波器的设计

有源高通滤波器的设计方法与无源高通滤波器的设计方法相似，先设计一个归一化的低通滤波器，将其变为一个高通滤波器后再对其进行频率和阻抗标定。假设设计一个在 -3 dB 时频率为 1 000 Hz 和在 300 Hz 时衰减 50 dB 的高通滤波器。

先将高通滤波器响应曲线（见图 9-32）转化成归一化的低通滤波器响应，如图 9-33 所示。

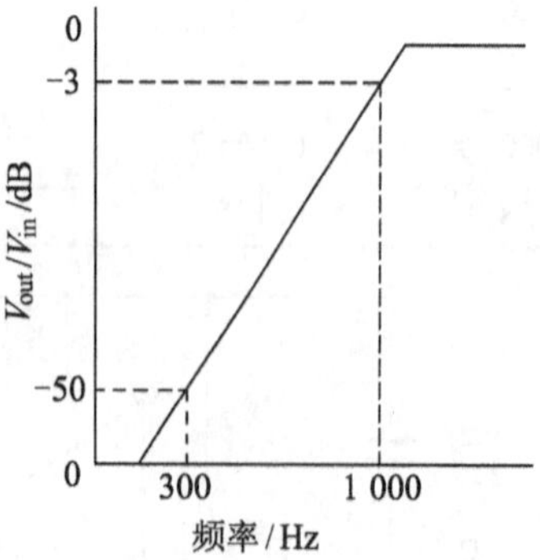

图 9-32　高通频率响应

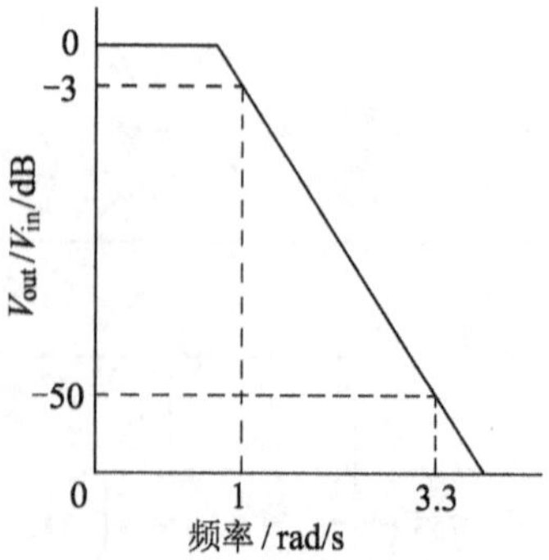

图 9-33　归一化的低通频率响应

根据巴特沃斯响应曲线，同样确定需要五阶的低通滤波器才能满足衰减需求，如同上例一样，需要一个级联的二阶和三阶低通滤波器（见图 9-28 和图 9-29）。

将归一化的低通滤波器（见图 9-34）转换成一个归一化的高通滤波器，具体为取 1/R（F）的电容值和 1/C（Ω）的电阻值，如图 9-35 所示。

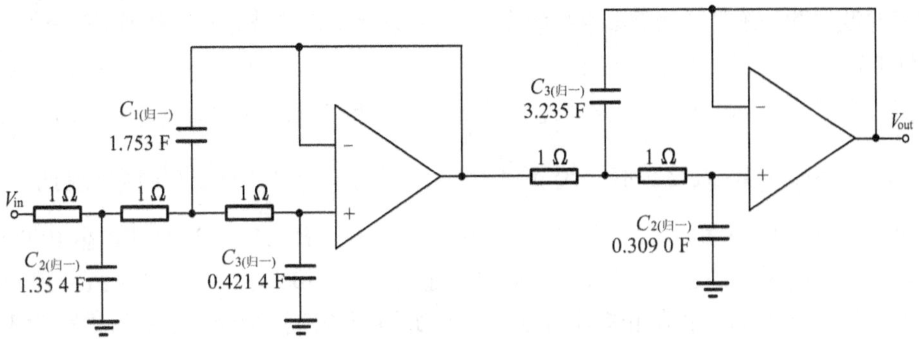

图 9-34　归一化的低通滤波器

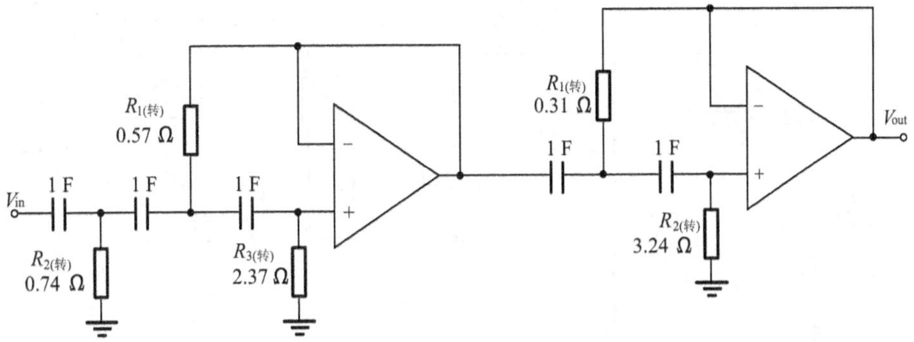

图 9-35　归一化的高通滤波器

与上例中一样，对归一化高通滤波器元件值进行电容和电阻标定：

$$C_{(实)} = \frac{C_{(转)}}{Z \cdot 2\pi f_{3\ dB}} \tag{9-37}$$

$$R_{(实)} = Z \cdot R_{(转)} \tag{9-38}$$

令 $Z = 10\ 000\ \Omega$，最终的电路图如图 9-36 所示。

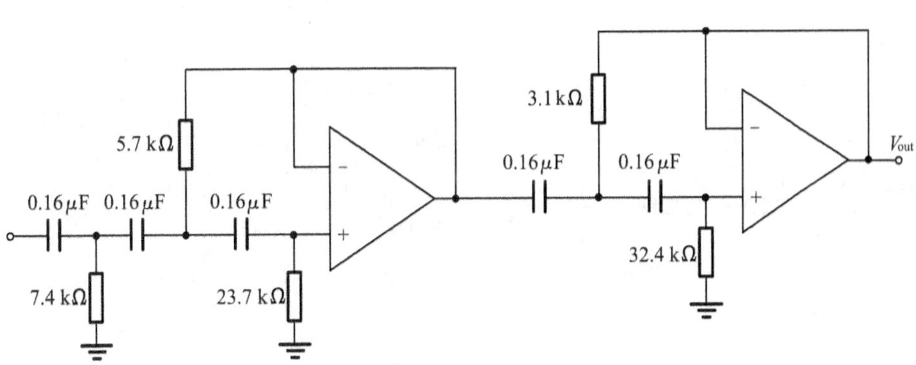

图 9-36　最终的高通滤波器

9.4.3　有源带通滤波器的设计

有源带通滤波器同样分为宽带和窄带，如果高通 3 dB 频率除以低通 3 dB 的频率大于 1.5，则带通滤波器是宽带的；如果小于 1.5，就是窄带。对于宽带的带通滤波器，可以将一个高通滤波器和一个低通滤波器直接级联起来，而设计窄带的带通滤波器则稍微复杂一些。

(1) 宽带带通滤波器设计

假设设计一个带通滤波器，要求在 $f_1 = 1\,000$ Hz 和 $f_2 = 3\,000$ Hz 处有 −3 dB 的衰减，在300 Hz和 10 000 Hz 处至少有 −30 dB 的衰减。由于 $\frac{f_2}{f_1} = 3$，因此只需简单地把一个低通和高通的滤波器级联即可。对于低通滤波器，在 3 000 Hz 处衰减 −3 dB，在 10 000 Hz 处衰减 −30 dB；对于高通滤波器，在 1 000 Hz 处衰减 −3 dB，在 300 Hz 处衰减 −30 dB，这说明两种滤波器的归一化截止频率都在 3.3，因此可以确定两种滤波器的阶数都为 3。按照前面的方法得到归一化的低通滤波器和归一化的高通滤波器，并将它们进行级联，如图 9-37所示。

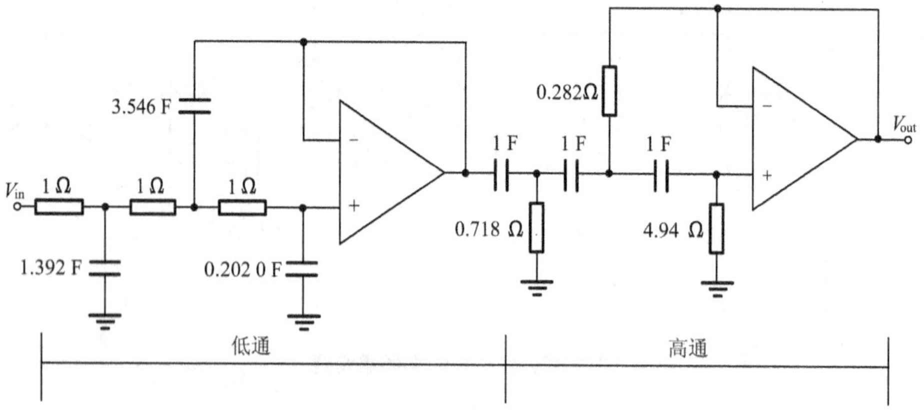

图 9-37　归一化的带通滤波器

根据公式 $C_{(实)} = \frac{C_{(归一)}}{Z \cdot 2\pi f_{3\text{ dB}}}$，$R_{实} = Z \cdot R_{(归一)}$ 对归一化的带通滤波器进行电容和电阻标定，其中 Z 取 10 000 Ω，最终的电路图如图 9-38 所示。

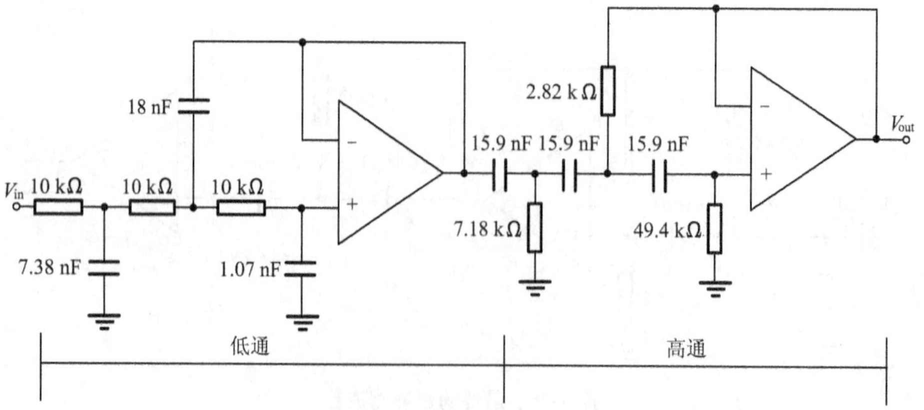

图 9-38　最终的宽带带通滤波器

(2) 窄带带通滤波器设计

假设设计一个带通滤波器，中心频率 $f_0 = 2\,000$ Hz，−3 dB 带宽 $\Delta f_{BW} = f_2 - f_1 = 40$ Hz。

因为$\frac{f_2}{f_1}=\frac{2\ 040\ \text{Hz}}{1\ 960\ \text{Hz}}=1.04$，因此采用窄带设计方法。

计算滤波器的品质因数：

$$Q=\frac{f_0}{f_2-f_1}=50 \tag{9-39}$$

利用以下设计公式：

$$R_1=\frac{Q}{2\pi f_0 C},R_2=\frac{R_1}{2Q^2-1},R_3=2R_1 \tag{9-40}$$

假定 C 取 0.01 μF，则电阻值为：$R_1=79.6\ \text{k}\Omega$，$R_2=400\ \Omega$，$R_3=159\ \text{k}\Omega$，最终的电路如图 9-39 所示。

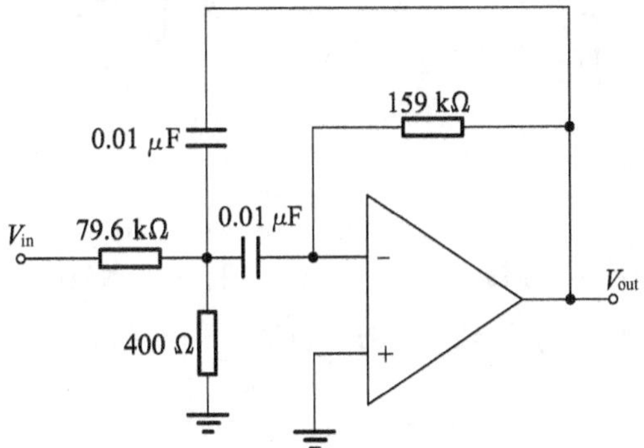

图 9-39　最终的窄带带通滤波器

9.4.4　有源带阻滤波器的设计

带阻滤波器也分宽带和窄带 2 种，如果高通 −3 dB 频率除以低通 −3 dB 的值大于 1.5，则为宽带带阻滤波器；否则为窄带带阻滤波器。

(1) 宽带带阻滤波器设计

设计一个宽带带阻滤波器，可以简单地将一个高通滤波器和一个低通滤波器级联起来，如图 9-40 所示。

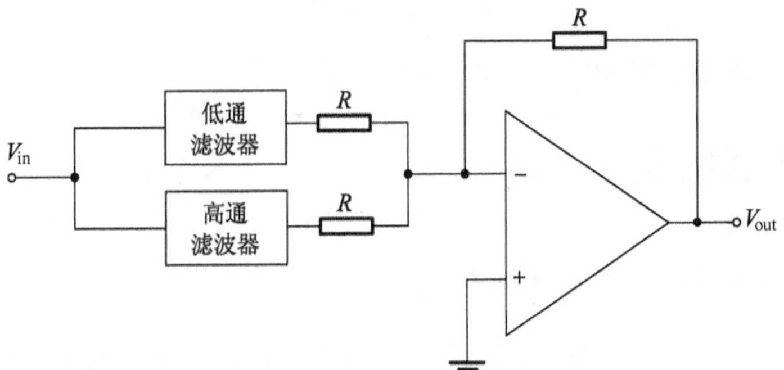

图 9-40　宽带带阻滤波器设计思路

要求设计一个带阻滤波器，在 −3 dB 的频率为 500 Hz 和 5 000 Hz，且在 1 000 Hz 和 2 500 Hz时至少衰减 −15 dB，简单地级联一个低通滤波器和高通滤波器即可。参照前面的低通和高通滤波器设计过程，这两种滤波器的设计不难完成，本电路中，通常使用 $R=10\ \mathrm{k\Omega}$。

（2）窄带带阻滤波器设计

对于窄带带阻滤波器，常见的是一种双T形的RC电路(见图9-41)，该电路对某一特殊频率信号具有很强的抑制能力，但这种电路的 Q 值比较低，为了提高 Q 值，可以采用图9-42中的有源带阻滤波器。

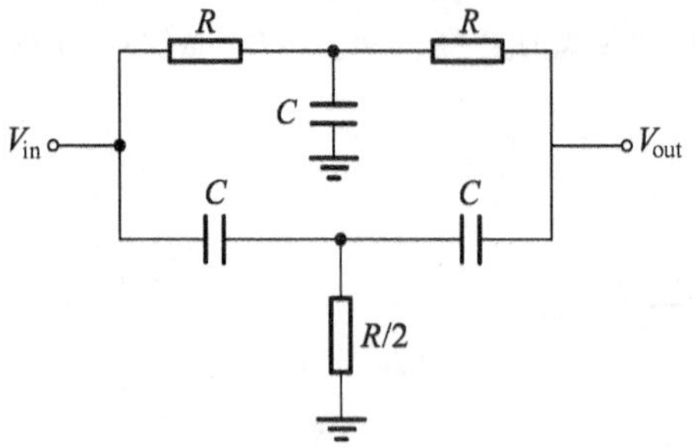

图9-41　双T型无源带阻滤波器

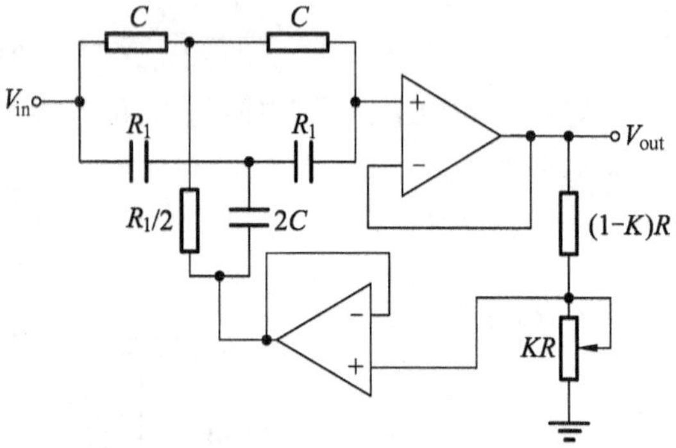

图9-42　改进的窄带带阻滤波器电路

假设设计一个中心频率为 $f_0=2\ 000\ \mathrm{Hz}$，期望 −3 dB 带宽为 $\Delta f_{BW}=100\ \mathrm{Hz}$ 的带阻滤波器。

品质因数：

$$Q=\frac{f_0}{\Delta f_{BW}}=\frac{2\ 000\ \mathrm{Hz}}{100\ \mathrm{Hz}}=20 \tag{9-41}$$

有源滤波器可使用公式：

$$R_1=\frac{1}{2\pi f_0 C}\text{和}\ K=\frac{4Q-1}{4Q} \tag{9-42}$$

选择 R 和 C 的值。设 $R=10\ \mathrm{k\Omega}$ 和 $C=0.01\ \mathrm{\mu F}$，然后求 R_1 和 K：

$$R_1=\frac{1}{2\pi f_0 C}=7\ 961\ \Omega \tag{9-43}$$

$$K=\frac{4Q-1}{4Q}=0.987\ 5 \tag{9-44}$$

将这些值代入图9-42，图中电位器 KR 用于细调电路。

9.5　滤波器实例

9.5.1　实例1——带通式低音炮

由图9-43可知，该电路是典型的巴特沃斯带通形式，运放IC1选用LM833N，IC1-a与电阻 R_1、R_9 及电容 C_1，C_2 构成高通滤波器，IC1-b与电阻 R_4，R_{10} 及电容 C_3，C_4 构成低通滤波器，各自的截止频率分别由 $f_{高}=\frac{1}{2\pi R_1 C_1}$ 和 $f_{低}=\frac{1}{2\pi R_4 C_3}$ 计算。按图示值，高通截止频率为20 Hz，低通截止频率为300 Hz(这两个截止频率各要大于或小于带通音箱高、低端截止频率约一个倍频程，该低音炮截止频率分别为 150 Hz 与 40 Hz）。各滤波器的增益可由 $G_{高}=\frac{R_1}{R_3}$，$G_{低}=\frac{R_5}{R_6}$调整，本电路设计取 $G_{高}=G_{低}=1.5$（倍）。功放选用 LM 3886TF（IC2），功放增益 G_A 由$\frac{R_7}{R_8}$来确定。另外由于是专用低音功放，输出电流大，以致耗散功率高，所以散热器要足够大，并在其与 IC2 的接触面上涂适量热硅脂。功放滤波电容采用 4 只 4 700 μF 国产优质电解电容，运放的电源由双 15 V 绕组变压器经整流、滤波和稳压（7815，7915）后供给。

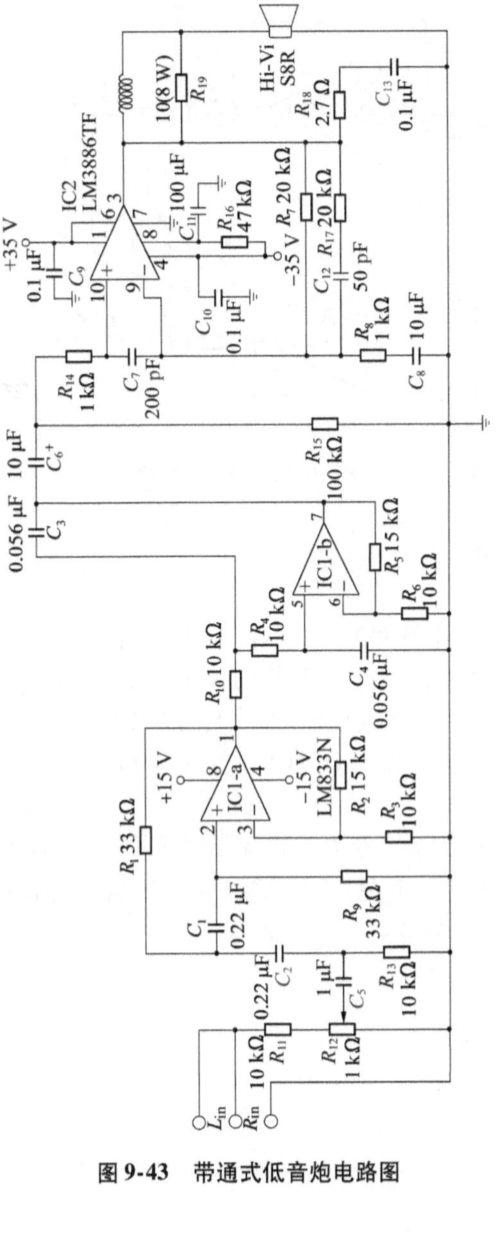

图 9-43　带通式低音炮电路图

9.5.2 实例2——由OPA构成的具有低通滤波的差动放大电路

图9-44所示为具有低通滤波的差动放大电路。该电路是一种具有100 Hz的低通滤波、差动输入和单端输出的高保真放大电路，其中OPA2604为场效应管输入型双运放集成电路，且将OPA2604接成两个电压跟随器，如图9-44中的A1，A2所示。由于OPA2604具有很高的输入阻抗（10^{12} Ω）和很低的偏置电流（50 pA），因而可保证电路具有较好的滤波效果。OPA604为单运放，而OPA2604为双运放，二者特性完全相同。

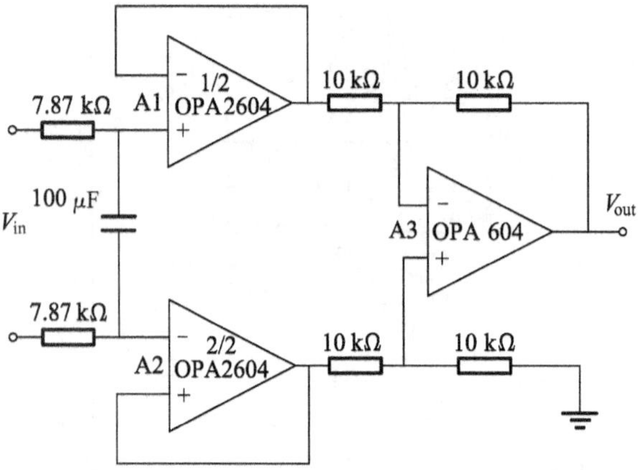

图9-44 由OPA2604构成的具有低通滤波的差动放大电路

9.6 集成滤波器

目前市场上可以买到各种集成滤波器，可以实现前面各小节中描述过的低阶滤波器。为了设计高阶滤波器，可以将多个这样的集成滤波器级联在仪器中。

集成滤波器具有应用上的多功能性、设计上的方便性，而且成本比较低廉，通常运用集成滤波器设计滤波电路只需要几个电阻，在大部分应用中，频率和滤波特性可以进行独立选择和调节。

集成滤波器主要包括状态变量集成滤波器和开关电容集成滤波器两种类型。如美国国家半导体公司的AF 100或AF 150就属于状态变量集成滤波器，该滤波器除具有滤波作用外，还可以提供电压增益。

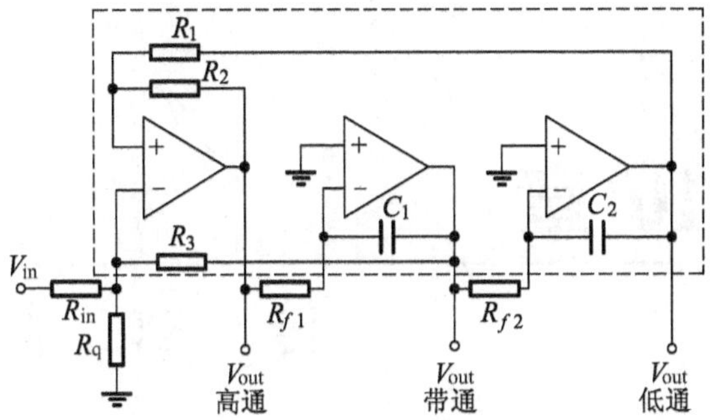

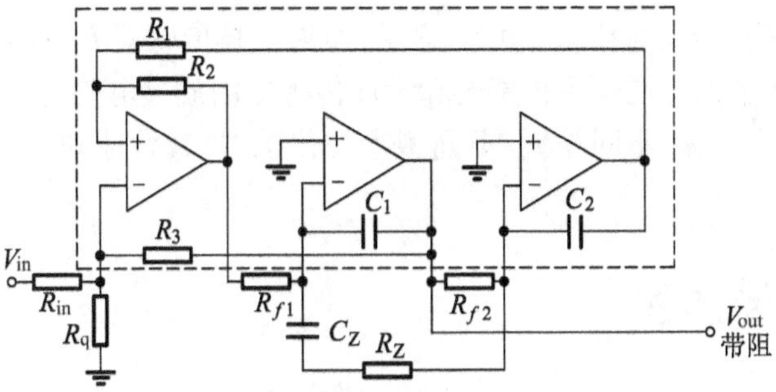

图 9-45　AF 100 或 AF 150 组成的低通、高通、带通和带阻滤波器

第 10 章 传感器

测控电路常常会涉及林林总总的传感器，如果不是传感器方面的工程师，很难有机会接触到每一种传感器。在选用传感器和设计传感器的放大电路时，技术手册是一个必备的文档，因为不同厂家、不同类型、不同型号的传感器，其特性和工作条件有着很大的不同。

10.1 光电传感器

10.1.1 光电二极管

光电二极管和普通二极管一样，也是由一个PN结组成的半导体器件，具有单向导电性，二者在外观上并无太大差异，如图10-1所示。但在电路中光电二极管不是作为整流元件，而是作为把光信号（包括可见光和红外光）转换为电信号的光电传感器件。

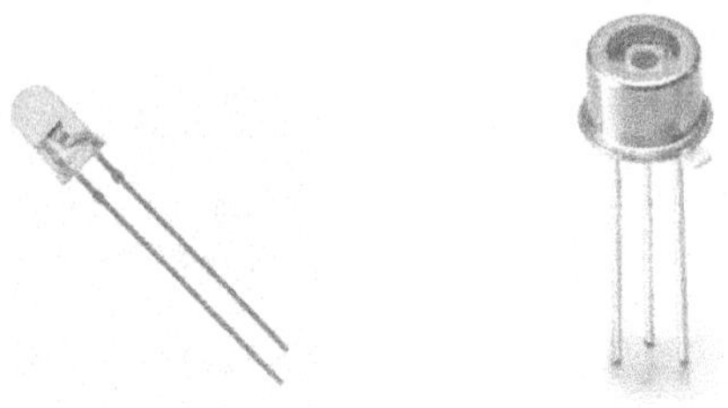

图 10-1 光电二极管

光电二极管通过在设计和制作的过程中尽量使PN结的面积增大以便接收入射光；并且光电二极管是在反相偏置下工作的（见图10-2）：没有光照时，光电二极管如同普通二极管，反向电流极其微弱，约为1 nA，称为光电二极管的暗电流；有光照时，反向电流迅速增大到数十微安，此时的电流称为光电流，而且随着光照强度的增大，光电流也越大，甚至可以达到毫安级别。

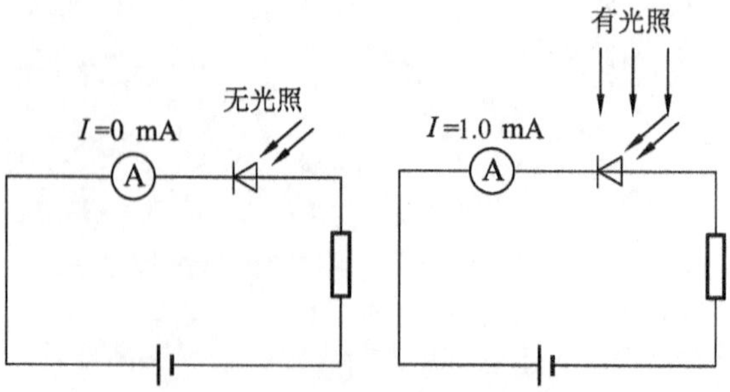

图 10-2 光电二极管工作原理图

光电二极管的主要技术参数为:

(1) 最高反向工作电压

光电二极管所能加载的最大反向偏置电压。

(2) 暗电流

通常情况下,光电二极管正向电阻约为 10 MΩ。在无光照的情况下,反向电阻为∞,说明管子是好的,但如果反向电阻不是∞,说明暗电流(或漏电流)大;有光照时,反向电阻随光照强度增加而减小,阻值可达到几千欧以下,说明二极管是好的;若反向电阻一直是∞或为 0 时,则说明二极管是坏的。

(3) 光电流

通常光照强度和光电流(反向电流)曲线由器件手册给出。

(4) 相对灵敏度

主要是指光电二极管对于不同入射波长的光电转换效率,如图 10-3 所示。

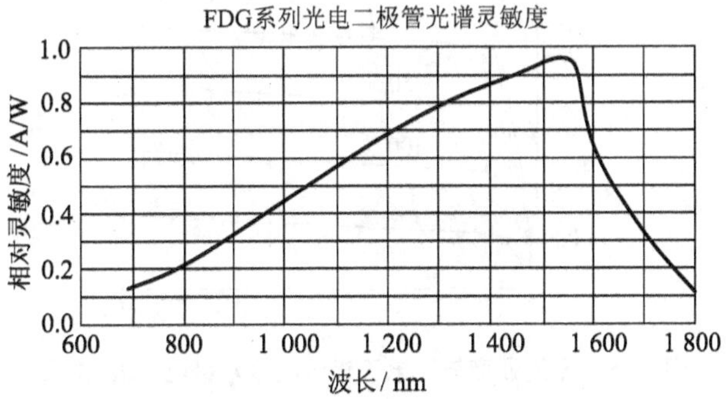

图 10-3 光电二极管相对灵敏度

(5) 角度响应

这个特性说明光线照射光电二极管的角度和相对灵敏度的关系。

相对灵敏度和角度响应通常由厂家一起给出,在器件手册中可查到。

10.1.2 光电三极管

光电三极管(或光电晶体管)是一种晶体管,也具有电流放大作用,只是它的集电极电流不只受基极电流的控制,也受光线强度的控制。它的功能与光电二极管颇为相似,区别在于光电三极管的灵敏度比光电二极管高,多为毫安级;但它的光电特性不如光电二极管好,在较强的光照下,光电流与强度不成线性关系,因此光电三极管多用来作光电开关元件或光电逻辑元件。

光电三极管的光感受窗口都有一个透镜以加强光照强度,有的光电三极管有 2 个引脚,有的有 3 个引脚(如图 10-4 所示)。对于 2 个引脚的光电三极管,一个引脚为 E 极,一个为 C 极,光照取代了 B 极,使 C-E 极之间产生电流;而 3 个引脚的光电三极管则多出了一个 B 极,它可以当作普通三极管使用,也可以作为传感器来转换光信号。在实际中,2 个引脚的光电三极管更为常用。

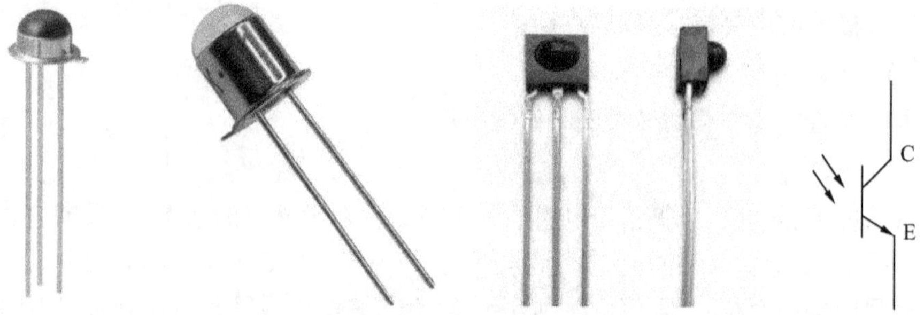

图 10-4　光电三极管实物图及电路符号

光线强度与集电极电流 I_C 大小之间的关系(如图 10-5 所示)是选用器件型号的主要依据。光电三极管的技术手册中同样还有关于相对灵敏度、角度响应等的特性参数曲线。

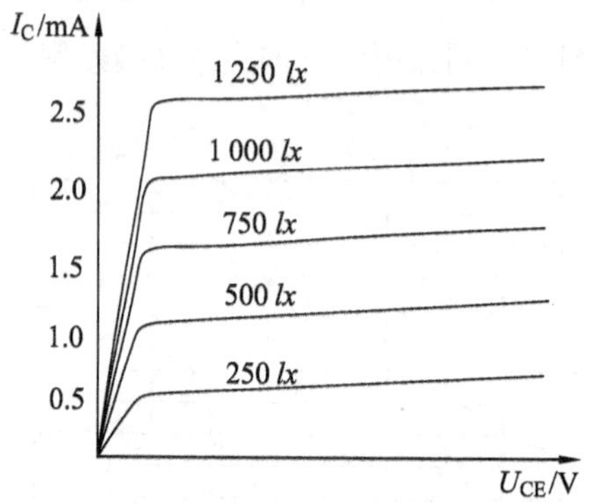

图 10-5　光线强度与光电三极管的集电极电流 I_C 关系

10.1.3　光敏电阻

光敏电阻器是利用半导体的光电导效应制成的一种电阻值随入射光的强弱而改变的电阻器,如图 10-6 所示。光敏电阻器通常有 2 种:一种随着入射光增强而电阻减小,入射光变弱而电阻增大;另一种正好相反,入射光弱则电阻减小,入射光强则电阻增大。

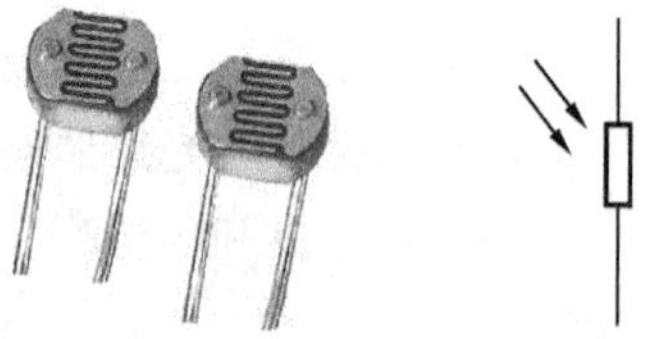

图 10-6　光敏电阻实物图及其符号

光敏电阻器广泛应用于各种自动控制电路(如自动照明灯控制电路、自动报警电路等)、家用电器(如电视机中的亮度自动调节、照相机中的自动曝光控制等)及各种测量仪器中。

光敏电阻通常制成薄片结构,以便接收更多的光能;同时,为了获得高的灵敏度,光敏电阻的电极常采用梳状图案。光敏电阻在电路中用符号“R”“RG”或“RL”表示。光敏电阻常用硫化镉(CdS)制成,且其封装分为环氧树脂封装和金属封装两款。环氧树脂封装光敏电阻按陶瓷基板直径又分为 ϕ3 mm,ϕ4 mm,ϕ5 mm,ϕ7 mm,ϕ11 mm,ϕ12 mm,ϕ20 mm,ϕ25 mm。

根据光谱特性,光敏电阻又可分为紫外光敏电阻、红外光敏电阻、可见光光敏电阻。图 10-7 为光敏电阻的表面图。

光敏电阻的主要参数如下：

① 亮电阻（亮阻）：指光敏电阻受到光照射时的电阻值。

② 暗电阻（暗阻）：指光敏电阻在无光照射（黑暗环境）时的电阻值。

③ 最高工作电压：指光敏电阻在额定功率下所允许承受的最高电压。

④ 时间常数：指光敏电阻从光照跃变开始到稳定亮电流的 63% 时所需的时间。

⑤ 光照特性：主要是指光敏电阻输出的电信号随光照强度变化而变化的特性。

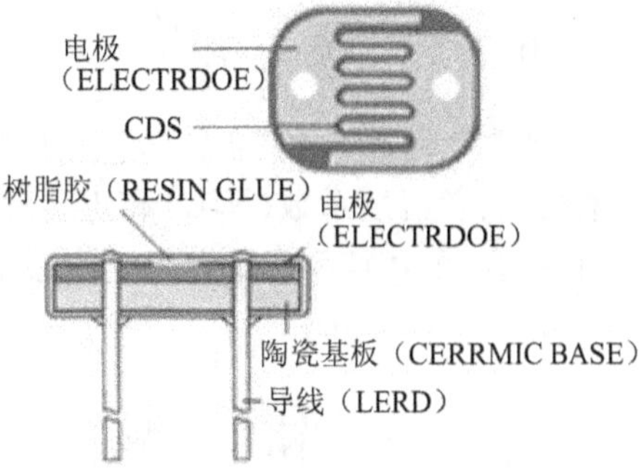

图 10-7　光敏电阻表面图

⑥ 温度系数：指光敏电阻在环境温度改变 1 ℃时，其电阻值的相对变化。

10.1.4　实例——光控开关电路

图 10-8 是将运算放大器作为比较器应用在光控开关电路，以便判断光强是否达到某个临界值。该电路包含一个运算放大器和一个三极管，光敏电阻 LDR_1 和电阻 R_1 构成分压电路输入到运算放大器的反向输入端，而正向输入端信号由电位器 RP_1 引入。当环境光照变强，光敏电阻阻值下降，从而运算放大器反向输入端电位增加，当该电位大于正向输入端信号时，运算放大器输出低电平信号，三极管处于截止状态，则三极管集电极无法驱动继电器；而当外界光照变弱，光敏电阻阻值增加，从而使得运算放大器反向输入端信号下降，小于正向输入端信号时，运算放大器输出高电平信号，三极管处于饱和状态，集电极可以驱动继电器，从而起动后面的用电器（如灯泡）。

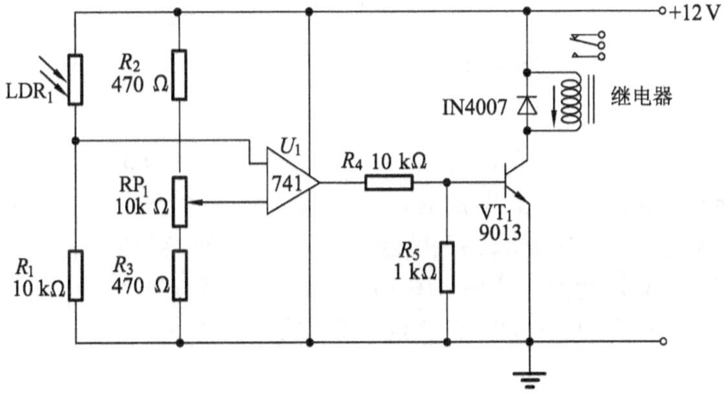

图 10-8　光控开关电路

10.2　温度传感器

温度传感器是最常用的传感器之一，比如计算机及许多设备都需要检测自身的温度以防止过热。具体应用中可以分为热敏电阻、热电偶和集成温度传感器 3 种。

10.2.1 热敏电阻

热敏电阻是一种随温度改变而电阻值明显改变的电阻,如图10-9所示。热敏电阻有2种类型:负温度系数(NTC)和正温度系数(PTC)。NTC型热敏电阻的电阻值随温度增加而减小,而PTC型热敏电阻的电阻值随温度增加而增加。通常NTC型热敏电阻较为常见。

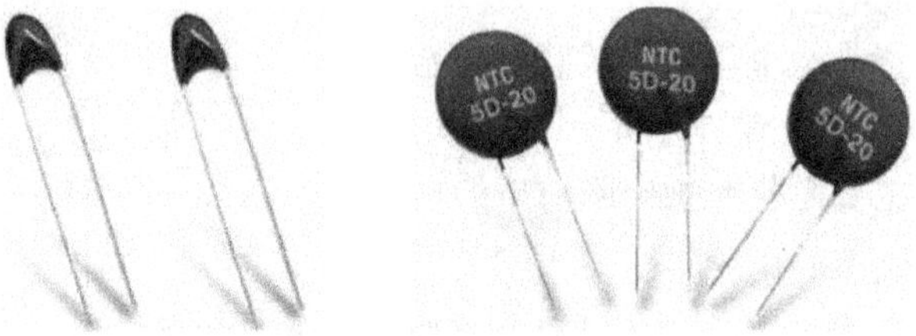

图10-9 热敏电阻

在热敏电阻中,温度和电阻之间的关系并不是线性的,在很小的温度范围内,如0~100 ℃,如果将其近似看成是线性关系,也会产生极大的误差。

Steinhart-Hart方程是一个三阶近似多项式,可根据热敏电阻的阻值来确定温度,既适合于NTC,又适合于PTC,可表示为:

$$\frac{1}{T}=A+B\ln(R)+C\ln^3(R) \tag{10-1}$$

式中,T为温度,单位为K,R是热敏电阻的阻值,A,B,C是热敏电阻的特性系数,由厂家提供。

另一种较为常用的模型可表示为:

$$\frac{1}{T}=\frac{1}{\beta}\ln\left(\frac{R}{R_0}\right)+\frac{1}{T_0} \tag{10-2}$$

式中,T_0和R_0为常数,T_0为25 ℃,R_0为T_0时的电阻值。

整理可得:

$$R=R_0e^{\beta\left(\frac{1}{T}-\frac{1}{T_0}\right)} \tag{10-3}$$

数据手册中通常会提供β,T_0和R_0的值。

为了将热敏电阻的阻值输入到微处理器,必须将其转换为电压,供微处理器的A/D转换器使用。图10-10给出了一个典型结构,即热敏电阻R和一个与R_0相等的固定电阻构成分压器。

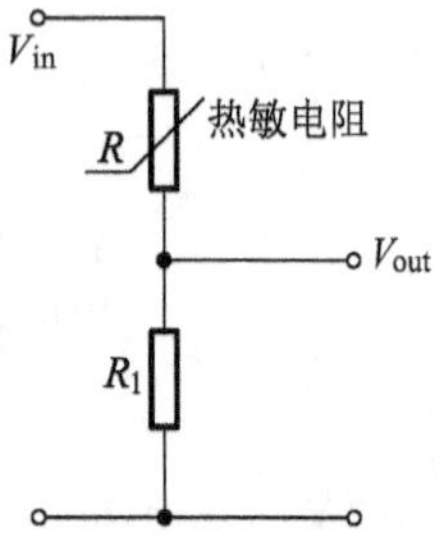

图10-10 热敏电阻构成的分压器电路

此时有:

$$V_{out}=\frac{R_1}{R_1+R}V_{in} \tag{10-4}$$

代入式(10-4)得:

$$V_{out}=\frac{R_1}{R_1+\left(R_0e^{\beta\left(\frac{1}{T}-\frac{1}{T_0}\right)}\right)}V_{in} \tag{10-5}$$

10.2.2　热电偶

热敏电阻对小范围（−40～+125 ℃）温度测量是比较好的，但对于高温和大范围的温度测量，一般使用热电偶。

任何具有热梯度的导体都会产生泽贝克效应，即可获得一个小电压，该电压的大小取决于金属导体的种类。当两种不同的导体或半导体 A 和 B 组成一个回路，且其两端相互连接时，只要两结点处的温度不同（一端温度为 T，称为工作段或热端；另一端温度为 T_0，称为自由端或冷端），回路中就将产生一个电动势，该电动势的方向和大小与导体的材料及两端点的温度有关，这种现象称为“热电效应”，两种导体组成的回路称为“热电偶”。

因为热端温度与电压的关系并非完全线性，常常通过查表（关于电压与热端温度关系的表格，该特性也可用五阶多项式精确逼近）来确定，该表格通常由热电偶制造商的数据手册提供。

热电偶最常用的是镍铬合金（90% 的镍，10% 的铬）和镍铝合金（95% 的镍，2% 的铝，2% 的锰，1% 的硅），如图 10-11 所示。用上述材料制成的热电偶测量，温度范围可达 −200～+1 350 ℃，灵敏度可达 41 μV/℃。

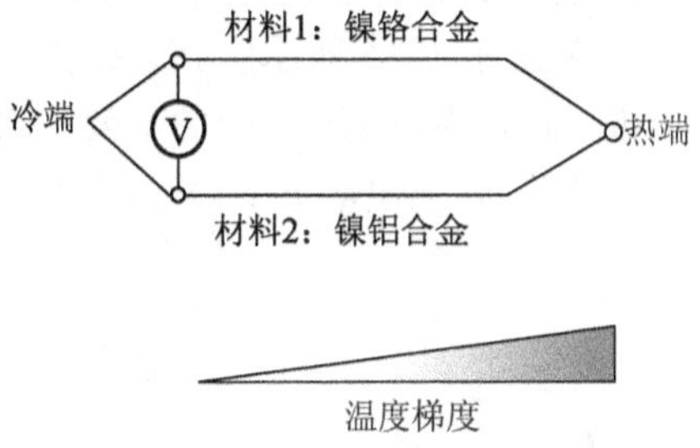

图 10-11　镍铬合金热电偶

10.2.3　集成温度传感器

在有些电路中，需要获得每一个温度点的信号，并将其转换成显示信息，使用热敏电阻就不是那么方便了，可以通过一些集成温度传感器把温度转换成电信号。

如温度传感器 LM35，通过其外观和电路符号（见图 10-12）可知其只有 3 个引脚：$+V_S$，V_{out}和 GND。其中 $+V_S$ 接 +4～+20 V 的电源，GND 接地，LM35 外壳所感受到的温度，实时地以电压的形式在 V_{out}引脚输出。由图 10-13 中的电压输出和温度关系可知，LM35 具有良好的线性特性：当温度为 0 ℃时 $V_{out}=0$ V，温度每上升 1 ℃输出电压 V_{out}增加 10 mV。由于 LM35 的输出电压较小，一般需要在其输出端添加一个放大器，如图10-14 所示。

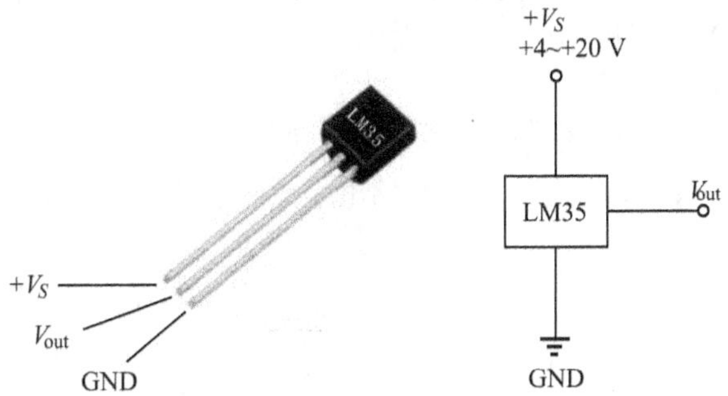

图 10-12　LM35 温度传感器

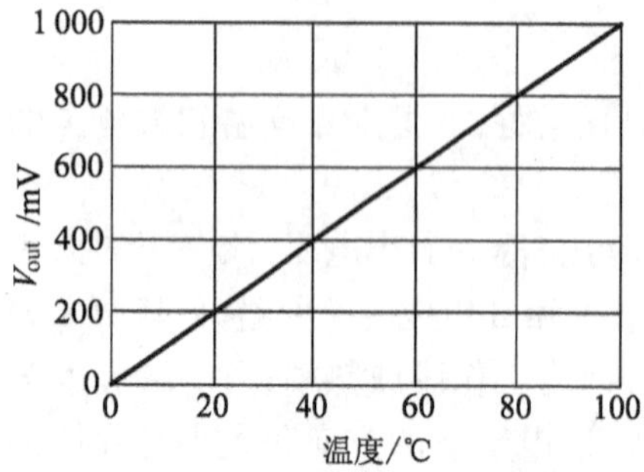

图 10-13　LM35 传感器温度特性

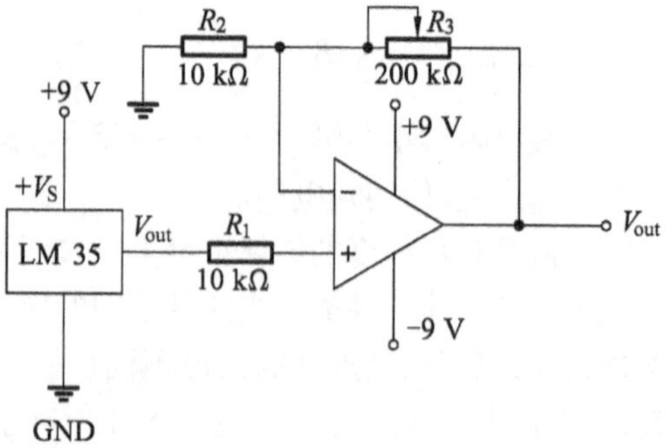

图 10-14　LM35 与放大器的连接

另外一种常用的温度传感器是 AD590，它是一种二端式的集成温度传感器，其外观及引脚如图 10-15 所示。其正极接 +4 ~ +20 V 的工作电压，温度由负极输出的电流大小来反映。由图 10-16 中的温度和输出电流的关系可知，AD590 也是一个良好的线性温度传感器，其输出电流随着温度每变化 1 ℃而改变 1 μA。

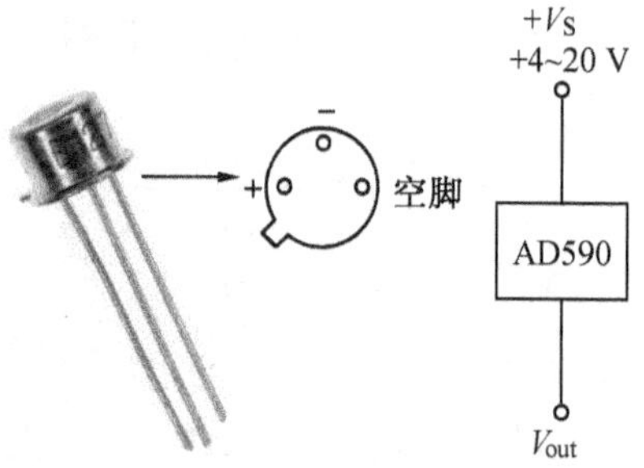

图 10-15　AD590 温度传感器

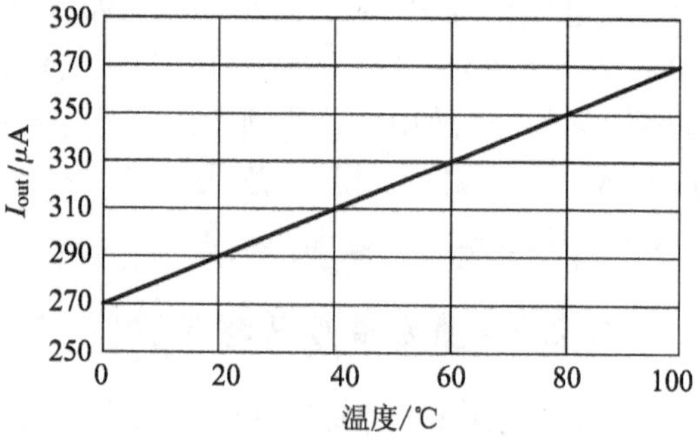

图 10-16　AD590 传感器温度特性

10. 2. 4　基于集成温度传感器 AD590 的测温电路设计

在设计测温电路时，首先应将电流转换成电压。由于 AD590 为电流输出元件，它的温度每升高 1 ℃，电流就增加 1 μA。当 AD590 的电流通过一个 10 kΩ 的电阻时，这个电阻上的压降为 10 mV，为了使此电阻足够精确(0. 1%)，可用一个 9. 6 kΩ 的电阻与一个 1 kΩ的电位器串联，然后通过调节电位器来获得精确的 10 kΩ。在图 10-17 中，运算放大器 A1 连接成跟随器形式，以增加信号的输入阻抗；而运放 A2 的同相输入端输入一个恒定的电压(如 1. 235 V)，然后将此电压放大到 2. 73 V，这样 A1 与 A2 输出端之间的电压即为摄氏温标的温度。

将 AD590 放入到 0 ℃的冰水混合液中，A1 同相输入端的电压应为 2. 73 V，由于 A2 的输出电压也为 2. 73 V，因此 A1 与 A2 两输出端之间的电压为 2. 73 V − 2. 73 V = 0 V，即对应于 0 ℃。

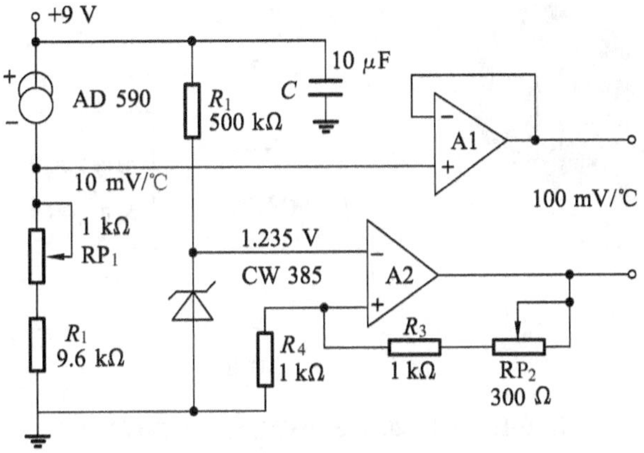

图 10-17　AD590 测量温度原理图

10.3　压力传感器

在修建铁路时，往往需要了解某个路段所在地区的海拔高度；对某种化学气体进行储藏时，需要了解容器内部的气压大小；深海潜测器进行勘探时，需要通过液压的大小判断所在海底深度；体检时往往需要通过给血压计的袖袋充气和放气来读取人的收缩压（高压）和舒张压（低压）。

在上面的例子中，不管测量气压还是液压，都需要用到压力传感器（见图 10-18）。压力传感器将“压力”转换成电量，然后进行测量。这里的“压力”可以是来自流动的气体、液体或声音，也可以是力的作用。

图 10-18　压力传感器实物图

压力传感器可以分为机械式和电气式两大类，机械式压力传感器虽然成本低且无需电源，但因为其体积大、灵敏度低，故现在普遍使用电气式压力传感器；电气式压力传感器又可以分为半导体压力传感器、应变式压力传感器、压阻式压力传感器、测力传感器、压电式压力传感器、电容式压力传感器等。

10.3.1　MPX2050 型压力传感器简介

以 MPX2050 型压力传感器为例，它的器件外观和内部结构如图 10-19 所示。其传感器内部实为压力敏感元件和惠斯通电桥，其 4 个引脚分别为 1—GND（接地）、2— $+V_{out}$（差分输出端 +）、3—V_S（电源）、4— $-V_{out}$（差分输出端 -）。

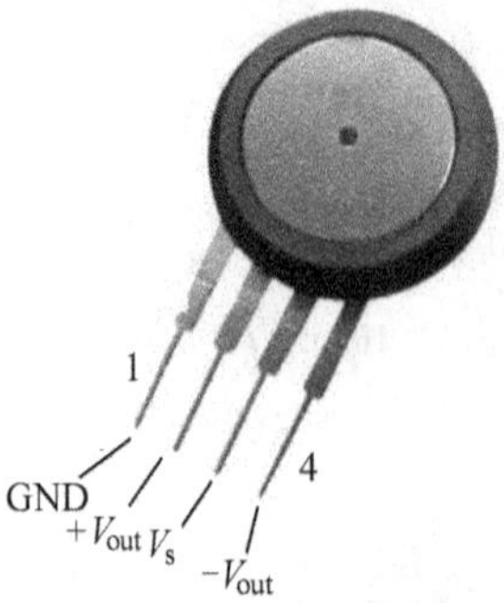

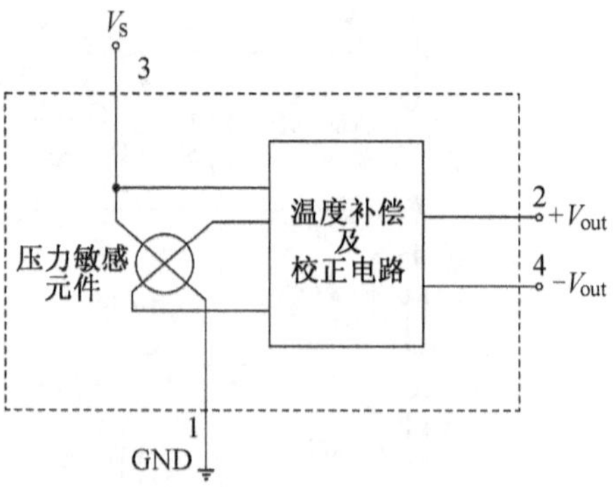

图 10-19　MPX2050 压力传感器及其内部框图

从 MPX2050 的输出引脚，可以看出它是为差分放大器的接口而设计的，并且通过查阅技术手册，可知其量程为 0 ~ 50 kPa，并具有温度补偿功能和精确的线性电压输出。

压力传感器的关键参数为(以 MPX2050 为例)：

① 压力测量范围(Pressure Range)，即量程：MPX2050 可测量的压力范围为 0 ~ 50 kPa。

② 供电(Supply Voltage)，传感器的电源一般为 +10 V，最大不能超过 +16 V，否则会烧坏传感器。

③ 工作电流(Supply Current)，传感器正常工作时的电流为 6 mA。

④ 满刻度电压范围(Full Scale Span)，是指 MPX2050 在测量 0 ~ 50 kPa 范围的压力时，其输出端 $+V_{out}$ 和 $-V_{out}$ 之间的电压差在 0 ~ 40 mV 之间线性变化。图 10-20 所示为 MPX2050 的输出电压范围。

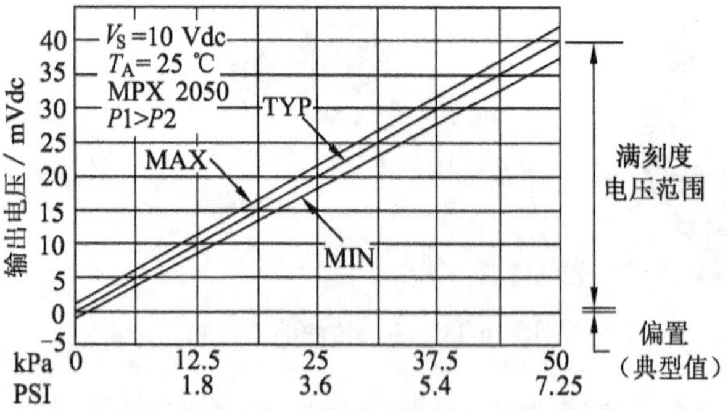

图 10-20　MPX2050 输出电压范围

⑤ 偏置(Offset)，指传感器测量最小额定压力时的输出范围，通常在 -1 ~ +1 mV。

⑥ 灵敏度(Sensitivity)，指传感器在压力每变化 1 kPa 时，输出电压的变化为 0.8 mV。

⑦ 响应时间(Response Time)，指当 MPX2050 实测的压力发生变化时，输出端更新响应输出电压所需的时间。

以上参数，为设计 MPX2050 的放大电路提供了依据。假如要设计一个电子血压计，其最大测量压力为 200 mmHg(约 26.6 kPa)，由图 10-20 可知此时传感器的输出电压约为

21 mV。假设后续电路要求当压力为 200 mmHg 时，放大器的输出为 5 V，可以得到放大器的增益为：

$$A_V = \frac{5\ \text{V}}{21\ \text{mV}} \approx 238 \tag{10-6}$$

10.3.2　汽车压力传感器

汽车传感器是汽车电子化、智能化的基础与关键，而其中使用较多、发展最快的是压力传感器。汽车压力传感器应用在汽车的很多系统中，如汽车检测系统、保安防撞系统。其中，应用在轮胎气压方面（见图 10-21）的目的在于最大限度减少或消除高压爆胎和低压辗胎造成的轮胎早期损坏，使轮胎经常保持标准气压，延长轮胎的寿命，降低轮胎的消耗，提高经济效益。甚至有报道说将微型压力传感器埋置于汽车轮胎中，测量其中气压，以控制对轮胎的充气量，避免过量和不够，由此可节省百分之十的汽油使用量。

图 10-21　胎压监测传感器

下面以测量轮胎气压为例详细阐述气压传感器在汽车轮胎方面的应用，此种设计可以做成一种便携式的装置，测量时将气压传感器置于轮胎气门嘴上，这时胎压作用于传感器的膜片上，通过压阻效应和系列变换输出微弱的电压信号，对电压信号进行相应处理显示电压值。由此可知不同的气压对应不同的电压值，即气压值和电压值是一一对应的，从而间接测量了气压值。胎压测量电路方框图如图 10-22 所示。

图 10-22　胎压测量原理图

任何一种型号的轮胎都有其标准气压，假设某型号轮胎标准气压为 p_0，气压超过 p_1 为高压，而低于 p_2 为低压。经过上述测量装置后显示为一定的电压值，气压达到高压 p_1 时显示 V_1，而达到低压 p_2 时则显示 V_2，气压的强弱通过此种装置体现在电压值上，当电压值在 $V_1 \sim V_2$ 范围变化时，其气压是符合标准的，若气压值高于 V_1 则为高压状态，低于 V_2 则为低压状态，那么此时应采取一系列措施改变轮胎气压值使其在标准范围内，从而达到保护轮胎的目的。

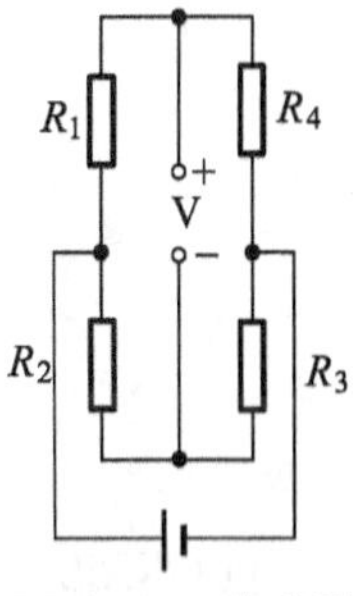

图 10-23　传感器原理图

在气压传感和信号放大方面，具体可以采用桥式电路和高精度、低噪声仪表放大器 AD620，具体如图 10-23 和图 10-24 所示。

检测气压的传感器在硅片中间，从背面腐蚀形成了正方形的膜片，利用膜片将压力转换成应力，在膜片的表面通过扩散杂质形成 4 个 p 型测量电阻，它们按桥式电路连接，利用压阻效应将加在膜片上的应力变换成电阻的变化，此电阻的变化通过桥式电路之后，在桥式电路的两个输出端之间，以电位差的形式对外输出。

而在传感器信号方面，可以选用高精度低噪声仪表放大器 AD620，该放大器专门用于放大传感器输出的小信号，如光电池传感器、应变片传感器及压力传感器。AD620 是一种只用一个外部电阻就能设置放大倍数为 1 ~ 1 000 的仪表放大器，具有良好的直流和交流性能；同时，增益温度系数小，线性度高，体积小，功耗低。传感器具体放大电路如图 10-24 所示。

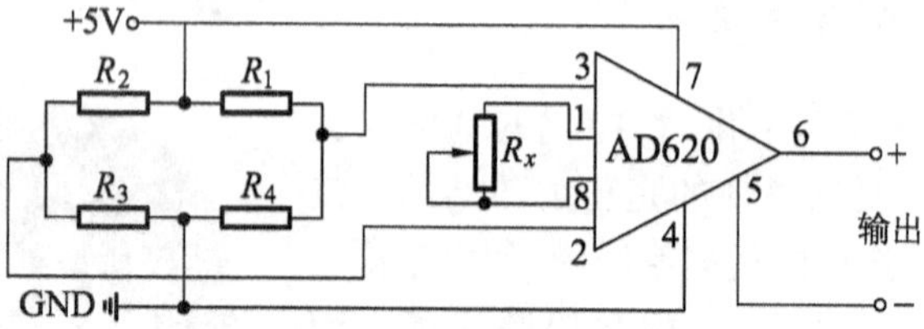

图 10-24　传感器信号放大电路

10.4　霍尔传感器

霍尔传感器是一类将磁场强度转换成电信号的传感器。霍尔传感器分为线性霍尔传感器和开关型霍尔传感器两种。线性霍尔传感器由霍尔元件、线性放大器和射极跟随器组成，输出为模拟量；而开关型霍尔传感器由稳压器、霍尔元件、差分放大器、施密特触发器和输出级组成，输出为数字量。

10.4.1　UGN3503 型霍尔传感器简介

线性霍尔传感器输出的是一个与实测磁场强度成比例的电信号，如图 10-25 所示，在 $B_1 \sim B_2$ 的磁感应强度范围有较好的线性度，磁感应强度超出此范围时则呈饱和状态。

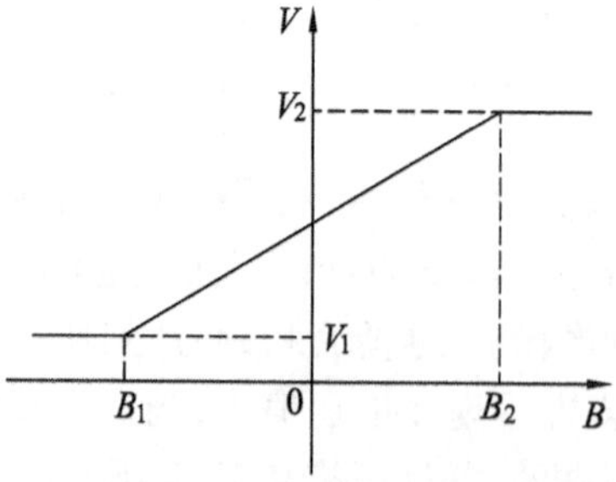

图 10-25　线性霍尔传感器输出电压与磁场关系

UGN3503 是一种可精确测量磁通量微小变化的线性霍尔传感器，通常用于运动检测器、齿轮传感器、靠近式检测器。

如图 10-26 所示，UGN3503 有 3 个引脚，分别为 $+V_S$，V_{out}，GND。其中，$+V_S$ 接 +4.5 ~ +6 V 的电源为 UGN3503 供电；GND 接地；UGN3503 的外壳感应磁场，并实时将磁场强度以电压的形式在 V_{out} 引脚输出。通常霍尔传感器 UGN3503 的输出电压非常微弱，在 mV 量级，因此 UGN3503 的输出信号往往需要加跟随器和放大器。

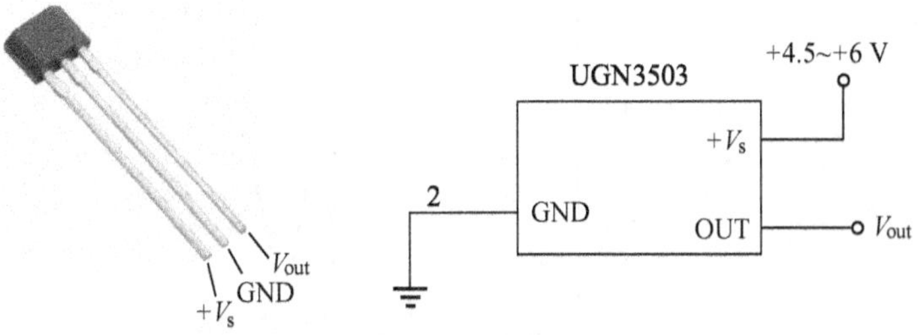

图 10-26 线性霍尔传感器 UGN3503

开关型霍尔传感器的工作状态如图 10-27 所示：其中 B_{NP}为传感器“开”的磁感应强度，B_{RP}为传感器“关”的磁感应强度。当外加的磁感应强度超过 B_{NP}时，传感器输出低电平；当磁感应强度降到 B_{NP}时，传感器输出电平不变，一直要降到 B_{RP}时，传感器才由低电平跃变为高电平。B_{NP}与 B_{RP}之间的滞后使开关动作更为可靠。

开关型霍尔传感器还有一种特殊的形式，称为锁键型霍尔传感器。如图 10-28 所示，当磁感应强度超过 B_{NP}时，传感器输出由高电平跃变为低电平；而在外磁场撤销后，其输出状态保持不变（即锁存状态），必须施加反向磁感应强度达到 B_{RP}时，才能使电平产生变化。

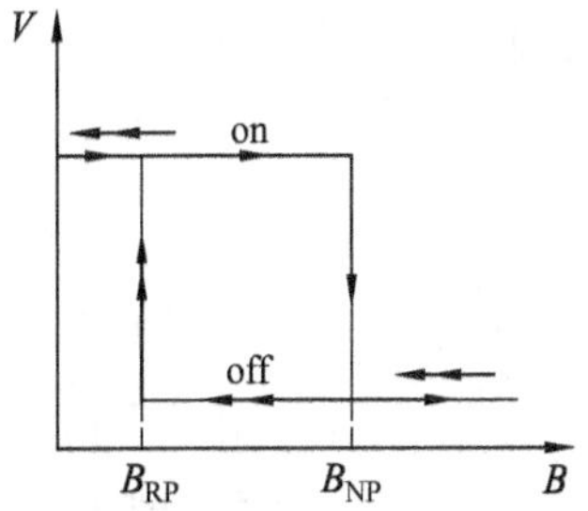

图 10-27 开关型霍尔传感器输出信号与磁场关系

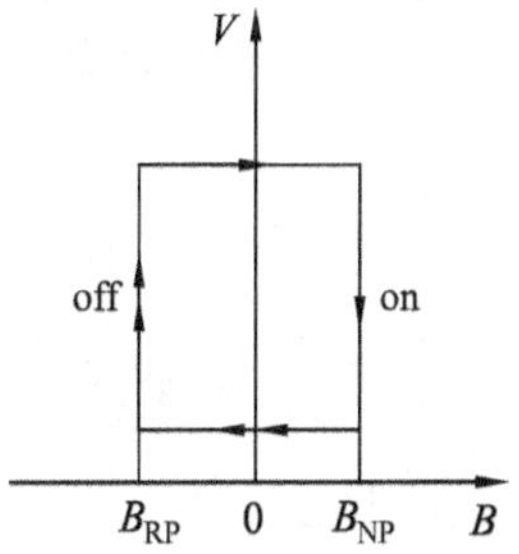

图 10-28 锁键型霍尔传感器输出信号与磁场关系

常用的开关型霍尔传感器有美国 SPRAGUE 公司的 UGN3000 系列，如 UGN3020，UGN3030 和 UGN3075/76（锁定型）。

由于开关型霍尔传感器是无触点的，在开关状态时，无火花、不产生干扰、使用寿命长、灵敏度高，因此开关型霍尔传感器有十分广泛的应用，如测量角位移、角速度、角加速度、出租汽车计价器、汽车里程表、转速、振动频率等。

10.4.2 霍尔传感器计数系统的设计

以单摆测量重力加速度为例，传统的方法是通过秒表测量单摆振动周期，量出摆长，再算出重力加速度。利用秒表计时容易引入人为主观误差，此时可用霍尔传感器设计成自动计时和计数电路，来避免人为误差的产生。

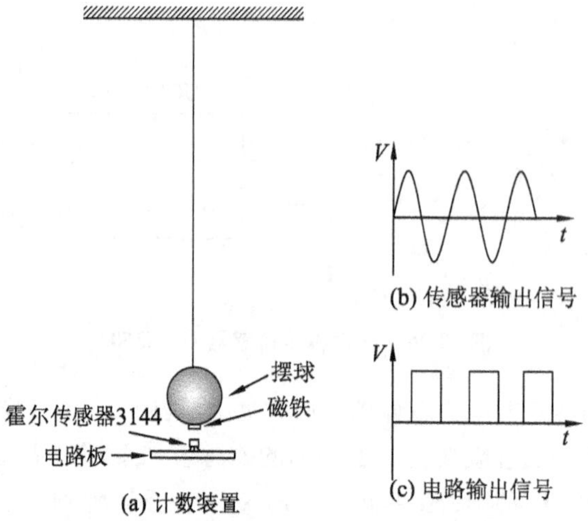

图 10-29　基于霍尔传感器的计数测量装置

具体可采用如图 10-29(a)所示的方法，在摆球的正下方附上一个质量与厚度可忽略的磁铁，将霍尔传感器置于摆球正下方，每次摆球经过霍尔传感器(霍尔传感器可选用 ES3144 型线性传感器)时输出如图 10-29(b)所示模拟信号；该信号经过如图 10-30 所示电路处理，转变成数字信号，如图 10-29(c)所示；继续触发后续的计时与计数电路(可用单片机完成)，待达到设定次数后，可让电路自动停止计时。

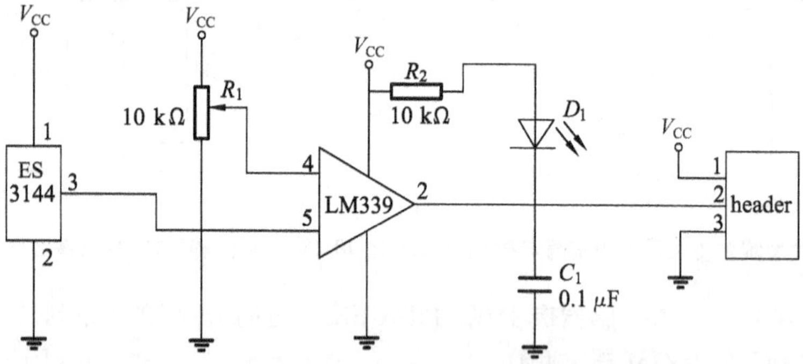

图 10-30　基于霍尔传感器的计数装置电路图

在图 10-30 中，ES3144 型霍尔传感器输出信号首先通过比较器 LM339 与电位器 R_1 引入的信号进行比较，通过比较，结果从 LM339 的 2 引脚输出数字信号，从而被后续的计时和计数电路接收。其中通过调节电位器 R_1 可以改变数字信号输出对磁场强度的灵敏度；发光二极管 D_1 主要用于判断输出数字信号是否为低电平，若是低电平，R_2 和 D_1 则形成回路，从而使 D_1 发光。

10.5　红外热释传感器

红外热释传感器(见图 10-31)是一种检测物体所发出红外线的传感器，主要由一种高热电系数的材料制成探测元件，由探测元件将探测并收到的红外辐射转变成微弱的电压信号，经装在探头内的场效应管放大后向外输出；同时，为了提高探测器的探测灵敏度以增大探测距离，一般在探测器的前方装设一个菲涅尔透镜，该透镜由透明塑料制成，其与放大电路相配合，可将信号放大 70 dB 以上，这样就可以测出数十米范围内人的行动。

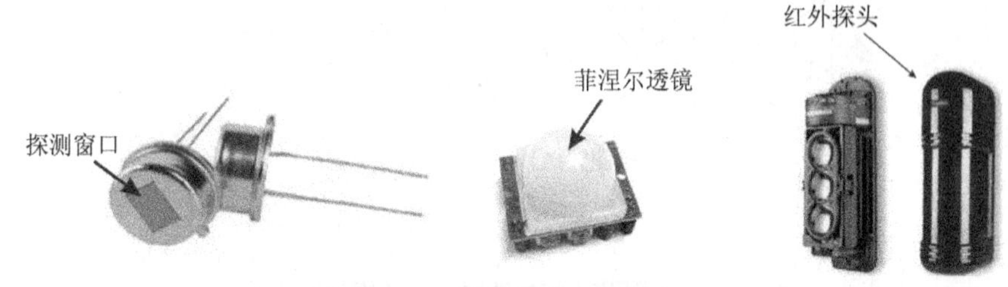

图 10-31　红外热释传感器外观及应用

由于人体辐射的红外线中心波长为 9 ~ 10 μm，而探测元件的波长灵敏度在0.2 ~ 20 μm范围内几乎稳定不变，因此可在传感器顶端开设一个装有滤光镜片的窗口，滤光片可通过光的波长范围为 7 ~ 10 μm，正好适合于人体红外辐射的探测，而对其他波长的红外线则由滤光片予以吸收，这样便形成了一种专门用作探测人体辐射的红外线传感器。

10.5.1　LHI-968 型红外热释传感器简介

常用的 LHI-968 红外热释传感器有 3 个管脚：G（接地），D（内部 FET 漏极），S（内部 FET 源极），其内部结构如图 10-32 所示，工作电压为 2 ~ 15 V，水平和竖直方向最大视场角均为 100°。

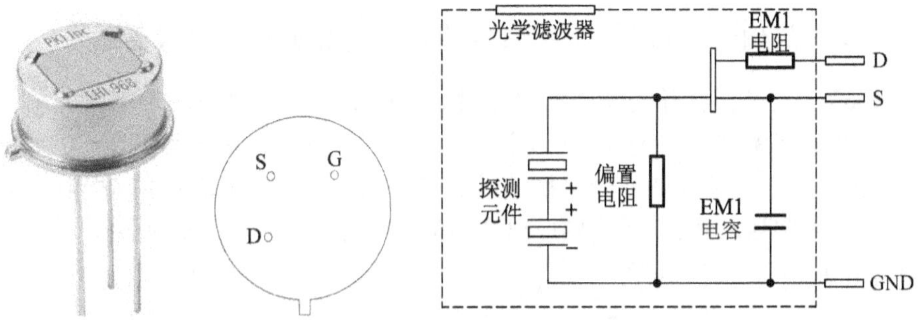

图 10-32　LHI-968 红外热释传感器引脚及内部结构图

型号为 LHI-968 的红外热释传感器有 2 个红外线检测器件 IR1 和 IR2，即在器件表面有 2 个探测窗口，它们极性相反且并联。如果有人经过 IR1 的红外敏感区域，人体的红外线被 IR1 检测到，于是 LHI-968 输出一个正向的脉冲；而当此人继续穿过 IR2 的敏感区域时，被 IR2 检测到，因为 IR1 和 IR2 极性相反，故 LHI-968 将输出一个负向的脉冲。只要检测判断这一正一负的连续脉冲，就能知道有人从红外热释传感器前穿过，如图 10-33所示。

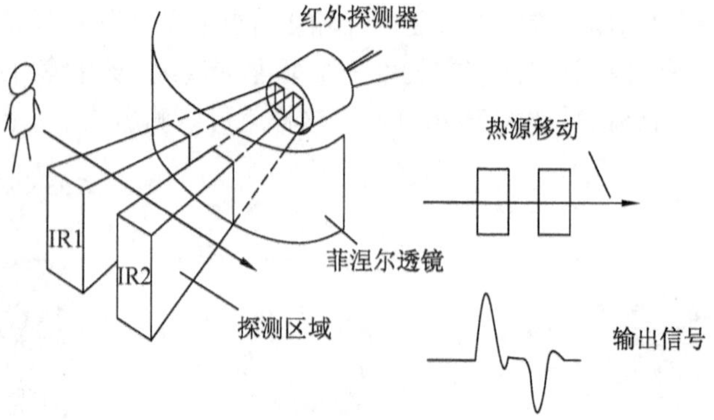

图 10-32　LHI-968 红外热释传感器探测原理图

除此之外，利用放大电路对红外热释传感器输出的微弱信号进行放大，还可以驱动各种控制电路，如电源开关控制、防盗防火报警、自动监测等。

红外热释传感器在实际应用中优点和缺点都很明显，一方面器件本身不发生任何类型的辐射，器件功耗很小，隐蔽性好，价格低廉；另一方面红外热释传感器容易受各种热源、光源干扰，且人体的红外辐射容易被遮挡，不易被探头接收，当环境温度和人体温度接近时，探测灵敏度明显下降，有时甚至会失灵。

另外，红外热释传感器必须安装在推荐的使用高度，对探测范围内地面上的小动物，一般不产生报警。红外热释传感器对人体的敏感程度还和人的运动方向有很大关系：红外热释传感器对于径向移动反应最不敏感，而对于横向移动最为敏感。在现场选择合适的安装位置是避免红外探头误报、求得最佳检测灵敏度极为重要的一环。

10.5.2　实例——用 LM 324 制作的人体热释电红外报警开关

图 10-33 中红外报警开关采用国内外最流行的 PIR 人体热释电传感器作信号探测器，其灵敏度高，探测距离可达 10 m 以上，俯视角可达 86°，水平视角可达 120°。因它仅对人体释放的特定波长的红外光最敏感，因而误动作极小。当有人在其探测区域内以 0.3 ~3 Hz 的频率活动时，它就能感应出微弱的电信号，经 U-A，U-B 两级放大后，从 U-B 的 7 脚输出 0.5 ~5 V 的强信号。

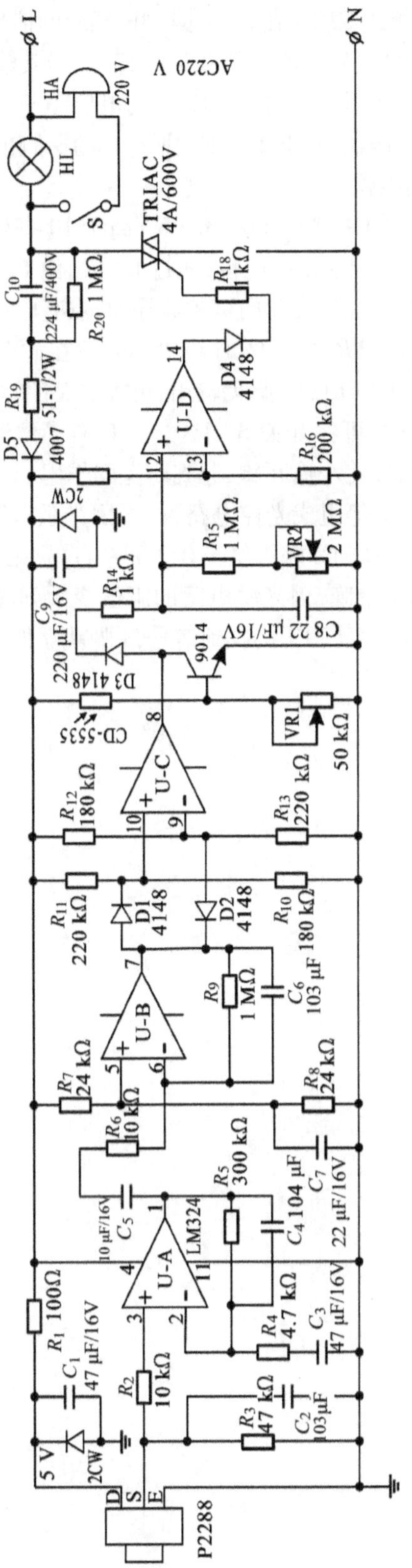

图10-33　人体热释电红外报警开关

D1,D2,R_{10} ~ R_{13}及 U-C 组成双门限比较器,因 PIR 感应的信号电压可正、可负,故 U-B 的 7 脚输出的电压亦可正、可负(对中心电压 3 V 而言)。当其输出的电压达到 4.1 V 以上时,通过 D1 施加于 U-C 的 10 脚的电压高于 9 脚的电压(3.3 V),使 U-C 的 8 脚输出高电位;而当 U-B 的 7 脚输出的电位低于 2 V 时,则 U-C 的 9 脚的电压将通过 D2 下降至 2.7 V 以下,其 8 脚也输出高电位。

平时无信号时,由于 U-C 的 9 脚的电位(3.3 V)高于 10 脚(2.7 V),故 8 脚无输出。当 PIR 接收到信号时,8 脚就一定输出高电位,通过 D3,R_{14}给 C_8 充电,使 U-D 的 12 脚电位高于 13 脚,其 14 脚输出高电位触发双向可控硅导通,点亮电灯。

由于 C_8 所储电能通过 R_{15},VR_2 放电需时约 2 min,故在此 2 min 内灯一直亮着。当 C_8 上的电压低于 13 脚电压(1 V)时,14 脚无输出,可控硅关闭,灯自动熄灭。

在夜间入眠或家中无人时,可将开关 S 闭合。一旦有小偷潜入探测区域内,在灯亮的同时会伴随着铃声大作,可以将小偷吓跑,起到防盗的作用。

光敏电阻 CDS 及三极管 V 等组成光控电路,白天因光敏电阻的阻值很小(10 kΩ 以下),三极管 V 饱和导通,将 U-C 的 8 脚钳位至 0.3 V 左右,故无论有无感应信号,可控硅均不能导通,灯不能点亮;到了夜晚,因光敏电阻的阻值变大到几兆欧,三极管 V 导通截止,U-C 的 8 脚不再受其钳位,一旦 PIR 接收到信号,8 脚就立即输出高电平,使可控硅导通,将灯点亮。

第 11 章

振荡器和定时器

在每个电子仪器内部都有某种类型的振荡器,用来产生所需特定形状、频率和振幅的周期性波形,用于驱动其他电路。通常可能需要的波形有脉冲波、正弦波、方波、锯齿波或三角波。振荡器通常用在计算器、定时电路、逻辑门的控制、射频电路等领域。

良好的振荡电路设计过程通常比较复杂,可选择的设计方案也多种多样,如 RC 振荡器、LC 振荡器、石英晶体振荡器等,各种设计方案都有自己的适用范围。在设计时,频率范围、振荡波形是必须要考虑的因素。

11.1 正弦波产生电路

11.1.1 正弦波振荡电路条件

图 11-1 为正弦波振荡电路的方框图。从结构上看,正弦波振荡电路由两部分组成:放大电路和反馈电路,其中反馈形式为正反馈。如果将放大电路和反馈电路看作一个整体振荡电路,则对于该振荡电路而言,只要满足振荡条件,即使没有输入信号,输出端也会有源源不断的信号输出。

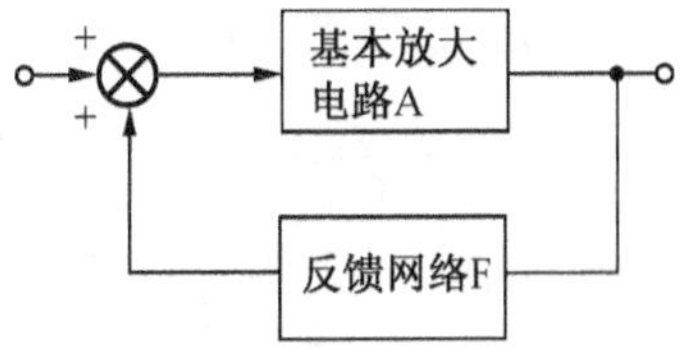

图 11-1 正弦波振荡电路方框图

要使振荡电路在没有输入信号的条件下也能有源源不断的信号输出,必须满足以下 2 个条件:

$$A \cdot F = 1 \tag{11-1}$$

$$\varphi_A + \varphi_F = 2k\pi, k = 0,\ 1,\ 2,\cdots\cdots \tag{11-2}$$

式(11-1)中,A 为放大电路的放大系数,F 为反馈电路的反馈系数,该式表明振荡电路的增益为 1,式(11-1)称为振幅平衡条件;在式(11-2)中,φ_A 为放大电路对信号引入的相移,φ_F 为反馈电路对信号引入的相移,式(11-2)称为相位平衡条件。2 个条件同时满足才能使振荡电路产生自激。

然而并不是所有频率的信号都能满足式(11-2)的相位平衡条件,通常正弦波振荡电路只要在一个频率下满足相位平衡条件,振荡回路中就必须包含一个具有选频特性的网络即选频网络。选频网络可以设置在放大电路中,也可以设置在反馈网络中,它可以由 R,C 元件组成,也可以由 L,C 元件组成。由 R,C 元件组成选频网络的振荡电路称为 RC 振荡电路;而由 L,C 元件组成选频网络的振荡电路称为 LC 振荡电路。二者的区别在于

RC 振荡电路一般用来产生 1 Hz ~ 1 MHz 范围内的低频信号，而 *LC* 振荡电路一般用来产生1 MHz以上的高频信号。

另外，如果要使振荡电路能自行振荡，必须首先满足 $A \cdot F > 1$ 的条件，这样在接通电源后，振荡电路才有可能自激并最后趋于稳定。

11.1.2 RC 正弦波振荡电路

RC 正弦波振荡电路有桥式、双 T 网络式和移相式振荡电路等类型。以 *RC* 桥式振荡电路为例，如图 11-2 所示，该电路同样由放大电路和反馈电路组成；放大电路由电压负反馈式运算放大器组成；而反馈电路由电阻与电容组成，兼有选频作用。

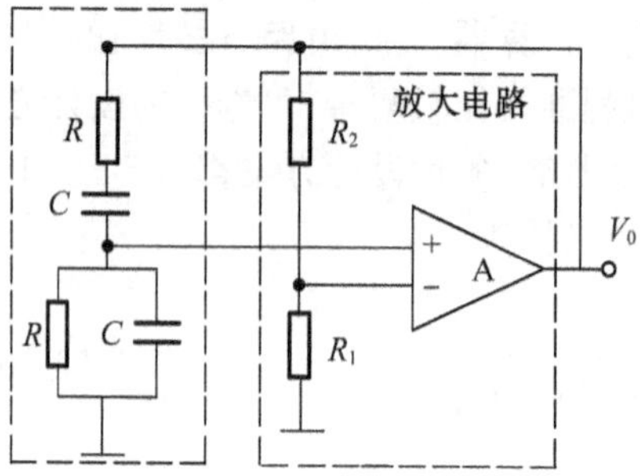

图 11-2 *RC* 桥式振荡电路

由于放大电路是一个基于运算放大器的同相放大器，其放大倍数为：

$$A = 1 + \frac{R_2}{R_1} \tag{11-3}$$

对于 *RC* 反馈电路，其增益为：

$$F = \frac{Z_2}{Z_1 + Z_2} \tag{11-4}$$

式中，Z_1 和 Z_2 分别为：

$$Z_1 = R + \frac{1}{\mathrm{j}2\pi fC} \tag{11-5}$$

$$Z_2 = R \parallel \left(\frac{1}{\mathrm{j}2\pi fC}\right) \tag{11-6}$$

将式(11-5)和(11-6)代入式(11-4)可得：

$$F(\mathrm{j}f) = \frac{1}{3 + \mathrm{j}\left(\frac{f}{f_0} - \frac{f_0}{f}\right)} \tag{11-7}$$

式中，$f_0 = \frac{1}{2\pi RC}$。则振荡电路的增益为：

$$T(\mathrm{j}f)=AF=\frac{1+\dfrac{R_2}{R_1}}{3+\mathrm{j}\left(\dfrac{f}{f_0-\dfrac{f_0}{f}}\right)} \tag{11-8}$$

从数学形式上来看，式(11-8)是一个带通函数，它在高频和低频处均趋于0。它的峰值出现在$f=f_0$处，此时振荡电路的增益为：

$$T(\mathrm{j}f)=\frac{1+\dfrac{R_2}{R_1}}{3} \tag{11-9}$$

根据式(11-9)可知此时$T(\mathrm{j}f)$为一个实数，这表明一个频率为f_0的信号经过振荡回路一周后，其净相移为0，此时相位平衡条件得到满足。

而根据振幅平衡条件$T(\mathrm{j}f)=1$可知：

$$\frac{R_2}{R_1}=2 \tag{11-10}$$

这说明只要满足式(11-10)这一条件，运算放大器周围的元件在频率$f=f_0$处就构成一个平衡电桥。

在实际回路中，由于元件值的变化很难保持该桥的平衡，为了使打开电源后振荡能够自动地进行，可通过使比值R_2/R_1在低电平信号时比2略大以保证振荡开始，在高电平信号时比2略小以限制振荡幅度。振荡一旦开始，信号幅度就会不断增长，并且自动稳定在某个中间幅度电平，此处正好$R_2/R_1=2$。

图11-3所示的电路采用了一个简单的二极管-电阻器网络来控制R_2的有效值。信号较小时，二极管截止，因此100 kΩ电阻此时不起作用，从而有$R_2/R_1=22.1/10.0=2.21$，或者$T(\mathrm{j}f_0)=(1+2.21)/3=1.07>1$，即此时振荡在积累；当振荡不断地增长，这两个二极管以交替半周导通的方式逐渐进入导通状态，在二极管充分导通的状态下，R_2的值会变为$(22.1\parallel 100)=18.1\ \mathrm{k\Omega}$，使得$T(\mathrm{j}f_0)=0.937<1$。然而，在此极限值到达之前，振幅会自动地稳定在二极管导通的某个中间电平上，这里正好满足$R_2/R_1=1$或者$T(\mathrm{j}f_0)=1$。

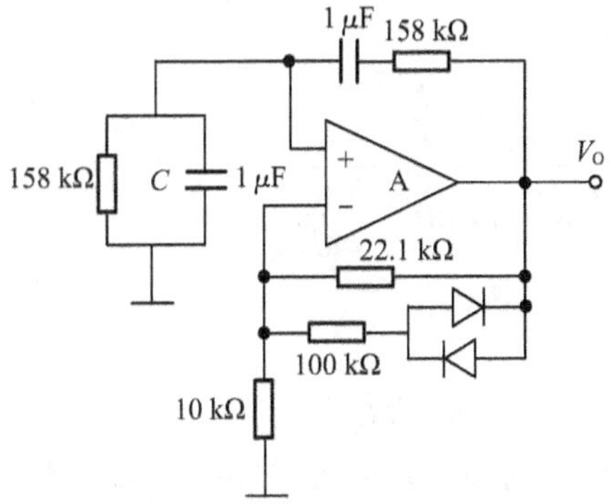

图11-3　实用文氏振荡电路

图11-3存在一个缺点，即V_0对二极管的正向压降非常灵敏，因此在图11-4中通过

利用 n-JFET 作为稳定元件以克服这一缺陷。接通电源后,当 1 μF 的电容没有放电时,栅极电压接近 0 V,此时沟道电阻较低,JFET 有效地将 51 kΩ 的电阻接地,从而有 R_2/R_1 约为 $20.0/(11.0 \parallel 51) = 2.21 > 2$,振荡开始建立起来。二极管和 1 μF 电容组成一个峰值检测器,其电压随着振荡愈增变得愈负。由此 JFET 的沟道电阻逐渐增加,最终达到其极限状态,即完全截止,此时可以得到 $R_2/R_1 = 20.0/11.0 = 1.82 < 2$。但是,振荡会自动稳定在某一中间电平处,即 $R_2/R_1 = 2$。

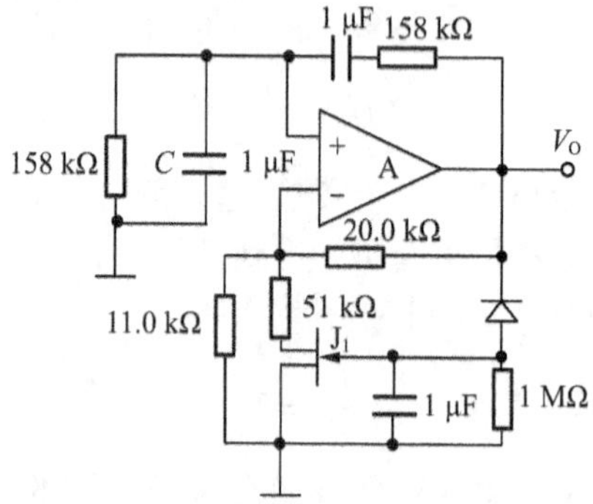

图 11-4 JFET 改进文氏振荡电路

振荡的精确性和稳定性受无源元件的质量和运算放大器动态特性的影响,应选择聚碳酸脂电容器和薄膜电阻器作为正反馈网络中的元件。为了补偿元件的容差,实际的 RC 桥式振荡电路中通常包含有适当的微调电容,以便对 f_0 做精细调节。

11.1.3 LC 正弦波振荡电路

LC 振荡电路主要用来产生高频正弦信号,一般在 1 MHz 以上,*LC* 和 *RC* 振荡电路产生正弦波振荡的原理相同,区别主要在于:*RC* 振荡电路的选频网络由电阻和电容组成,而 *LC* 振荡电路的选频网络则由电感和电容组成。

图 11-5 为常用到的 *LC* 并联谐振回路,图中 *R* 表示回路的等效损耗电阻。由图可知,*LC* 并联谐振回路的等效阻抗为:

$$Z = \mathrm{j}2\pi fC \parallel (R + \mathrm{j}2\pi fL) \tag{11-11}$$

通常 $R \ll 2\pi fL$,所以:

$$Z \approx \frac{\dfrac{L}{C}}{R + \mathrm{j}\left(2\pi fL - \dfrac{1}{2\pi fC}\right)} \tag{11-12}$$

所以回路的谐振频率 f_0 为:

$$f_0 = \frac{1}{2\pi\sqrt{LC}} \tag{11-13}$$

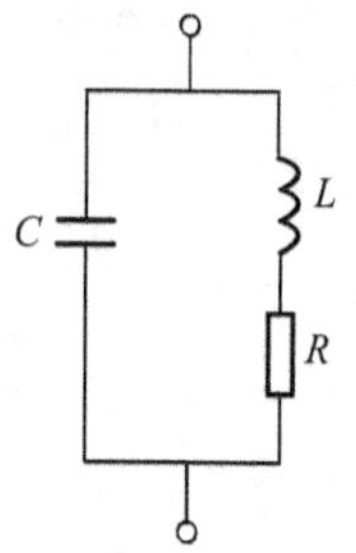

图 11-5 *LC* 并联谐振回路

且谐振时,回路的等效阻抗 Z_0 为纯电阻性质,并为最大值,即:

$$Z_0 = \frac{L}{RC} \tag{11-14}$$

通常称 $Q=\frac{1}{R}\sqrt{\frac{L}{C}}$ 为回路品质因数，是用来评价回路损耗大小的指标。

图 11-6 表示一个采用 JFET 的变压器反馈式 *LC* 振荡电路。实际的 *LC* 振荡器在设计中通常很少含有运算放大器，在射频范围内，由于转换速率和带宽的限制，运算放大器变得很不可靠。当频率需要上升到大约 100 kHz 时，必须使用另一种放大器器件，通常使用晶体管放大器（如三极管和场效应管），对于特殊的射频晶体管，2 000 MHz 的上限是很平常的。图中 *LC* 并联谐振回路作为 JFET 的漏极负载，与 *L* 串联的电阻 *R* 表示回路的等效损耗，反馈信号通过变压器次级线圈传送到栅极回路，R_g 和 C_g 是用来产生栅极偏置电压的。在谐振频率 $f_0=\frac{1}{2\pi\sqrt{LC}}$ 的情况下，LC 回路呈纯电阻性质，并且阻值最大 $Z_0=\frac{L}{RC}$，此时，JFET 的漏极输出电压与栅极输入电压将产生 180°的相移，同时根据图中标出的变压器的同名端符号“•”，次级线圈又会引入 180°的相移，即相位平衡条件得到满足。

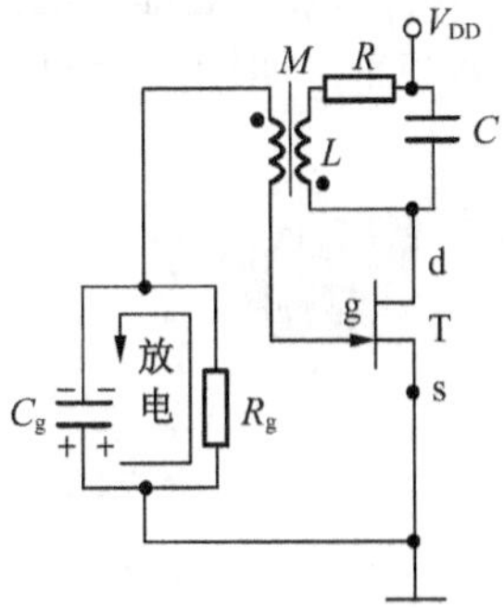

图 11-6　JFET 的变压器反馈式 *LC* 振荡电路

为了确保电路能够振荡，还必须满足振幅条件，即 $AF=1$。但是由于推导 AF 的过程比较复杂（详细过程可参看康华光版《电子技术基础》），此处直接给出结论：

$$g_m=\frac{\mu RC}{\mu M-L} \tag{11-15}$$

式（11-15）为振幅平衡条件，其中 g_m 为 JFET 跨导，M 为变压器初级线圈和次级线圈之间的耦合程度（互感），而为了使电路能够起振，必须使 $g_m>\frac{\mu RC}{\mu M-L}$。

当电源接通后，经过放大和选频循环往复，振荡就逐步建立起来。开始时，由于栅极偏压 $V_G=0$（R_g 和 C_g 的时间常数 $\tau_g=R_gC_g$ 大于振荡信号的周期，电容 C_g 将被充电到接近栅极信号电压的峰值，该电压就是电路的栅极偏压 V_G），管子的跨导 g_m 值较大，此时 $AF>1$，易于起振；随着振幅的不断增长，栅极偏压 V_G 增加，管子的跨导 g_m 值减小，直至 $AF=1$，振荡趋于稳定。

图 11-7 是用三极管组成的变压器反馈式 *LC* 振荡电路，R_{b1}，R_{b2}，R_e 用来稳定管子的静态工作点，通过选用 β 较大的管子或增加变压器初级、次级线圈之间的耦合程度 M，或增加次级线圈的匝数，都可使电路易于起振。

此外，LC 振荡电路除变压器反馈式外，常用的还有电感三点式和电容三点式振荡电路，本书不做详细介绍。

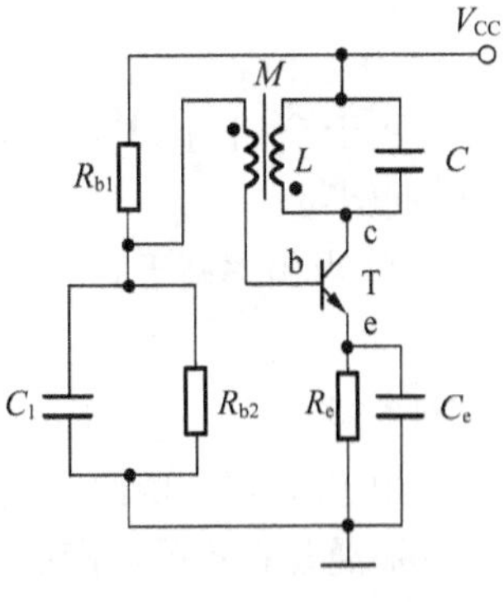

图 11-7　三极管变压器反馈式 *LC* 振荡电路

11.1.4　石英晶体振荡电路

石英晶体是一种各向异性的结晶体，其主要成分是二氧化硅（SiO_2）。从一块晶体上按一定方位角切下的薄片称为晶片；然后在晶片的两个对应表面上涂敷银层并装上一对金属板，就构成一个石英晶体产品，一般用金属外壳封装，有时也用玻璃壳封装。图 11-8 是一些晶振的外观图。

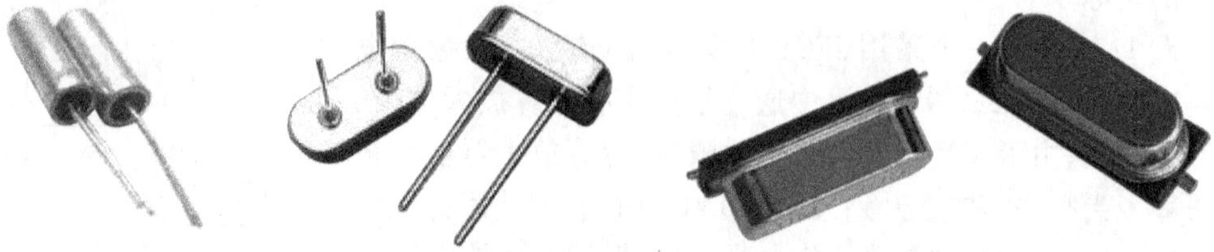

图 11-8　部分晶振外观图

石英晶片之所以能作振荡电路主要是基于它的压电效应，如在石英晶片的极板间施加交流电压，石英晶片就会产生机械振动，机械振动又会产生交变电场。当外加交变电压的频率与晶片的固有频率（决定于晶片的尺寸）相等时，机械振动的幅度将急剧增加，这种现象称为压电谐振。

石英晶体的压电谐振现象可用图 11-9 所示的等效电路来模拟，等效电路中的 C_0 为切片与金属板构成的静电电容，L 和 C 分别模拟晶体的质量和弹性，当晶片振动时，因摩擦而造成的损耗用电阻 R 等效。石英晶体通常具有很高的质量与弹性比值（等效于 L/C），因而它的品质因数 Q 高达 10 000 ~ 50 000。

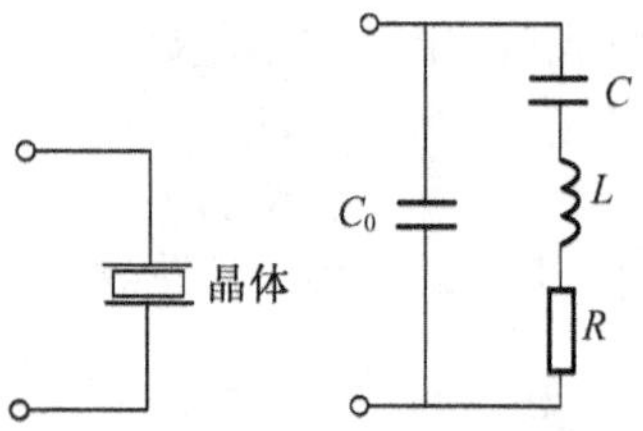

(a) 代表符号　　(b) 等效电路

图 11-9　石英晶体的等效电路

由等效电路可知，石英晶体有 2 个谐振频率，即：

① 当 R,L,C 支路发生串联谐振时，其串联谐振频率为：

$$f_s = \frac{1}{2\pi\sqrt{LC}} \tag{11-16}$$

由于 C_0 很小，其容抗比 R 大得多，因此，串联谐振的等效阻抗近似为 R，呈纯阻性，且阻值很小。

② 当频率高于 f_s 时，R,L,C 支路呈感性，当与 C_0 发生并联谐振时，其振荡频率为：

$$f_p = \frac{1}{2\pi\sqrt{LC}}\sqrt{1+\frac{C}{C_0}} = f_s\sqrt{1+\frac{C}{C_0}} \tag{11-17}$$

由于 $C \ll C_0$，因此 f_s 与 f_p 很接近。

而通常石英晶体产品所给出的标称频率既不是 f_s，也不是 f_p，而是外接一个小电容 C_s 校正后的振荡频率，C_s 与石英晶体连接如图 11-10 所示，使用时，C_s 是一个微调电容，使振荡频率 f'_s 在 f_s 和 f_p 之间的一个狭窄范围内变动。

$$f'_s = f_s\left[1 + \frac{C}{2(C_0 + C_s)}\right] \tag{11-18}$$

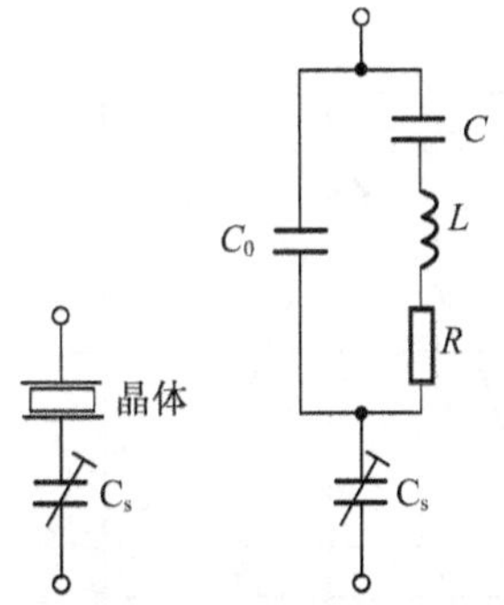

(a) 代表符号　　(b) 等效电路

图 11-10　石英晶体串联谐振频率的调整

11.2　非正弦波产生电路

11.2.1　方波产生电路

方波产生电路是一种能够直接产生方波或矩形波的非正弦信号产生电路，又称为多谐振荡电路。其基本电路组成如图 11-11 所示，它是在迟滞比较器的基础上，增加一个由 R_f 和 C 组成的积分电路，把输出电压经 R_f 和 C 反馈到集成运放的反相端。在运放的输出端引入限流电阻 R 和两个背靠背的稳压管，就组成一个如图 11-12 所示的双向限幅方波发生器电路。由图可知，电路的正反馈系数 F 为：

$$F \approx \frac{R_2}{R_1 + R_2} \tag{11-19}$$

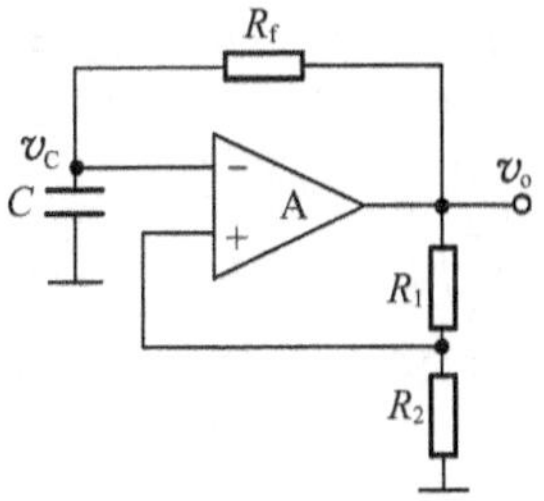

图 11-11　方波产生基本电路

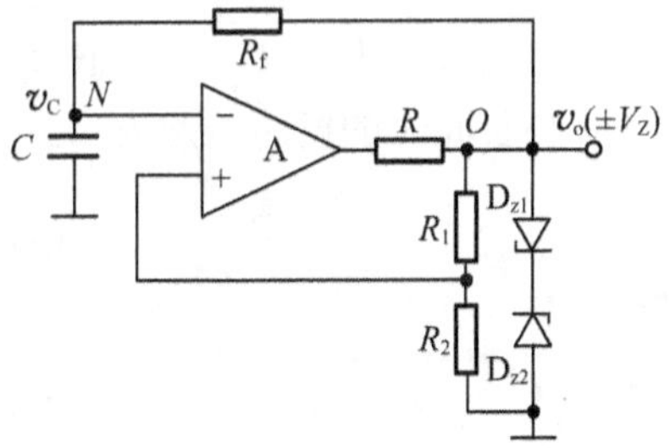

图 11-12　双向限幅的方波产生电路

设接通电源瞬间，输出电压偏于负饱和值，即 $v_o = -V_Z$ 时，加到集成运放同相端的电压为 $-FV_Z$，而加于反相端的电压，由于电容器 C 上的电压 v_C 不能突变，只能由输出电压 v_o 通过电阻 R_f 按指数规律向 C 充电来建立。当加到反相端的电压 v_C 略负于 $-FV_Z$ 时，输出电压便立刻从负饱和值（$-V_Z$）迅速翻转到正饱和值（$+V_Z$），$+V_Z$ 又通过 R_f 向电容 C 进行反向充电，直到 v_C 略正于 FV_Z 值时，输出状态再翻转过来。如此循环，形成一系列的方波输出。图 11-13 是在一个方波典型周期内,输出端及电容 C 上的电压波形。

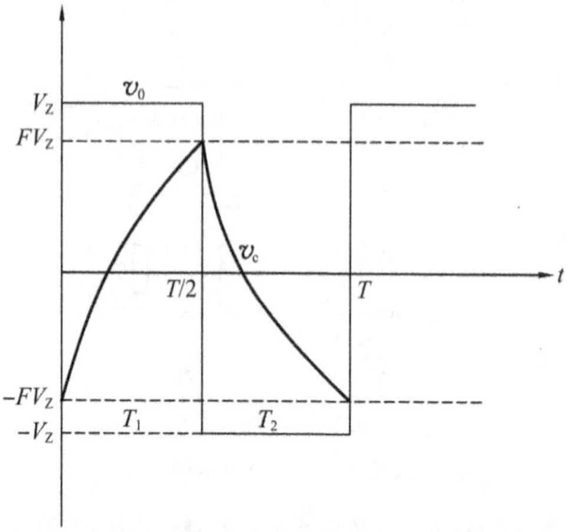

图 11-13　方波周期内输出端及电容 C 上的电压波形

设 T 为方波的周期:

$$T = 2R_fC\ \ln\frac{1+F}{1-F} = 2R_fC\ \ln\left(1+2\frac{R_2}{R_1}\right) \tag{11-20}$$

如适当选取 R_1 和 R_2 的值,可使 $F=0.462$,则振荡周期可简化为 $T=2R_fC$,则振荡频率为

$$f = \frac{1}{2R_fC} \tag{11-21}$$

在低频范围(如 10 Hz ~ 10 kHz)内,对于固定频率来说,此电路是较好的振荡电路。当振荡频率较高时,为了获得前后沿较陡的方波,应选择转换速率较高的运放。

如果想获得占空比小于或大于 50% 的矩形波,只须改变电容 C 的正、反向充电时间常数即可。可用图 11-14 所示网络接入图 11-12 中的节点 O,N 间,代替电阻 R_f。这样,当 v_o 为正时,D_1 导通而 D_2 截止,反向充电时间常数为 $R_{f1}C$;当 v_o 为负时,D_1 截止而 D_2 导通,正向充电时间常数为 $R_{f2}C$。选取比值不同的 R_{f1}/R_{f2},就可以改变占空比。设忽略二极管的正向电阻,此时的振荡周期为:

$$T = (R_{f1}+R_{f2})C\ \ln\left(1+2\frac{R_2}{R_1}\right) \tag{11-22}$$

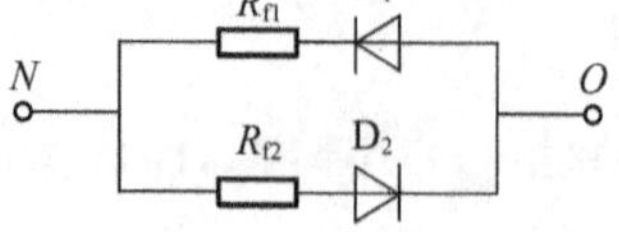

图 11-14　改变正、反向充电时间常数的一种网络

11.2.2　锯齿波产生电路

图 11-15 是由同相输入迟滞比较器(A_1)和充放电时间常数不等的积分器(A_2)共同组成的锯齿波电压产生器电路。

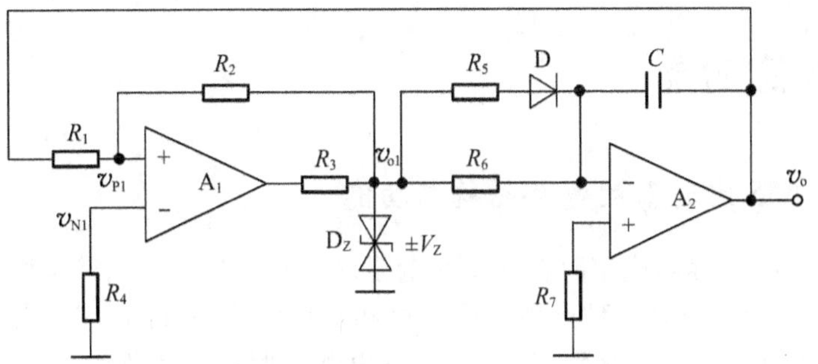

图 11-15　锯齿波电压产生电路

设 A_1 输入端电压为 v_I，由图中可得：

$$v_{P1} = v_I - \frac{v_I - v_{O1}}{R_1 + R_2} R_1 \tag{11-23}$$

考虑到电路翻转时，有 $v_{N1} \approx v_{P1} = 0$，即得：

$$v_I = V_{th} = -\frac{R_1}{R_2} v_{O1} \tag{11-24}$$

由于 $v_{O1} = \pm V_Z$，由式(11-24)可分别求出上、下门限电压和门限电压宽度为：

$$V_{T+} = \frac{R_1}{R_2} V_Z \tag{11-25}$$

$$V_{T-} = -\frac{R_1}{R_2} V_Z \tag{11-26}$$

$$\Delta V_T = V_{T+} - V_{T-} = 2\frac{R_1}{R_2} V_Z \tag{11-27}$$

设 $t=0$ 时接通电源，有 $v_{O1} = -V_Z$，则 $-V_Z$ 经 R_6 向 C 充电，使输出电压按线性规律增长。当 v_O 上升到门限电压 V_{T+} 使 $v_{N1} \approx v_{P1}$ 时，比较器输出 v_{O1} 由 $-V_Z$ 跳到 $+V_Z$，同时门限电压跳到 V_{T-} 值。以后 $v_{O1} = +V_Z$ 经 R_6 和 D，R_5 两支路向 C 反向充电，由于时间常数减小，v_O 迅速下降到负值。当 v_O 下降到门限电压 V_{T-} 使 $v_{N1} \approx v_{P1}$ 时，比较器输出 v_{O1} 由 $+V_Z$ 下跳到 $-V_Z$。如此周而复始，产生振荡。由于电容 C 的正向和反向充电常数不相等，输出波形 v_O 为锯齿波，v_{O1} 为矩形波电压。如果忽略二极管的正向电阻，其振荡周期为：

$$T = T_1 + T_2 = \frac{2R_1R_6}{R_2} + \frac{2R_1(R_6 /\!/ R_5)C}{R_2} = \frac{2R_1R_6C(R_6 + 2R_5)}{R_2(R_5 + R_6)} \tag{11-28}$$

如果图 11-15 的电路中 D，R_5 支路开路，电容 C 的正、反向充电时间常数相等时，锯齿波就变为三角波，图 11-15 的电路就变为方波(v_{O1})-三角波(v_O)产生电路，其振荡周期为：

$$T = \frac{4R_1R_6C}{R_2} \tag{11-29}$$

11.3 555 定时器

11.3.1 555 定时器的电路结构与功能

集成时基电路又称集成定时器或 555 电路，是一种数字、模拟混合型的中规模集成电路，应用十分广泛。它是一种产生时间延迟和多种脉冲信号的电路，由于内部电压标准使用了 3 个 5 kΩ 电阻，故取名 555 电路。其电路类型有双极型和 CMOS 型两大类，二者的结构与工作原理类似。几乎所有的双极型产品型号最后的 3 位数字都是 555 或 556；所有的 CMOS 产品型号最后 4 位数字都是 7555 或 7556，二者的逻辑功能和引脚排列完全相同，易于互换。555 和 7555 是单定时器，556 和 7556 是双定时器，双极型的电源电压 $V_{CC}=+5\sim+15$ V，输出的最大电流可达 200 mA，CMOS 型的电源电压为 $+3\sim+18$ V。

555 电路的内部电路方框图如图 11-16 所示，含有两个电压比较器，一个基本 RS 触发器，一个放电开关管 T。比较器的参考电压由 3 只 5 kΩ 的电阻器构成的分压器提供，它们分别使高电平比较器 A_1 的同相输入端和低电平比较器 A_2 的反相输入端的参考电平为 $\frac{2V_{CC}}{3}$ 和 $\frac{V_{CC}}{3}$。A_1 与 A_2 的输出端控制 RS 触发器状态和放电管开关状态。当输入信号自 6 脚，即高电平触发输入并超过参考电平 $\frac{2V_{CC}}{3}$ 时，触发器复位，555 的输出端 3 脚输出低电平，同时放电开关管导通；当输入信号自 2 脚输入并低于 $\frac{V_{CC}}{3}$ 时，触发器置位，555 的 3 脚输出高电平，同时放电开关管截止。

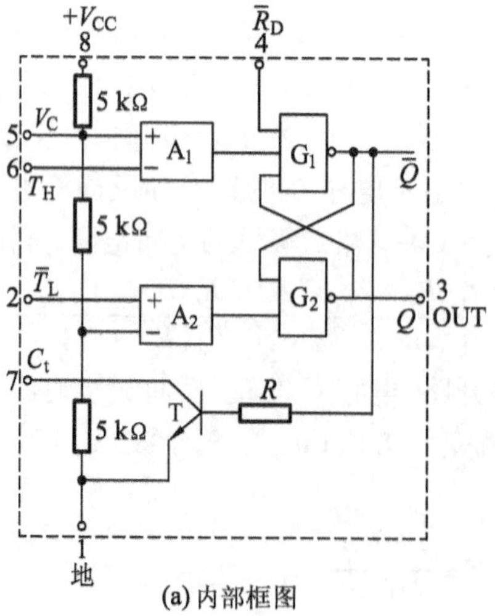

(a) 内部框图

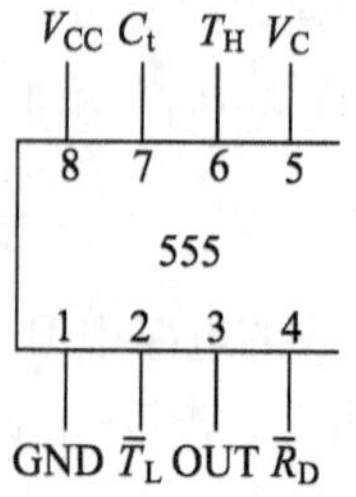

(b) 引脚排列

图 11-16 555 定时器

$\overline{R}_D$ 是复位端（4 脚），当 $\overline{R}_D=0$，555 输出低电平。平时 $\overline{R}_D$ 端开路或接 V_{CC}。V_C 是控制电压端（5 脚），平时输出 $\frac{2V_{CC}}{3}$ 作为比较器 A_1 的参考电平；当 5 脚外接一个输入电压时，即

改变了比较器的参考电平，从而实现了对输出的另一种控制；在不接外加电压时，通常接一个0.01 μF的电容器，电容器另一端接地，起滤波作用，以消除外来的干扰，确保参考电平的稳定。

T为放电管，当T导通时，将给接于7脚的电容器提供低阻放电通路。

555定时器主要是与电阻、电容构成充放电电路，并由两个比较器来检测电容器上的电压，以确定输出电平的高低和放电开关管的通断。555定时器还可方便地构成单稳态触发器、多谐振荡器、施密特触发器等脉冲产生或波形变换电路，从而实现从微秒到数分钟的延时功能。

11.3.2　555定时器的典型应用

(1) 单稳态触发器

图11-17(a)为由555定时器和外接定时元件R,C构成的单稳态触发器。触发电路由C_1,R_1,D构成，其中D为钳位二极管。稳态时555电路输入端处于电源电平，内部放电开关管T导通，输出端F输出低电平；当有一个外部负脉冲触发信号经C_1加到2端，并使2端电位瞬时低于$\frac{V_{CC}}{3}$时，低电平比较器动作，单稳态电路即开始一个暂态过程，电容C开始充电，V_C按指数规律增长；当V_C达到$\frac{2V_{CC}}{3}$时，高电平比较器动作，比较器A_1翻转，输出V_0从高电平返回低电平，放电开关管T重新导通，电容C上的电荷很快经放电开关管放电，暂态结束，恢复稳态，为下个触发脉冲的到来做好准备。波形图如图11-17(b)所示。

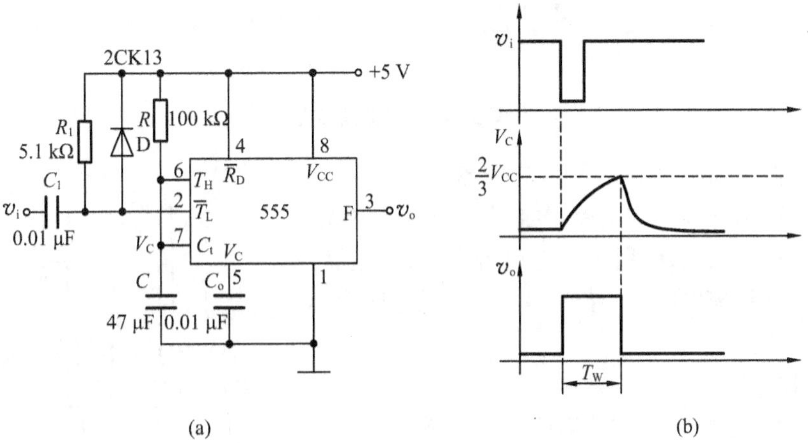

(a)　　　　　　　　　　　　(b)

图11-17　单稳态触发器

暂稳态的持续时间t_w(即为延时时间)决定于外接元件R,C值的大小。

$$t_w = 1.1RC \tag{11-30}$$

通过改变R,C的大小，可使延时时间在几个微秒到几十分钟之间变化。当这种单稳态电路作为计时器时，可直接驱动小型继电器，并可以使用复位端(4脚)接地的方法来中止暂态，重新计时；此外还须用一个续流二极管与继电器线圈并接，以防继电器线圈反电势损坏内部功率管。

(2) 多谐振荡器

如图 11-18(a),由 555 定时器和外接元件 R_1,R_2,C 构成多谐振荡器,脚 2 与脚 6 直接相连。电路没有稳态,仅存在两个暂稳态,电路亦不需要外加触发信号,利用电源通过 R_1,R_2 向 C 充电,以及 C 通过 R_2 向放电端 C_t 放电,使电路产生振荡。电容 C 在$\frac{V_{CC}}{3}$和$\frac{2V_{CC}}{3}$之间充电和放电,其波形如图 11-18(b)所示。输出信号的时间参数是:

$$T = t_{w1} + t_{w2} \tag{11-31}$$

$$t_{w1} = 0.7(R_1 + R_2)C \tag{11-32}$$

$$t_{w2} = 0.7R_2C \tag{11-33}$$

555 电路要求 R_1 与 R_2 均应大小于 1 kΩ,但 $R_1 + R_2$ 应小于或等于 3.3 MΩ。

外部元件的稳定性决定了多谐振荡器的稳定性,555 定时器配以少量的元件即可获得较高精度的振荡频率和较强的功率输出能力。因此,这种形式的多谐振荡器应用很广。

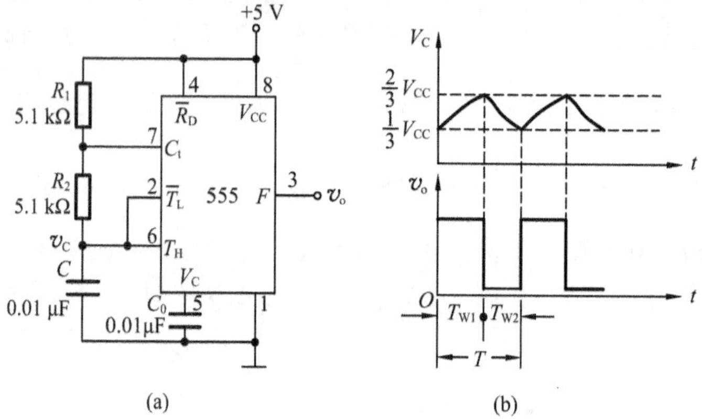

图 11-18　多谐振荡器

(3) 占空比可调的多谐振荡器

图 11-19 比图 11-18 电路增加了一个电位器和两个导引二极管。D_1,D_2 用来决定电容充、放电电流流经电阻的途径(充电时 D_1 导通,D_2 截止;放电时 D_2 导通,D_1 截止)。

占空比

$$P = \frac{t_{w1}}{t_{w1} + t_{w2}} \approx \frac{0.7R_A C}{0.7C(R_A + R_B)} = \frac{R_A}{R_A + R_B} \tag{11-34}$$

可见,若取 $R_A = R_B$,电路即可输出占空比为 50% 的方波信号。

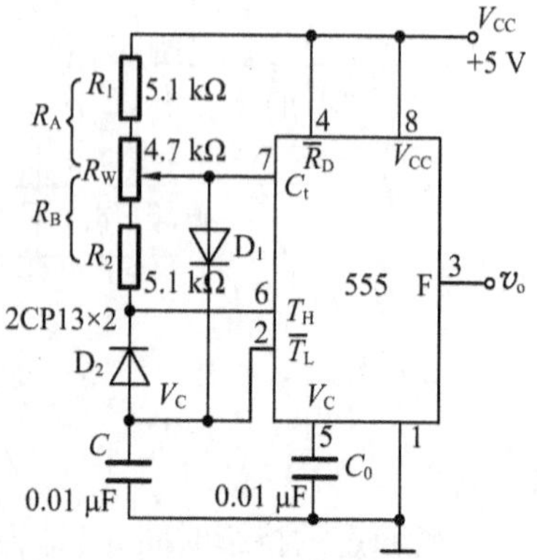

图 11-19　占空比可调的多谐振荡器

(4) 占空比连续可调并能调节振荡频率的多谐振荡器

电路如图 11-20 所示。对 C_1 充电时,充电电流通过 R_1,D_1,R_{W2}和 R_{W1};放电时电流通过 R_{W1},R_{W2},D_2,R_2。当 $R_1 = R_2$,R_{W2}调至中心点时,因充、放电时间基本相等,其占空比约

为 50%，此时调节 R_{W1} 仅改变频率，占空比不变；如 R_{W2} 调至偏离中心点，再调节 R_{W1}，不仅振荡频率改变，而且对占空比也有影响；R_{W1} 不变，调节 R_{W2}，仅改变占空比，对频率无影响。因此，当接通电源后，应首先调节 R_{W1} 使频率至规定值，再调节 R_{W2}，以获得需要的占空比。若频率调节的范围比较大，还可以用波段开关改变 C_1 的值。

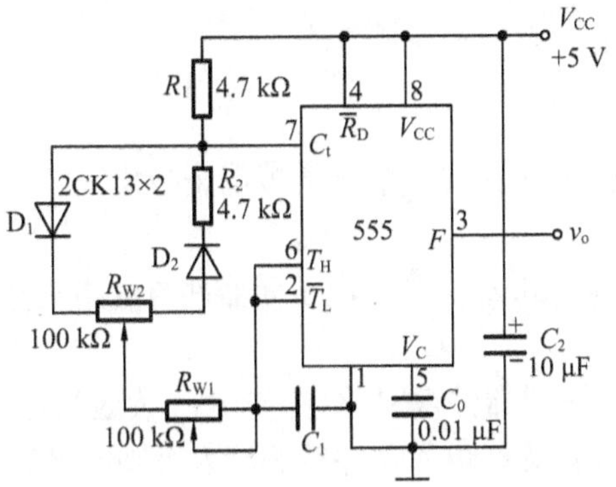

图 11-20　占空比与频率均可调的多谐振荡器

（5）施密特触发器

电路如图 11-21 所示，只要将脚 2，6 连在一起作为信号输入端，即得到施密特触发器。图 11-22 给出了 v_S、v_i 和 v_O 的波形图。

设被整形变换的电压为正弦波 v_s，其正半波通过二极管 D 同时加到 555 定时器的 2 脚和 6 脚，得到 v_i 为半波整流波形。当 v_i 上升到 $\frac{2v_{CC}}{3}$ 时，v_O 从高电平翻转为低电平；当 v_i 下降到 $\frac{v_{CC}}{3}$ 时，v_O 又从低电平翻转为高电平。电路的电压传输特性曲线如图 11-23 所示。

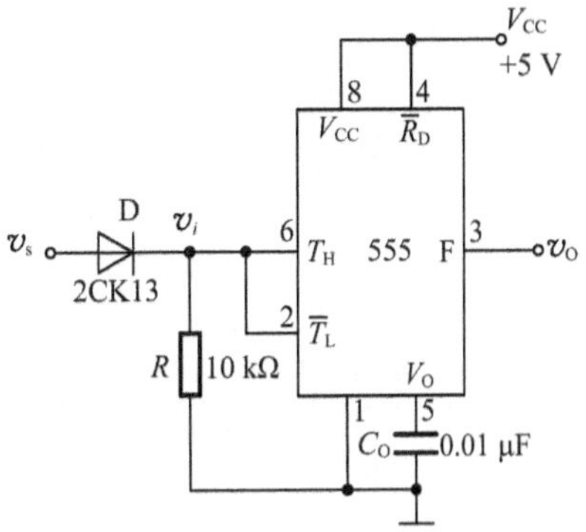

图 11-21　施密特触发器

回差电压：

$$\Delta V=\frac{2}{3}V_{CC}-\frac{1}{3}V_{CC}=\frac{1}{3}V_{CC} \tag{11-35}$$

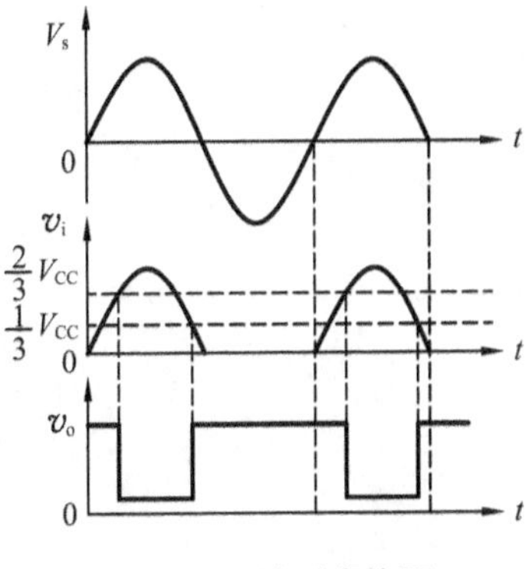

图 11-22　波形变换图

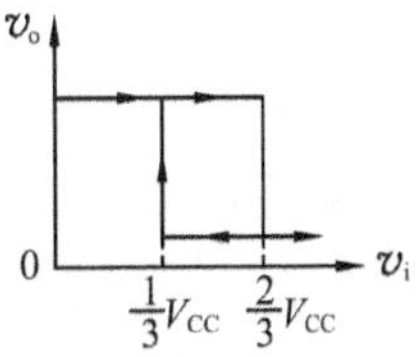

图 11-23　电压传输特性

参考文献

[1] 杨欣,胡文锦,张延强:《实例解读模拟电子技术完全学习与应用》,电子工业出版社,2013 年。
[2] Paul Scherz, Simon Monk:《实用电子元器件与电路基础》(第三版),电子工业出版社,2014 年。
[3] 赵广林:《常用电子元器件识别/检测/选用一读通》,电子工业出版社,2007 年。
[4]《无线电》编辑部:《无线电元器件精汇》,人民邮电出版社,2000 年。
[5] 康华光:《电子技术基础:模拟部分》,高等教育出版社,1999 年。
[6] 周惠潮,孙晓峰:《常用电子器件及典型应用》,电子工业出版社,2007 年。